催產素

製造親密感，
帶來放鬆、無私與愛的荷爾蒙

OXYTOCIN

THE BIOLOGICAL GUIDE TO MOTHERHOOD

克絲汀・莫柏格博士
Kerstin Uvnäs-Moberg M.D., Ph.D. —— 著
黃馨弘 —001譯

我要將本書獻給我的家人：

我的孩子 Jenny 和 Dimitiri 一家、Anders 和 Johanna 一家、Wilhelm 和 Axel

我的孫子 Maja、Theodora、Alexandra、Theodor、Hjalmar 和 Hector

我的父母 Brita 和 Börje

我的祖父母 Jenny 與 Oscar，Deborah 與 Lorenz

我的姊姊 Anna

我的弟弟 Magnus

推薦序
愛的力量

協和婦女醫院&好孕助產所　陳鈺萍醫師

生產椅上，助產師懷裡快失去信心的產婦望向蹲坐在我旁邊，準備接寶寶的先生。「去抱抱她吧，親吻她！」我這麼跟先生說，幫他拿下口罩。夫妻倆在收縮與收縮之間，盡情擁抱、接吻。再兩個收縮，寶寶在爸爸手中出生，還自己華麗轉身，在沒有任何外力介入下，順利滑出寬厚的肩膀。

產婦的第一胎在醫學中心生產，打了減痛與催生藥物，最後是接生醫師拉真空吸引加上護理師推肚子收場。寶寶出生之後，媽媽產後大出血，緊急醫療處置。因為不想再經歷一次這樣嚇人的生產場景，第二胎做了不同的生產選擇。這次沒有強力醫療介入，全靠自己身體自然運作的力量，在伴侶與助產師的陪伴中，度過一次次的子宮收縮。催產素的作用同時啟動了腦內啡，在產程活動期釋放了第一胎時無法自主、無能為力的諸多創傷。先生身為「生產隊友」，在助產師與我的導引下，全程參與陪伴，同樣是催產素大爆發，與太太及寶寶建立了更深刻的連結，共同療癒了第一胎的生產創傷。

做順勢生產七年多以來，陪伴了四百多個產家，在滿滿催產素的環境中迎來一個又一個在愛裡出生的寶寶。在場的每一個人臉上都充滿了催產素微笑，包括寶寶。

我的兩個孩子都在醫院出生，我和現今大多數母親一樣，點滴打著催生藥物，上產檯，被推肚子，剪開會陰，只有堅持不用減痛分娩藥物是我唯一可以自己做的決定。無論是醫學院或醫院的學習歷程都覺得，這就是現代醫療發展最好最安全的生產方式。

直到二〇〇八年開始接觸台灣醫學教育中不曾提及的母乳哺育專業知識，我才開始探索與哺乳、生產相關的荷爾蒙變化與對「母親友善」的生產方式。是的，百年來的轉換，生產場所從居家進入醫院，接生者與生產流程的改變，生產變得對母親「不友善」。女性的自主權與人權，在生產過程中無法伸張，無條件接受一切醫療介入，甚至造成創傷。

七年前，結束八年全職媽媽生涯的我重回職場，想實現自己理想中的生產方式。診所院長雖然接受我做「溫柔生產」的提議，但是因為對助產師專業的陌生，無法將助產師納入診所編制。於是我創設工作室做為生產改革的基地、社會大眾重新認識助產專業的起點，實踐過程中不斷吸收不同典範的知識，做為改變的力量。工作團隊也透過讀書會，一起研讀討論，增進能力。二〇一六年看到 Kelly McGonigal 關於催產素的ＴＥＤ演講，我開始進一步探索催產素在懷孕生產過程中扮演的重要角色，並且找到這本書——《催產素：製造親密感，帶來放鬆、無私與愛的荷爾蒙》。二〇一八年好孕助產所正式成立，我選了這本書做為讀書會讀物。

莫柏格博士在前言提到自己成為母親後，重新思考與研究成為母親的歷程，生產或哺乳的身體經驗，以及如何在書中用實證知識來驗證許多以往認為是「直覺」的行為或現象。「藉著寫這本書的機會，我希望能夠幫助許多媽媽意識到她們內在與催產素相關的母性與力量。藉著『聆聽』並跟隨著體內的指引，她們能夠發現內在的女性力量，並幫助她們度過成為媽媽的過渡期。」正是好孕團隊成立至今，一直努力想傳達的。

面對生產，當代產家最常提及的是「恐懼」與「疼痛」。大部分的人將「恐懼」交託給醫療專業，覺得定期產檢，入院生產遵照醫囑，應該就不會出錯吧？「疼痛」則交託給減痛分娩藥物，過來人總說如此就可以優雅開心地生產。門診時，常有初診產家知道好孕非必要不使用任何藥物，包括減痛藥物之後，自此不再出現。我很想邀請他們一起讀這本書，了解人體為了因應懷孕生產，由催產素主導的一切生理變化就能消除恐懼與疼痛，而在感嘆人體運作精巧神奇之餘，對於大自然的運行法則，應該也會充滿了敬意！

另一方面，這二十年來，產後護理機構漸漸成為產婦坐月子首選，照護方式卻強調母嬰分離。「新生兒與媽媽保持親密陪伴，能夠降低彼此的壓力。母嬰分離則會使媽媽和孩子都感到焦慮；彼此保持親密就能緩解這種焦慮。這種鎮靜作用有助於強化媽媽和孩子之間的連結，以及發展新生兒和媽媽之間的依附關係。」我也想邀請所有的產兒科相關醫護人員，一起好好了解催產素的詳細作用機轉，提供孕產婦更詳細的資訊與適切的支持。

一直以來，我們談情、說愛，都以為那是「想」出來，很空泛的感覺。讀完這本書將明瞭，催產素的作用就是愛的力量來源，那不是什麼空口白話，而是扎扎實實的神經荷爾蒙傳導，全身各個器官的協同運作。

一起來生個孩子吧！自自然然的，你將體會前所未有的高潮與狂喜，那是催產素帶來的愛與力量，還有光！

前言
我為什麼要寫這本書？

追尋母性的根源

任何人願意動筆寫下一本書，多少有些私人理由。有可能出於想告訴別人你的特殊經歷，或對某個領域有相當深刻的知識想分享。對我來說，兩者多少都有一點。

懷第一個孩子時，我對嬰兒所知甚少。儘管如此，我認為懷孕與照顧孩子的經驗還是相當美妙。令我訝異的是，雖然完全沒有照護孩子的經驗，但我通常還是知道怎麼照顧和哄孩子。又有了三個孩子之後，我漸漸意識到自己懷孕時的變化。我一直沒遇上孕吐的問題，懷孕最初幾個月卻常覺得自己累到快不省人事，甚至因為實在太睏，飯後不得不小睡一會兒。我的心情也有所變化：變得相當情緒化，甚至會同時覺得既快樂又不快樂。雖然我並沒有吃得比平常多太多，體重依然不斷增加。儘管我原本希望能夠全力衝刺工作，但為尚未出生的孩子計畫與思考的時間卻愈來愈多。

然而，懷孕期間發生的這些變化，和哺育母乳時遇到的各種問題相比，根本就是小巫見大巫。生產之後，在幸福、喜樂、驕傲與快樂之外，我變得更加敏感，常常哭泣流淚，甚至感覺焦慮不安。我變得不喜歡一個人待著；對我來說，黑暗變得更加陰暗；陌生人和不熟悉的地方則加倍陌生且怪異。我盡可能待在家和家人窩著，感受到前所未有的冷靜與安全感。如果不得不遠離孩子出門一趟，我不但會非常不開心，甚至覺得焦慮與受到剝奪，宛如失去了一條腿或皮包不見。

與此同時，我極度需要私人時間，並試著寫些工作用的東西。很快地，我絕望地發現，撰寫科學論文摘要這種需要大量邏輯與脈絡的文字變得相當困難。以前的我總能理清科學文獻的來龍去脈，如今這些文獻開始浮在空中，變得錯綜複雜，完全無法讓我取得任何有意義的東西。我非常需要求救。這真的嚇到我了，甚至一度覺得自己是不是無法再次有條理地思考和寫作？懷孕前，科學研究、教學與寫作曾經百分之兩百地占據了我的生活，此刻不但逐漸離我遠去，甚至令人覺得非常無趣。

不過我也開始發現，在某些事情上我變得更加敏銳，寫下了不少新鮮的點子和各種應用。我的夢境變得和過去截然不同，一早起來也通常比較能夠回想起夢裡的「畫面」，甚至試著去理解它們代表的意義。嚴肅的藝術和畫作開始吸引我的目光，這些作品就像在對我說話。好比〈聖母瑪利亞與聖子〉（*Mary and Child*）、〈聖母瑪利亞、聖子與聖母瑪利亞的母親聖安娜〉（*Mary, Child, and*

Anna）、互相告知懷孕消息的〈聖母瑪利亞和她的表妹伊莉莎白〉（*Mary and Elizabeth*）這三幅畫作，突然有了全新的意義。這些常見的宗教主題不再只有宗教上的意義，而是母性雋永的象徵、展示了女性之間在懷孕時所需要的支持和社會交流。我愈仔細檢視這些作品，從她們身上得到的訊息和體會愈多。〈聖母瑪利亞與聖子〉成了女性哺育母乳的經典意象，不僅描述了餵養母乳的樣貌，也強化了社交技巧、幸福、喜樂與滿足，畫面看起來相當冷靜且放鬆。〈聖母瑪利亞、聖子與聖母瑪利亞的母親聖安娜〉中站在女兒聖母瑪利亞身後的聖安娜，象徵著在生產期間給予產婦支持的女性，例如助產師或導樂（doula），也隱喻著聖母瑪利亞內心的慈愛母性。我終於「看懂」

〈聖母瑪利亞、聖子與聖母瑪利亞的母親聖安娜〉

〈聖母瑪利亞與聖子〉

聖安娜放在聖母瑪利亞身上的手不只為了安撫她或加速產程，同時也能舒緩她的疼痛。〈聖母瑪利亞和她的表妹伊莉莎白〉中懷孕的聖母瑪利亞，觸摸並握住一同懷孕的表妹伊莉莎白的手，則表示了女性在懷孕期間相互交流與傳承知識的需求。

〈聖母瑪利亞和她的表妹伊莉莎白〉

從單憑直覺到實證研究

當時我是取得藥理學博士的醫師，在腸胃道生理領域做了將近十年的研究。我運用過去醫學訓練與身為研究者的知識，開始將畫作中傳達的訊息轉換成醫學用語。很快地，我發現催產素這種長期以來被認為能促進產程和哺乳的激素，對於母性可能扮演著重要的角色。這類原型畫作表現了催產素從大腦分泌之後所誘發的一系列心理與生理巨大變化。基於這些想法，我馬上著手規畫了一些動物實驗和臨床研究。

漸漸地，我在《催產素》[1]一書中提到的「生長與放鬆系統」[2]和「平靜與親密感系統」輪廓開始浮現。三十年後，我仍然繼續做著相關研究，但最近的研究較著重於催產素系統更一般性的面向。很顯然，分泌催產素的刺激不僅僅影響孕產婦，對於各種年齡層的男性與女性也有影響，以回應各式各樣的正向交流。催產素系統甚至會在人類對動物表達憐愛時啟動。因此，我在第二本書《製造親密感的激素》[3]更廣泛探討了催產素系統的影響。至今，我已經出版將近四百五十篇原創科學論文，指導了三十名博士生。

藉著寫這本書的機會，我希望能夠幫助許多媽媽意識到她們內在與催產素相關的母性與力量。藉著「聆聽」並跟隨著體內的指引，她們將發現內在的女性力量，也幫助她們度過成為媽媽的過渡期。如此一來，女性的生產歷程可以更輕鬆，產後感覺更舒適，母乳哺育更順利，和孩子也能建立更好的連結，對於成為媽媽能夠更有安全感與自信。長期而言，她們的孩子不只能和媽媽有更好的關係，其他人或他們自己的孩子也都會有更好的人際關係。孩子可能更善於處理高度壓力的情境，並擁有更健康的未來。甚至他們的孩子也能擁有相同的特質。我多麼希望自己在懷孕之前，就能知道這些資訊！

本書目標與內容

這本書最重要的目的是希望藉由提供科學資料，詮釋催產素在身體裡扮演的重要角色，不僅僅只是在生產時刺激子宮收縮、在哺乳時刺激泌乳而已。

催產素不只是一種激素，也是大腦中的一種傳導物質。生產、肌膚接觸和哺乳時都會釋放催產素，誘發媽媽與嬰兒許多重要的生理與心理反應。一般而言，催產素會刺激媽媽與嬰兒的社交互動能力、降低焦慮與壓力，並刺激各種與生長、修復和健康相關的功能。

我們生產、安撫、餵養孩子、與孩子們互動的方式，不只會短期影響催產素的釋放與其相關系統，甚至很可能對媽媽與嬰兒造成長期影響。

自然生產時的醫療介入，也可能會影響催產素釋放和各種相關效應。

這本書希望傳達一種觀點：催產素是影響生產與哺乳時期的重要元素，對於生理與心理都影響甚鉅。人體內沒有第二種激素或是神經傳導物質具有如此重要的地位。雖然我已經盡可能蒐集各種資訊，但相關知識絕對不會僅限於本書而已。

各章節內容

第一章主要是催產素的基本簡介。為了讓讀者快速理解催產素的運作原理，我將簡單回顧神經與激素的運作方式、大腦對身體的影響，以及身體和環境如何影響大腦的機制。神經系統與神經內分泌系統的運作方式則在第二章與第三章中詳細敘述。

第四章將深入催產素更基本的面向。第五章介紹給予催產素後的效果。第六章討論催產素釋放後的機制。

第七章到第十章解釋人類女性與其他哺乳類動物製造母乳與泌乳的過程。第十一章到第十六章討論人類女性與其他哺乳類動物在母性行為上的差異，也一併討論產生母性行為的機制。

第十七章到第二十一章討論哺乳舒緩壓力與促進生長的效果。第二十二章到第二十四章深入探討促進母乳哺育與母嬰連結的各種因素。

第二十五章到第二十七章詳細解釋生產時的醫療介入對於催產素分泌與相關效果的影響。第二十八章，也就是本書最後一章，則討論產後催產素過高或過低所造成的長期影響，以及各種長期來說如何調整催產素分泌的方法。

目次 *Contents*

第 1 章

催產素：母性的生物指引

母性的內在指引

大家應該都看過其他哺乳類的媽媽如何憑藉本能照顧她們的孩子。她們可能會在產前就開始為子代築巢，產後給予乳汁、讓孩子們保持溫暖，並在各種層面上給予照顧，也會保護孩子遠離陌生人以及其他可能的危險情境。

比較少人知道的是，人類媽媽同樣具有這種內在能力，知道如何生產、哺育母乳和照顧孩子，只是其能力之強烈與專橫的程度，不及其他哺乳類。人類已經發展出優異的社交、溝通和認知能力，這些能力常常蓋過了我們較為古老的哺乳類本能與潛意識。這類本能其實仍然殘留在我們身上，默默地幫助女性成為一位媽媽，但這些內在知識與能力需要用正確的方式激發，才能發揮最大效益。

催產素：負責整合的角色

催產素對於表現母性的內在能力相當重要。催產素是一種從下視丘（古老大腦的一部分）分泌的化學物質，人們到二十世紀初才發現它有刺激子宮收縮與泌乳的功能。一九五〇年代左右，催產素成為在生產時刺激子宮收縮，或在哺乳時刺激母乳分泌的治療用藥物。藉由影響激素或血液，催產素達成了上述效果。

一直到最近才發現，催產素的功能不僅是讓子宮收縮和刺激泌乳，還是生產和哺乳時進行調節和整合、讓女性適應媽媽身分的要角。此段期間，大腦中含有催產素的神經細胞會釋放催產素，並將催產素當成一種訊息物質。舉例來說，催產素會增加媽媽的社交能力，並刺激她接觸孩子，和孩子產生連結。這會讓為人母的女性感到舒適與鎮定。催產素也能舒緩分娩時的疼痛與哺乳時的壓力，甚至促進媽媽的消化能力，以更有效率的方式消化養分。

孩子與媽媽肌膚接觸或吸吮乳汁時，新生兒的大腦中也會跟著釋放出催產素。新生兒會試著靠近並碰觸媽媽，強化與媽媽的連結。這會讓孩子變得較冷靜、較舒適，也較能輕鬆應對壓力，體重增加和生長都相對快速。

由於雌性荷爾蒙的濃度上升，女性懷孕期間會釋放更多催產素。為了回應分娩時胎兒頭部抵住子宮頸口（此為弗格森反射，Ferguson reflex）與吸吮乳頭（泌乳反射）時的感覺神經訊號，母體會分泌催產素。另外，母嬰肌膚接觸等親密接觸也會讓催產素被釋放到媽媽與新生兒的大腦中，之後甚至影響媽媽和新生兒的視覺、聽覺，甚至思考。即便只是輕柔的碰觸或在生產後感受到溫暖、有人給予支持，母體也會釋放催產素到大腦中。

這段從分娩到分娩剛結束的時間（初生敏感期），對於發展與催產素相關的社交行為以及處理壓力的能力至關重要，對於這些深受催產素調控的效應有著相當長足的影響。舉例來說，盡早進行親密接觸，對未來的生理和心理健康都有正面影響。

既然親密感與正向的支持性社交連結，與生產和哺乳時分泌的催產素有關，且會造成長遠影響，媽媽與孩子未來的健康與社交能力，也會被生產時感受到的親密感與支持程度影響。這些長期效應與生產方式、媽媽和孩子保持親密或分開，以及是否哺育母乳有關。願意照顧、體諒和支持媽媽的家庭和醫療人員，對於未來發展催產素的相關功能，同樣相當關鍵。

社會變遷可能會干擾催產素的效果

西方社會從過去到現在經歷了巨大的變化。大家庭逐漸消失，取而代之的是小型的核心家庭。

祖父母、父母和孩子們不再住在一起，村落式的聚落也逐漸凋零。在某些西方國家，傳統的核心家族甚至已經開始退場。如今，男人與女人的一生中通常會經歷好幾段親密關係，也會組成各種「混合式」家庭，還有不少人選擇單身生活。

失傳的資訊

當好幾代人同住或至少住得很近的時候，知識與經驗就能從某個世代往下傳承。然而，由於家庭形態的改變，這類傳承已經受到很大的干擾。過去，年輕女性會從年長女性那裡學到所有關於成為媽媽的知識，了解何謂懷孕、孕吐、生產時的疼痛與喜樂，以及母乳哺育的歡喜與焦慮。女性在備孕、懷孕到養育孩子這段喜樂交織的過程裡，心中無可避免地會有許多問題，以往和大家庭待在一起，總能找到某個人聊聊或回答這類問題，現代女性取得資訊的方式則通常來自書本、手冊、婦產科診所的醫療人員或網路。無論資訊來源為何，只要是來自信任的人，通常就比較容易保持正向地學習與消化相關資訊。

失去了和傳統知識與家族支持的自然連結，難怪會對生產充滿恐懼，且容易被現代社會的醫療機構與某些組織所創造的建議與介入牽著鼻子走。

生產前後的變化可能會干擾催產素的效果

生產與哺育母乳的過程，隨著時代不同，已有極大的變化。這些過程不但至今還在持續改變，未來恐怕也會繼續不斷變化。我們幾乎都忘了，女性轉到醫院生產的時代，其實剛發生沒多久。直到二十世紀初，多數孩子都是在家中、於產婦或其他女性幫助下出生。

沒有家庭的支持

過去人們習慣在家生產的年代，女性親戚或其他有經驗的女性在有人需要生產時通常都會現身幫忙。生產結束後，她們也能給予新手媽媽各方面的協助，或是教她如何哺育母乳。當人們轉移到醫院生產後，女性家屬無法給予產婦這類支持，取而代之的是醫院裡的醫療人員，而醫療人員對於產婦多半沒有充足的了解。讓有養育經驗的親友或摯友參與生產過程的重要性，不光是為了接收資訊，更重要的是獲得生理與心理上的支持。我們待會也會談到，光是能夠給予支持的家屬待在身邊，就能加速產程並減緩生產的疼痛，或讓哺乳過程變得更加輕鬆、更容易成功。新手媽媽感覺比較舒服也更有信心的話，自然能夠以更正面和平靜的方式對待孩子。

自然生產不再是必經之路

●剖腹產

如今，西方社會有愈來愈多婦女選擇剖腹產。瑞典有將近二十％初產婦選擇剖腹產，在某些西方國家，這個數字甚至更高。

剖腹產的比例上升背後有著眾多複雜的原因。例如：手術技術已有長足進步，使得手術風險大幅下降；人們需要加快生產速度；產房照護需要追求成本效益；助產師與醫師已經失去了接生胎位不正胎兒的能力；當母嬰在生產時出了某些狀況，比起過去，人們更容易指責醫院或醫療人員。上述種種都是剖腹產增加的原因，但愈來愈多女性主動要求、希望剖腹產，也是數量上升的理由之一。陰道分娩將產生的劇烈疼痛和無法自主讓現代女性相當害怕，也有很多人非常害怕自然產後對身體造成的傷害。

值得注意的是，相較於自然生產的產婦，剖腹產產婦分泌的催產素較少。尤其是計畫性剖腹產，由於完全沒有宮縮，所以完全不會分泌催產素。若是緊急剖腹產，催產素的分泌量取決於醫療介入前子宮收縮的時間長短。

• 計畫舒緩疼痛

如果產婦選擇陰道生產，有可能獲得完全不同的止痛藥物，例如靜脈注射鴉片類止痛藥、陰部神經阻斷或硬膜外麻醉（epidural analgesia）。硬膜外麻醉的應用近年愈來愈常見。在瑞典，如今有五十％初產婦生產時會使用硬膜外麻醉。事實上瑞典甚至有法律規定，如果產婦願意的話，就有權在生產時使用止痛。

• 給予催產素

臨床上通常會以靜脈注射的方式給予人工合成的催產素，用來催生或啟動生產機制。瑞典有五十％產婦會在生產過程中滴注催產素，臨床上使用催產素也愈來愈普遍。幾乎所有女性都會在產後使用催產素，幫助子宮收縮，避免不必要的出血。

給予人工合成的催產素通常會造成相當疼痛的子宮收縮，因此也會增加對硬膜外麻醉等止痛的需求。由於給予硬膜外麻醉會減少有效的子宮收縮，又需要注射人工合成的催產素以催生。如此一來就形成了負循環，對藥物的需求將持續增加。

失去親密接觸

如果產婦選擇在家生產，新生兒出生後會立即被放到媽媽胸前，之後媽媽和新生兒也會有很長的一段時間朝夕相處。

過去若在醫院生產，媽媽與新生兒經常被分開照顧。新生兒出生後會被帶離媽媽住在育嬰室，媽媽則住產後病房。醫療人員每隔四小時將孩子帶到媽媽身邊，讓媽媽哺育母乳。在剛出生時建立親密關係對分泌催產素來說相當重要，也能增強媽媽與孩子的連結，有助於培養孩子未來處理壓力的能力。將媽媽與孩子分開，可能會對這些能力產生負面影響。

如今，多數瑞典媽媽已能在產後馬上與孩子肌膚接觸，實行母嬰同室，但許多國家仍將媽媽和新生兒分別安置於產後病房與育嬰室。

母乳哺育不再是唯一選擇

如今，全世界許多地方都以瓶餵配方奶取代了親餵母乳。多數配方奶都以牛乳製成，雖然經過了多次改良，還是和母乳不完全相同。瓶餵與親餵母乳其中一個差異是，新生兒吸吮乳頭時，親餵媽媽會釋放催產素，瓶餵則不會有相同效果。

令人難過的是，即便哺餵母乳是個相對更健康且經濟的選擇，配方奶在各國依然較為流行。違反倫理的廣告與龐大的經濟利益，也許是這類錯誤觀念背後的原因。

在瑞典，哺餵母乳比例算是相當高。有九成剛生完的媽媽離開產後病房後會嘗試哺育母乳，更有六十%媽媽願意繼續母乳哺育至少半年。但在許多西方國家，母乳哺育的頻率遠低於此。

為了教育新手媽媽哺育母乳在生理和心理上的好處，所投入的心力不可謂不大。即便如此，只要新手媽媽覺得瓶餵較輕鬆且實際，就很難說服她們持續哺育母乳。瓶餵讓她們擁有更多自由時間，甚至可能成為餵養孩子的唯一方式。

有些女性選擇用擠乳器把母乳擠出來，這麼一來，她們就能將母乳用瓶餵的方式餵給孩子，這也是許多早產兒的媽媽在醫院時，以及想重返職場、無法回家親餵或把小孩帶到辦公室的媽媽會選擇的方式。

生產時的醫療介入對催產素的影響

了解分泌催產素對於母嬰雙方的重要性之後，盡可能在生產過程與產後病房大量刺激催產素分泌便相當重要。如同前面提到的，催產素會在自然產、母嬰肌膚接觸，以及哺育母乳時產生，幫助女性適應成為媽媽。相較之下，剖腹產、產後母嬰分離與瓶餵媽媽分泌的催產素相對較少。

此時我們不禁想問：自然產、實行母嬰肌膚接觸和親餵的媽媽，相較於剖腹產、產後母嬰分離和瓶餵的媽媽，在成為媽媽的過程中，真的適應得比較好嗎？如果是自然產，但在生產過程中使用了硬膜外麻醉和外生性（人工合成）催產素的媽媽，又如何呢？

生產時的各種醫療措施都會影響內生性（自然）催產素的分泌。最近有許多科學資料證實，在這些情境之下，內生性催產素的分泌與催產素負責調控的功能都會因此受到影響。

更進一步來看，這對媽媽和孩子的社交能力、抗壓力、短期與長期的未來健康又有何影響？對於下一代又有什麼影響？

需要更多資訊來幫助決策

剖腹產、生產時的止痛與瓶餵有許多顯而易見的優點，也是許多媽媽選擇使用的理由。但如果她們對催產素有更多了解，明白催產素對自己和孩子的正面影響，懂得自然產、肌膚接觸、哺乳和催產素之間的關係，還會做出一樣的選擇嗎？如果她們早就知道剖腹產、硬膜外麻醉和產後母嬰分離和瓶餵會讓她們自己（有時候甚至是嬰兒）的催產素分泌減少，進而影響未來催產素的相關功能，還會做出相同的選擇嗎？

女性應該在懷孕時就被告知催產素與其相關的正向效果——我希望這發生在不久的未來。女性對催產素的了解會影響她們希望的生產方式與哺育母乳的意願。她們的選擇不只對自己來說相當重要，也對她們的孩子影響深遠。

第 2 章

大腦與身體的連結：神經系統

為了讓讀者更快了解後續篇章中提及的催產素相關多元功能，這裡有必要針對大腦、周邊神經與神經內分泌系統做個簡單介紹。本章與下一章對神經和內分泌系統的基礎知識，任何一本生理學或內分泌教科書中都會提到。[1]

神經系統

我們通常稱大腦為身體的控制中心。身體的內臟系統與外在環境會藉由感覺器官與神經傳給大腦大量的資訊。這些資訊會被整合進中樞神經系統，讓大腦得以調控各種重要的效應。

神經系統主要分成兩個部分：一是中樞神經系統，也就是大腦與脊髓；一是周邊神經系統，主要由連結大腦和身體各處的神經組成。

神經細胞

神經系統、大腦與周邊神經系統主要由神經細胞（神經元）與環繞在神經細胞周邊的神經膠細胞組成。神經細胞有各種形狀和大小，外觀看來多半細細長長的。原則上，每一個神經細胞由細胞本體和發散各處的細小神經纖維組成。較為短小的神經纖維一般稱為樹突，負責接收來自其他神經細胞的訊息，較長的神經纖維則稱為軸突，負責將訊號傳

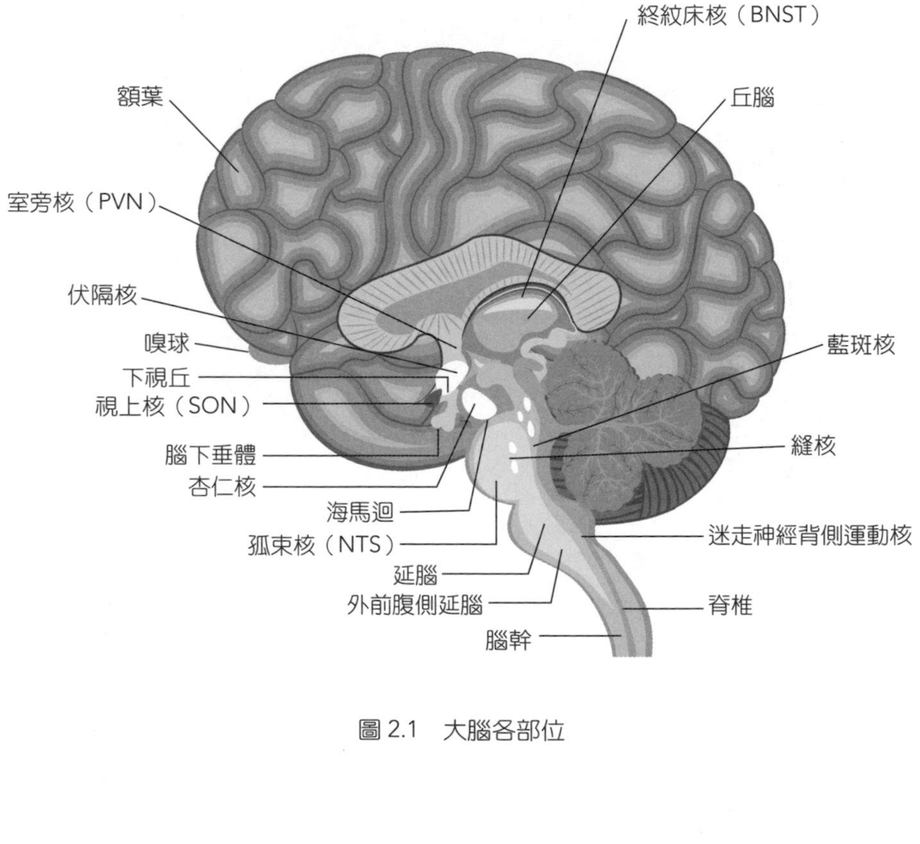

圖 2.1　大腦各部位

給其他神經（或內分泌）細胞。

神經細胞會將化學物質（又稱為神經傳導物質或訊號分子）釋放到突觸間隙中，以向其他細胞傳遞訊息。這些化學傳訊物質會結合到突觸後神經細胞的受器上，以誘發後續連鎖反應。

化學傳訊物質彼此有著截然不同的化學結構。有些是胺基酸，有些是些微修飾過後的胺基酸。小分子胜肽（組成胺基酸的基本單位）、氣體分子（如一氧化氮）或是某些脂肪分子，也有可能是傳訊物質。

中樞神經系統

中樞神經系統由大腦與脊髓組成。大腦皮質可分成好幾層，就演化的觀點來看有著不同的發生時間。所謂的「新皮質」會覆蓋在邊緣系統、腦幹或脊髓這些「舊大腦」上。與知覺功能相關的部分同樣位於新皮質，就在前額葉的位置，是人類用來評估和解讀資訊，進行策略性思考的地方。人類這部分的大腦發展得比其他哺乳類來得更好。

邊緣系統位在大腦皮質下方，是大腦中負責各種情緒、情緒反應、記憶與學習的中樞。邊緣系統中相當重要的下視丘則負責控制許多更基本的功能，例如生殖、飲食、衝動與性慾。

控制基礎生命功能（如呼吸、血壓、心率與消化）的中心位於腦幹，從演化的觀點來說，這一區是比較舊的腦區。最後，最原始的反射功能位於脊髓之中。

新大腦與舊大腦都會連結到某些特定的大腦功能。由於醫學影像近幾十年來的快速進步，人們終於能夠研究在特定情境下特定腦區的活性變化，我們對於這些腦區的知識也有了戲劇性增長。

周邊神經系統

周邊神經系統可以分為兩大部分：軀體神經系統與自律神經系統。

軀體神經系統

軀體神經系統的功能能夠靠意志控制。

自律神經系統

一般而言，我們無法靠意志控制自律神經系統，這個部分通常由舊大腦的腦區來調控。

• 交感神經系統與副交感神經系統

自律神經系統通常分成交感神經系統與副交感神經系統。交感神經系統的其中一個分支會深入腎上腺髓質，形成交感神經腎上腺髓質軸（SMA, sympatho-medullary axis），其餘部分才是一般狹義的交感神經系統。交感神經源自胸段脊髓至腰段脊髓。而連結到腸胃道、心臟與肺臟的迷走神經是副交感神經的一部分，從延腦（腦幹最低的腦區）發出，另一部分的副交感神經則源自薦段脊髓。

大略而言，自律神經系統中的交感神經與副交感神經作用相反。交感神經系統通常會在進行體能活動、自我防衛或面臨壓力時興奮，會將人喚醒，增加血壓、心率與能量的運用（例如提升血糖）。

副交感神經系統則會在飲食、母乳哺育、親密接觸，以及任何放鬆的情境下興奮，會刺激消化、儲存能量、修復與成長。

交感神經系統與副交感神經系統都支配子宮，兩者也都參與了生產的過程。然而，副交感神經並未支配乳腺，因此只有交感神經系統能夠影響母乳的製造與分泌。

運動神經（傳出神經）

從腦幹或脊髓離開，通往體內不同的器官，這種向外傳出的神經，稱為運動神經或傳出神經。

屬於軀體神經的運動神經能夠控制我們的肌肉運動；屬於自律神經的運動神經則控制了我們的內在器官，如心血管系統、肺臟與腸胃道。

•傳訊物質

軀體神經的運動纖維用來支配肌肉的主要神經傳導物質為乙醯膽鹼。自律神經系統的副交感神經同樣使用乙醯膽鹼做為運動纖維神經傳導物質，交感神經則以正腎上腺素做為神經傳導物質。活化支配腎上腺髓質的交感神經纖維，腎上腺素就會被釋放到血液中。

感覺神經（傳入神經）

藉由我們的感官，大腦會不斷地從周邊環境或內在器官收到各種資訊。來自皮膚、肌肉、關節與筋肉的感覺神經，會不斷地告訴我們的大腦，關於身體的動作與位置（本體覺）。感覺神經的結構有點像椎體一節節的分布。

交感神經和副交感神經都含有感覺神經，以將內在器官（如心血管系統、肺臟、腸胃道與生殖系統）各種功能的資訊傳回大腦。來自陰道、子宮與乳腺的感覺神經纖維跨過了脊髓，沿著迷走神經，經過結狀神經節（nodose ganglion）和延腦中的孤束核（nucleus tractus solitarius）抵達腦部。[2]

皮膚是一種感覺器官

皮膚做為感覺器官的重要性常常被忘記，但皮膚其實是身上最大的感覺器官。成人的皮膚大約覆蓋了兩平方公尺的面積。皮膚也是人類最早發展的感覺器官。胎兒甚至在兩個月大時就能回應觸覺。

支配皮膚的感覺神經

皮膚上有許多受器，這些受器會連結到表皮感覺神經，其神經纖維會將訊號傳到脊髓，並活化第二個神經元，再將資訊傳進大腦中的丘腦。對皮膚的物理或化學傷害可能會活化皮膚的受器，受器也有可能會因輕壓、深壓、觸覺、撫摸和冷熱而誘發。

來自皮膚的感覺神經纖維分為A、B、C三種神經纖維，差別在於神經纖維的粗細與是否被髓鞘包覆。纖維最細且沒有髓鞘的C纖維在演化上較老，相比於有髓鞘、神經纖維較粗的A或B纖維，傳遞訊息的速度最慢。

觸覺與急性疼痛會經由有髓鞘的神經纖維（A或B纖維）傳遞，活化C纖維的則多半是慢性且位置分散的疼痛。最近還發現C觸覺纖維（C-Tactile）這種特殊的C纖維，撫摸能夠活化它。[3]而當C觸覺纖維被刺激時，位於腦島與幸福感有關的腦區也會被活化。[4]

●令人厭惡的刺激與令人愉悅的刺激

來自皮膚（令人厭惡）的痛覺與（令人愉悅）的觸覺等訊號送到丘腦和感覺皮質時，不只會定位周邊的痛覺或觸覺，也會誘發情緒、行為與生理反應。令人厭惡的刺激可能會引發疼痛、焦慮或活化交感神經系統，增加血液中的皮質醇（cortisol）濃度。令人愉悅的刺激則與幸福感有關，會舒緩壓力，活化副交感神經系統。[5]

反射

感覺神經經由丘腦通往感覺皮質的路徑上，會從不同層級（如下視丘、腦幹或脊髓）影響人體的各種功能。一般而言，最高層級控制的功能會覆蓋層級較低的，相互拮抗或相互強化。

皮膚的感覺神經除了將皮膚的感覺回傳給脊髓，也可能藉由軸突反射影響相關區域。軸突反射由神經纖維的分支調控，這些分支的運行方向往往與主要神經相反。

• 共存的神經傳導物質

無論是運動神經或感覺神經，都有各種其他的傳訊物質來調節主要的神經傳導物質。[6]神經傳導物質共存的例子很多，本書僅提及其中少數幾個。

舉例來說，神經胜肽Y（Neuropeptide Y）會和正腎上腺素在運動神經元和交感神經系統中共存。[7]感覺神經活化可能會誘發軸突反射。軸突反射通常由和感覺神經的主要神經傳導物質共同支配該區域的胜肽所誘發。皮膚周邊軸突反射常見的胜肽有麩胺酸（glutamate）、抑鈣素相關基因胜肽（CGRP, calcitonin gene-related peptide）、P物質（SP, substance P）與血管活性多肽（VIP, vasoactive polypeptide）。[8]

第 3 章

大腦與身體的連結：神經內分泌系統

前一章我們了解到，大腦藉由自律神經系統和激素控制身體與各種器官的功能，部分自律神經系統和神經內分泌系統則由下視丘的調節系統來調控。

激素

激素與其他內分泌物質都由內分泌腺製造。這些物質會被釋放到血液中，直達各自的目標器官，抵達目標器官後再結合到特定的受器上，以誘發相對應的效果。

激素的種類相當多。有些是膽固醇分子的衍生物如固醇類激素，有些則是胺基酸鏈－胜肽類激素。

• 固醇類激素

由腎上腺製造的壓力激素「皮質醇」（cortisol）、由卵巢製造的雌激素和黃體激素等女性激素、在睪丸製造的男性激素睪固酮，都屬於固醇類激素。固醇類激素是由脂肪形成的分子，能夠輕易穿過血腦屏障和腸胃道黏膜。固醇類激素可經由口服獲得，分泌到唾液或尿液中，並影響大腦的各種功能。由於需要接到細胞核中特定的受體才能作用，固醇類激素開始作用的時間相對較慢。

• 胜肽類激素

大多數在腦下垂體製造的激素，如生長激素、促腎上腺皮質激素、催產素、泌乳激素，以及腸胃道和胰臟分泌的激素，如胃泌素、膽囊收縮素、胰島素，都是胜肽類激素。胜肽類激素因為分子相對較大且帶有電荷，通常無法輕易穿過生物膜。由於無法藉由腸道黏膜吸收，胜肽類激素無法透過口服獲得，通常也不會分泌到尿液或唾液中，難以使用尿液或唾液檢驗。除非給予極高劑量或是經由特殊傳遞系統，胜肽類激素通常不會經由血液循環進入大腦。胜肽類激素作用的位置通常位在細胞膜上，因此開始作用的時間較為即時。

腦下垂體

腦下垂體是體內最重要的內分泌腺，控制了幾乎其他所有內分泌腺的功能。

腦下垂體前葉

腦下垂體前葉製造的激素控制了周邊大多數製造激素的內分泌腺。促濾泡成熟激素（FSH）和動情激素（LH）控制了卵巢和睪丸分泌的性激素，如雌激素、黃體激素與睪固酮等。促甲狀腺激素（TSH）則用來調節甲狀腺製造甲狀腺素。

從化學的觀點來看，腦下垂體前葉製造了兩種相當重要的激素：生長激素與泌乳激素。生長激素能夠藉由直接或間接分泌類胰島素生長因子的方式，刺激多數組織的生長。由泌乳素細胞（lactotroph）分泌的泌乳激素則會刺激母乳分泌。

促腎上腺皮質激素（ACTH）控制了腎上腺外層（腎上腺皮質）分泌皮質醇。皮質醇會消耗體內儲存的能量並強化交感神經系統。在從事高度耗能的活動以及處於壓力狀態時，皮質醇都很重要。

●下視丘的調節功能

下視丘運用特殊的調控物質，比如：促甲狀腺素釋放激素（TRH, thyroid-releasing hormone）、促性腺釋放激素（GnRH, gonadotrophin-releasing hormone）與促腎上腺皮質激素釋放素（CRF, corticotrophin-releasing hormone or factor），控制腦下垂體前葉分泌各種激素。這些激素由下視丘的神經元分泌後會進入中突區，經由一段細小的血管網抵達腦下垂體前葉。

●負回饋機制

周邊的激素會藉由負回饋機制控制血液中的激素濃度。當血液循環中的濃度過高，皮質醇、雌激素、雄性激素與甲狀腺素會抑制來自腦下垂體的激素，以及下視丘用來調節的促釋放素。

腦下垂體後葉

血管加壓素（vasopressin）與催產素會經由腦下垂體後葉（又稱神經垂體）釋放到血液中。相較於腦下垂體前葉釋放的激素，後葉釋放的激素由神經元製造。神經元的細胞本體位在下視丘的視上核（SON, supraoptic nucleus）與室旁核（PVN, paraventricular nucleus）。這些激素經由細長的軸突被送到腦下垂體後葉，然後釋放進入血液循環。分泌催產素和血管加壓素到血液循環的神經元又被稱為大細胞神經元，比起投射到其他腦區的小細胞神經元要大。我們會在接下來三章討論更多關於催產素的細節。

血液中的血管加壓素作用在腎臟有抗利尿的功能，同時也有提升血壓的效果。從室旁核分泌、經由中突區進入腦下垂體前葉的血管加壓素能夠刺激下視丘－垂體－腎上腺軸（HPA axis）的活性，若遭遇長期壓力，將刺激腦下垂體前葉分泌促腎上腺皮質激素，並活化下視丘－垂體－腎上腺軸。

腸胃道的內分泌系統

另外一個製造激素的重要位置是腸胃道。腸胃道的內分泌系統是全身最大的內分泌腺。[1]目前已證實，腸胃道黏膜上的各種內分泌細胞能夠製造超過一百種以上的胜肽，我們只會提及其中幾種和本書相關的。

腸胃道中製造激素的內分泌細胞的開口直接通往腸胃道。這些製造激素的細胞會藉由伸進腸腔微絨毛上的受器，「嚐」到腸胃道中的內容物。然後依照腸胃中的食物量、食物酸鹼度與養分含量（脂肪、蛋白質或碳水化合物），將激素釋放到血液中。

除了腸胃道中的食物成分會影響腸道激素，自律神經系統也會控制腸道激素的分泌。例如屬於副交感神經系統其中一叢的迷走神經，對於刺激腸胃道與胰臟分泌激素來說——好比與血糖控制相關的胰島素和升糖素——就相當重要。另外，就像迷走神經具有特殊的抑制機制，交感神經系統也會抑制腸道激素的釋放。[2]

• 腸胃道與胰臟激素

腸胃道黏膜製造的激素會影響腸胃道的消化功能。舉例來說，胃泌素會刺激胃酸與膽囊收縮素分泌，胰泌素（secretin）則會刺激胰液分泌。膽囊收縮素會排空膽囊並收緊十二指腸括約肌（介於胃部與十二指腸間的環狀肌肉）。

胰島素由胰臟製造，能刺激細胞吸收營養，尤其是糖分，也是唯一能夠降低血糖的激素，對於調節血糖濃度相當重要。升糖素是另一種由胰臟分泌的激素，作用完全相反，會使肝臟釋出儲存的糖分，以提升血糖濃度。

體抑素最早在下視丘中發現，能夠抑制腦下垂體前葉分泌生長激素。但後來發現胃部、腸道與胰臟也會分泌體抑素，不只抑制腸道功能，也抑制腸胃道和胰臟的激素分泌。藉由各種抑制機制，體抑素使身體無法吸收成長所需的養分，從各種層面抑制成長。迷走神經會抑制體抑素的分泌，而活化交感神經則會增加體抑素的濃度。[3]

●腸泌素效應

由於腸道激素會促進胰島素釋放，增加合成代謝，因此影響的範圍很廣。

●對中樞神經的間接效應

有些腸道激素會藉由迷走神經中的感覺神經纖維，間接影響腦部功能。例如吃了含有脂肪和蛋白質的食物後，身體會釋放膽囊收縮素，接著迷走神經會興奮，誘發飽足感、幸福感與鎮定效果。過程中也會釋放催產素來刺激社交互動與連結。[4]

調節壓力反應

下視丘－垂體－腎上腺軸

下視丘－垂體－腎上腺軸由各種大腦和身體的神經與激素機制組成。以促腎上腺皮質激素釋放素為例，這種由下視丘室旁核分泌的激素，會分泌到中突區，經由區域血管網門脈系統，送到腦下垂體前葉。

當促腎上腺皮質激素釋放素抵達腦下垂體前葉，會刺激促腎上腺皮質激素釋放到血液中。促腎上腺皮質激素又會刺激腎上腺皮質分泌皮質醇。

下視丘–垂體–腎上腺軸會影響前額葉、海馬迴、杏仁核、藍斑核（Locus Coeruleus）、孤束核等大腦部位的功能。[5]此路徑對於催產素產生抗壓效果的機制相當重要。

促腎上腺皮質激素釋放素與促腎上腺皮質激素都運用了負回饋機制來控制皮質醇的分泌。化學結構使然，皮質醇可以輕易地進入大腦。皮質醇也會活化海馬迴中特殊的皮質類固醇受體（葡萄糖類皮質類固醇受體〔GR〕與礦物質類皮質類固醇受體〔MR〕），抑制下視丘–垂體–腎上腺軸的活性，藉由神經內分泌的機制，抑制室旁核分泌促腎上腺皮質激素釋放素。

●恐懼反應與活化杏仁核

人們因為不同管道如視覺、聽覺、嗅覺、味覺與觸覺而產生恐懼反應時，同樣會活化杏仁核，造成行為、自律神經與內分泌功能的適應性反應。[6]活化杏仁核也會活化交感神經系統與下視丘–垂體–腎上腺軸，也就是體內調適壓力反應的主要路徑。從中樞神經系統發出的交感神經，會藉由不同的神經分支或是皮質醇等壓力激素，經由血液，深入心血管系統、肺部、腸胃道與泌尿道器官等目標器官。神經性的交感神經系統反應速度很快，藉由內分泌系統反應的下視丘－垂體－腎上腺軸速度則相對較慢。這兩種系統並不完全獨立，而是彼此共享某部分的調控機制。

● 藍斑核與杏仁核的連結

當杏仁核因為不同的壓力因子或恐懼而被活化，投射到藍斑核的神經纖維（含有促腎上腺素激素釋放素）也會被活化，促使正腎上腺素分泌。[7]

● 源自藍斑核的正腎上腺素神經纖維，活化交感神經系統與下視丘－垂體－腎上腺軸

源自腦幹藍斑核與周邊區域的正腎上腺素神經纖維，對於活化交感神經系統與中樞神經系統的前額葉，以保持警醒與衝動相當重要。正腎上腺素神經纖維會刺激促腎上腺皮質激素釋放素分泌，以控制下視丘－垂體－腎上腺軸。這些正腎上腺素控制了下視丘室旁核中負責分泌促腎上腺皮質激素釋放素的神經元，也是下視丘－垂體－腎上腺軸中最重要的功能。正腎上腺素、促腎上腺皮質激素釋放素與促腎上腺皮質激素的濃度，彼此高度正相關。[8]

• 源自孤束核的正腎上腺素神經纖維，活化交感神經系統與下視丘－垂體－腎上腺軸

從孤束核投射到室旁核的正腎上腺素神經纖維能夠控制下視丘－垂體－腎上腺軸。皮膚上令人厭惡（疼痛、不舒服）的刺激，會活化孤束核中的正腎上腺素神經元，使室旁核釋放促腎上腺皮質激素釋放素，然後釋放促腎上腺皮質素與皮質醇進入血液循環中。[9]

• 室旁核中分泌促腎上腺皮質激素釋放素與血管加壓素的神經元，會影響藍斑核與孤束核的活性

室旁核分泌的促腎上腺皮質激素釋放素與血管加壓素是下視丘－垂體－腎上腺軸的一部分，兩者都會刺激腦下垂體前葉釋放促腎上腺皮質激素，提供了身體適應壓力的另一種方式。室旁核中負責分泌促腎上腺皮質激素釋放素與血管加壓素（還有催產素）的小細胞神經元，會投射到腦幹中的藍斑核、迷走運動核（DMX, vagal motor）和感覺神經核（孤束核）、前腹外側延腦核（RVLM, rostroventral lateral medulla）和交感神經核，調控自律神經系統，以誘發壓力相關反應。[10]

• 室旁核中分泌促腎上腺皮質激素釋放素與血管加壓素的神經元，與源自藍斑核與孤束核的正腎上腺素神經元，效應相反

承上，下視丘與腦幹調適壓力的方式截然不同。促腎上腺皮質激素釋放素與小細胞神經元在室旁核中的活性，會受到藍斑核與孤束核中正腎上腺素神經元的刺激。室旁核中負責分泌促腎上腺皮質激素釋放素與血管加壓素的小細胞神經元，會刺激腦幹中的正腎上腺素分泌中心，如藍斑核、前腹外側延腦核與孤束核，調控壓力。

• 室旁核中分泌促腎上腺皮質激素釋放素與血管加壓素的神經元，會影響腸胃道活動

室旁核中負責分泌促腎上腺皮質激素釋放素與血管加壓素的小細胞神經元，藉由活化迷走運動神經核與孤束核，會減少腸胃道的活性。舉例來說，促腎上腺皮質激素釋放素會刺激體抑素分泌，而體抑素經由活化交感神經與抑制迷走神經纖維，可以抑制腸胃道與胰臟功能。如此一來，促腎上腺皮質激素釋放素就抑制了消化與代謝功能。

第4章

催產素‧‧基礎知識

十九世紀初，人們發現貓的腦下垂體後葉（神經垂體）萃取物能夠誘發人類的子宮收縮。[1]此化學物質後來被命名為「催產素」，意為「快速生產」。幾年後，人們又發現這種物質也能刺激乳腺中的肌皮細胞收縮，增加母乳製造。[2]催產素是第一種被確立化學結構的激素。一九五〇年代，人工合成催產素問世，使人們能夠在生產和哺育母乳時，把催產素做為藥物使用。[3]

催產素的化學結構

催產素是一種多胜肽激素，由九個胺基酸組成。在位置一與位置六之間有一個雙硫鍵，生成了一個由六個胺基酸圍起來的環。

血管加壓素的化學結構與催產素類似，但在位置三與位置八各代換了一種胺基酸。[4]

就演化的觀點來說，催產素／血管加壓素的分子結構保留得相當完整。所有哺乳類的催產素化學結構都相同。加壓催產素（vasotocin）則是一種催產素與血管加壓素的混成分子，也是這兩種分子的前驅物質，目前已在非哺乳類的脊椎動物與哺乳類胎兒身上發現。另外，在硬骨魚、爬蟲類和鳥類身上也發現了異亮胺酸催產素（isotocin）與鳥催產素（mesotocin）。[5]

在下視丘製造催產素

• 大細胞神經元與小細胞神經元

催產素主要由下視丘中兩大群細胞核生產：視上核與室旁核。在這些細胞核中，催產素分別由兩種不同的細胞生產，其中較大的細胞稱為大細胞神經元，大細胞神經元會將神經末端（軸突）伸進腦下垂體後葉，將催產素送進血液循環中。較小的小細胞神經元則會將含有催產素的神經纖維，

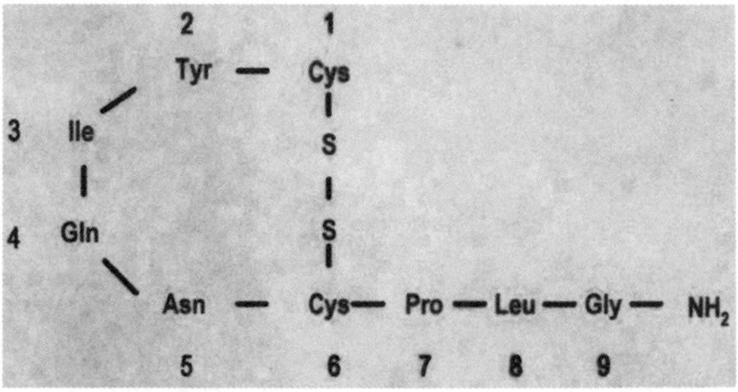

圖 4.1　催產素的結構

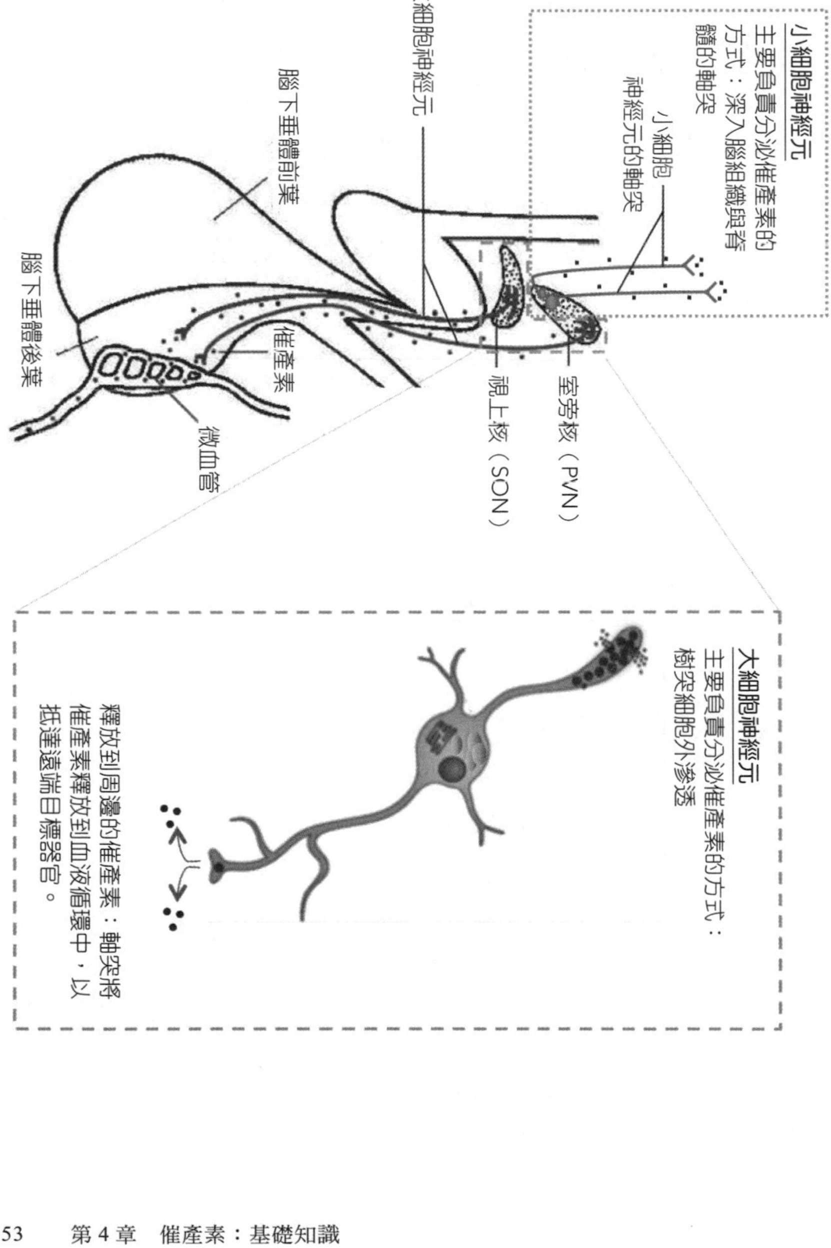

圖 4.2　大小細胞神經元：製造催產素的細胞（圖片出處：Uvnäs-Moberg & Prime, 2013）

傳送到大腦中幾個重要調控區域。視上核中只有大細胞神經元，室旁核則同時具有生產催產素的大細胞神經元與小細胞神經元。[6]

● 製造催產素的神經纖維投射到大腦各個區域

小細胞神經元會投射到大腦各個區域。製造催產素的神經纖維會深入額葉皮質、杏仁核（調控社交行為與恐懼的重要中心）、嗅球、海馬迴（記憶與學習中心）、下視丘的其他區域（控制下視丘－垂體－腎上腺軸）、腦下垂體前葉（控制腦下垂體分泌激素）、藍斑核（控制警醒與衝動、自律神經強度與正腎上腺素神經元）、縫核（rapha nuclei，控制情緒與血清素神經元）、紋狀體（striatum）與伏隔核（nucleus accumbens，控制運動功能、幸福感與獎勵和分泌多巴胺的神經元）、中腦環導水管灰質（PAG，控制疼痛），以及所有與自律神經系統活性相關

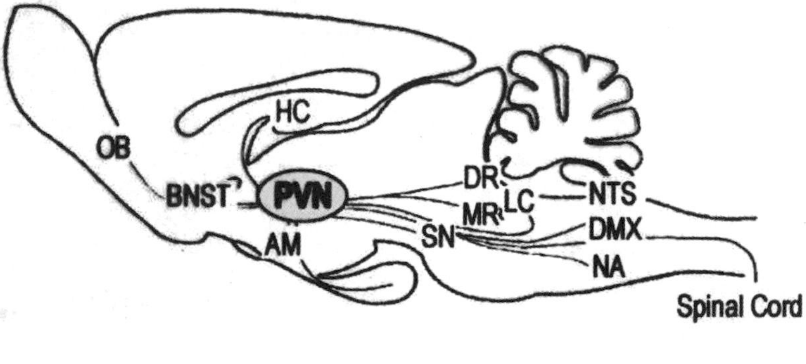

圖 4.3　製造催產素的神經纖維投射到大腦各個區域

的區域，例如迷走運動核（膽鹼性神經元）、孤束核（正腎上腺素神經元）、前腹外側延腦核（控制心血管功能的重要中心）與脊髓（疼痛控制、鴉片類神經元〔opioidergic neurons〕、交感神經節與副交感神經節）。[7]

影響大腦功能的神經細胞不只是室旁核中製造催產素的小細胞神經元，還有室旁核大細胞神經元通往腦下垂體後葉的各種分支。這些大細胞神經元的分支由軸突分出，通往大腦中許多重要腦區，例如額葉、杏仁核、腦下垂體前葉。大細胞神經元不但藉由神經傳導物質影響大腦功能，也藉由血液中的激素協調行為與生理上的各種功能。[8]

分泌催產素的神經元為了回應強烈的刺激，在細胞形態與功能上的變化

生產或哺育母乳會導致催產素的分泌被強烈刺激，導致下視丘分泌催產素的視上核與室旁核出現細胞形態的變化。由於周圍的支持性細胞（膠細胞），這些製造催產素的細胞會更靠近彼此。如此變化在功能上的意義是，能夠讓所有的催產素細胞共同作用，宛如一個巨大的細胞。當這些製造催產素的細胞開始同步電位變化，就能產生較大的電脈衝。催產素也會在電脈衝頂點時釋放到血液中。催產素的濃度急劇上升，會在生產時誘發子宮劇烈收縮，哺乳時乳腺的腺泡細胞收縮，分泌

母乳。[9]

合成催產素

• 催產素基因

目前我們已經發現了老鼠與人類身上製造催產素的基因序列。催產素基因可分為三段外顯子（exon）。第一段外顯子包含製造催產素所需要的基因序列、一段間隔片段與一部分催產素相關的神經垂體素。第二與第三段外顯子則用來製造其餘的神經垂體素分子。[10]

• 大分子的前驅物

和其他胜肽類激素一樣，催產素的前驅物分子也較大，內含神經垂體素。內質網是合成催產素的重要位置，六個胺基酸與雙硫鍵的結構就是在內質網中形成。這些激素原（prohormone）會在高基氏體中被包裹成幾個小泡（分泌顆粒）。激素原上的神經垂體素在製造催產素細胞的軸突中傳送時被切下。剩下較長的催產素分子會在製造催產素的細胞中，逐漸被分解成最終的分子：九胜肽（nonape ptide）。[11]有時，這些較長的分子在製造催產素的細胞中沒有分解成九胜肽，就提前被釋放進入血液循環。刺激愈強烈、時間愈長，釋放到血液循環中的長分子催產素愈多，血液中的催產素分子會變成一種混合形式。[12]

激素、神經傳導物質與旁分泌（paracrine）物質

催產素從製造催產素的細胞被分泌出來後，可從幾種不同的路徑產生作用。當催產素從腦下垂體後葉進入血液循環，最後抵達目標器官時，會被視為一種激素或內分泌素。生產和刺激母乳製造的作用，就是催產素被視為激素的一個例子。

由室旁核的小細胞神經元分泌的催產素，則被視為一種傳訊物或神經傳導物質，而這正是催產素誘發母性的方式。大細胞神經元或小細胞神經元也會從突觸將催產素釋放到中突區，再傳到腦下垂體前葉，影響腦下垂體前葉的激素分泌。[13]

當催產素的分泌受到強烈刺激，比如分娩和哺乳時，也可能透過局部或旁分泌發揮作用，不僅從製造催產素的神經元軸突中釋放，也從樹突或細胞本體中釋放。大量的催產素可能會被釋放到製造催產素的神經元周邊，利用滲透的方式抵達周邊或遠端沒有催產素神經纖維支配的大腦區域，活化該區的催產素受體。[14]

來自下視丘之外的催產素

下視丘並非是催產素唯一來源的事實已經愈來愈清楚，子宮、卵巢、羊水與胎盤都能產生許多催產素。近期也發現，心臟、血管與腸胃道能夠某種程度地合成催產素。[15]

來自子宮、心血管系統或腸胃道等其他部位的催產素或許具有內分泌的作用，但通常是以旁分泌（局部）的方式作用，也會藉由自分泌影響產生催產素的細胞之活性。

催產素的代謝

血液循環中的催產素會在肝臟與腎臟代謝與降解。懷孕期間，血液中和其他組織裡的胎盤催產素酶也會降解催產素。[16]催產素在大鼠體內的半衰期大約是九十秒，在一般女性體中則約莫三到四分鐘。[17]Rydén 與 Sjöholm 的研究利用以氚標記的催產素來記錄血漿中的半衰期，另一個研究則將一國際單位（一．七一微克）的催產素注射到男性體內，並藉由放射免疫分析法測量濃度，結果發現半衰期長得多。催產素的濃度在注射到體內後的前幾分鐘會快速下降，意思就是胜肽快速分布到全身器官。血液中的濃度在初期快速下降後，衰退速度會變得較慢，半衰期延長到二十到三十分鐘。[18]催產素在未懷孕女性體內的半衰期也有類似的變化。[19]目前並不了解為何有這種差異，但可能與數據分析時的特異度與敏感度有關。

細胞膜上的催產素分解酶會分解大腦中由神經纖維分泌的催產素。這種特殊的酶會打開封閉的環狀結構，斷開雙硫鍵、碳鏈與胺肽酶，從催產素分子的碳原子端和氮原子端切下胺基酸。[20]某些在分解過程產生的片段也具有生物活性。[21]大笠鼠腦脊髓液中的催產素，半衰期約二十八分鐘，比大鼠血液循環中的半衰期要長得多。[22]

催產素受體

催產素需要結合特定的催產素受體才能作用，乳腺與子宮上的催產素受體就非常豐富，其他像腎臟、胃臟、心臟和血管等周邊器官，也都含有催產素受體。大腦中同樣分布了許多催產素受體。這些受體與子宮的受體都有相同的特性。[23]

一般的催產素受體為G蛋白偶聯受體（與G蛋白連結的受體，由七段跨膜胺基酸鏈組成）。當催產素與受體結合，磷脂酶C會被活化，啟動第二傳訊者：肌醇三磷酸（IP3, inositol triphosphate）與二酸甘油酯（DAG, diacylglycerol）的級聯反應。催產素藉由肌醇三磷酸和活化膜上的鈣離子通道，大量增加細胞內的鈣離子。[24]

某程度來說，催產素與血管加壓素會結合到彼此的受體上。血管加壓素對子宮的作用可能只有催產素的十分之一不到，催產素對於催產素受體的親合度，可能超過血管加壓素十倍以上。[25]

拮抗子宮上催產素受體的拮抗劑，並不會阻斷所有催產素的作用。這種情況就如同許多胜肽和其他類型的催產素受體一樣，比如血管加壓素結合到 V1a、V1b 與 V2 等不同的受體，會產生不同的作用。如同前面所說，催產素會降解為數個片段以誘發特定效應，這些片段可能會藉由其他尚未完全了解的催產素受體產生作用。

當催產素在不同環境中與催產素受體結合，也會誘發其他第二傳訊者的級聯反應。例如催產素同樣能啟動環腺苷酸的胞內路徑，以抑制某些癌細胞株。[26]這種活化不同細胞內機制的現象稱為「受體雜泛性」（receptor promiscuity）。[27]

女性與男性的催產素系統

儘管女性與男性釋放催產素的神經和催產素受體並無差異，催產素對女性與男性的作用，可能因為誘發的性激素不同而有所差異。[28]雌激素會增加釋放催產素與反應，甚至是催產素的受體數量。[29]

第 5 章

催產素：催產素藥物的效果

催產素藥物除了在生產和哺育母乳時，誘發催產素最為人熟知的作用——促進子宮肌肉收縮與乳腺肌皮細胞收縮，也能誘發許多其他作用，效果則可能與劑量、使用時間與給藥路徑相關。另外，其他激素的濃度與環境因素也會影響催產素的作用。

本章將簡短介紹給予催產素後會產生哪些效果，下一章則討論催產素在各種生理狀態下的角色。本書只討論與催產素相關的各種效應。

催產素的給藥路徑

除非給予極高濃度的藥物，否則要藉由口服的方式誘發催產素的作用相當困難，因為催產素幾乎一進到腸胃道就會被破壞。即使有少量催產素能夠躲過胃中強酸和小腸中的降解酶，也鮮少有機會被小腸吸收。像催產素這樣的胜肽通常都帶有電荷，很難通過像是腸胃道黏膜這種生物膜，因此多半會選擇靜脈注射（IV）、皮下注射（SC）或腹腔內給藥（IP），以提升催產素在血液循環中的濃度。然而，其中又只有不到百分之一的催產素能突破血腦屏障抵達大腦。為了誘發催產素在大腦中的作用，有時甚至需要用側腦室注射（ICV, intracerebroventricularly）等更接近局部注射的方式，直接將催產素注射到大腦中。另一方面，也可以透過鼻腔噴劑給予催產素。鼻黏膜後方的血腦屏障較脆弱，經由鼻腔噴劑給予的催產素高達九成會直接進入大腦。

催產素的作用

• 對社交能力的作用

催產素會刺激各種社交行為。在未進行過性行為的大鼠身上，經由側腦室注射給予催產素和雌激素將誘發大鼠的母性行為。[1] 羊在生產時刺激陰道所釋放的內生性催產素，或是給予外生性催產素，都會刺激照護行為和與小羊的連結。反過來說，如果在生產過程中給予硬膜外麻醉或催產素拮抗劑，阻斷催產素釋放，可能會抑制上述行為。催產素負責母嬰照護的各種層面，後續篇章將提到更多細節。催產素從很多面向刺激著母嬰的連結，例如增加對氣味的敏感度，刺激某種學習與認知的機制，刺激伏隔核中與獎勵相關的多巴胺作用。[2]

催產素在某些物種也會刺激「配偶連結」（pair bonding），例如田鼠。催產素會調節伏隔核釋放的多巴胺，這對於田鼠形成配偶之間的連結相當重要。[3]

如果給予一群大鼠催產素的話，大鼠間的互動可能會更加友善。鼠群會相互依偎，甚至開始清洗彼此的身體。雖然大鼠之間不會建立個別連結，但會記住彼此，然後對其他大鼠也產生類似的友善行為。[4]

● 抗焦慮與鎮定作用

對於大鼠和小鼠來說，低劑量的催產素作用在大腦中可以抵抗焦慮；會降低小動物的恐懼、更願意探索，也更願意進行社交。這些效果有一部分與杏仁核相關。[5]相較於一般小鼠，使用基因剔除技術而缺乏催產素受體的小鼠，對於壓力會更加焦慮和敏感。[6]

高劑量催產素會產生鎮定與鎮靜的作用，減少運動行為。此現象可能與刺激α2腎上腺素受體，導致藍斑核活性降低有關，將降低對壓力的反應、清醒程度與侵略性。[7]

●獎賞與幸福感

承上所述，催產素會影響伏隔核中的多巴胺分泌，因此與獎賞機制和幸福感也有關係。產生幸福感是催產素相當重要的功能之一，幸福感能夠讓他人感到愉悅，因此對於各種社交關係相當重要。對於和其他人保持連結與親密感來說，分泌催產素無比重要。

●痛覺閾值與發炎

催產素會提升痛覺閾值，給予催產素的大鼠在甩尾疼痛試驗中能夠承受熱的時間更久。這可能與中腦環導水管灰質和脊髓中內生性鴉片類受體系統有關。[8]催產素藉由影響中樞神經，也具有一定的抗發炎作用。[9]

●下視丘－垂體－腎上腺軸

給予催產素後，血液中的皮質醇（或大鼠體內的皮質類固醇）濃度可能會微幅上升後開始下降。[10]催產素會在各層面抑制下視丘－垂體－腎上腺軸的活性，以降低皮質醇濃度：例如抑制室旁核小細胞神經元釋放促腎上腺皮質激素釋放素，[11]減少腦下垂體前葉釋放促腎上腺皮質激素，[12]並直接抑制腎上腺皮質分泌皮質醇。[13]另外，給予催產素也會改變海馬迴中的固醇類受體。[14]總結來說，催產素會在各個層面上拮抗下視丘－垂體－腎上腺軸的效果。以缺乏製造催產素基因的小鼠而言，遭受壓力時會導致皮質類固醇的濃度上升，焦慮行為也會增加，進一步證實了催產素的確是抗焦慮與抗壓要角。[15]

● 在心血管系統的作用

在不同的實驗環境或日常情境下，給予催產素可能會使血壓上升，也可能會使血壓下降。[16]在側腦室注射催產素，血壓會先些微上升，之後持續好幾個小時都維持較低的血壓。血壓降低很有可能與前腹外側延腦核、孤束核與腦幹周邊負責控制自律神經系統的位置有關，藉由降低心血管系統交感神經之活性，同時活化α2腎上腺素受體，以抑制中樞正腎上腺素的傳導。[17]催產素也會活化迷走運動神經核的膽鹼性副交感神經元，以降低心率。[18]

● 消化、代謝與生長

經由背側迷走運動神經核與孤束核，催產素會影響某部分由副交感神經／迷走神經所控制的消化道內分泌系統的功能。胰島素、體抑素、胃泌素和膽囊收縮素的基礎濃度在給予催產素之後，可能有所改變。催產素能夠提升消化功能的效率，使養分有效用於儲存、生長和回收。[19]

血液循環中的催產素會活化胰臟中製造升糖素的α細胞，刺激升糖素的釋放。升糖素濃度上升後會直接影響肝臟，使血糖上升。儲存的養分會釋放出來，轉移到需要的地方。例如送到乳腺製造母乳。[20]在中樞給予催產素也可能會刺激生長激素的分泌。[21]

催產素經由活化其他傳訊系統誘發的作用

當催產素活化肌肉組織中的催產素受體，會刺激子宮收縮和母乳分泌。催產素通常會透過間接的方式，藉由影響血清素、多巴胺、乙醯膽鹼、正腎上腺素或鴉片類物質等其他重要傳訊物的受體來達到作用。舉例來說，催產素可能藉由影響縫核中的血清素神經元來提升幸福感；刺激伏隔核中的多巴胺系統來強化獎賞機制與快樂感；影響中腦環導水管灰質和脊髓的鴉片類神經元，以此降低痛覺；降低藍斑核與孤束核中正腎上腺素系統的功能，以降低血壓與壓力強度，最終達到舒緩壓力的效果；刺激背側迷走運動神經核的膽鹼性神經元，以活化消化功能。

長期效應

如果我們重複給予催產素（例如每周一次），就可能誘發催產素的長期效應。在最後一次給藥後，血壓偏低和疼痛閾值較高的狀況會持續一陣子，皮質醇濃度（不是促腎上腺皮質激素濃度）也會跟著降低。重複給予催產素也會影響腸道激素的濃度，使體重增加，縮短傷口復原的時間並減少發炎的狀況。催產素還會藉由制約改善學習能力。無論是全身或局部給予催產素，都會改善傷口復原的速度。在陰道給予催產素可能也可以對抗陰道萎縮。[22]

催產素與α2腎上腺素受體系統

長期給予催產素改變功能的效應和其他傳訊系統有關。如果重複給予大鼠催產素，大鼠藍斑核中的正腎上腺素細胞，對於α2腎上腺素受體致效劑可樂定（clonidine）的敏感度會增加，給予比一般更少的可樂定就會減少正腎上腺素神經元的電活性。利用放射薄層影像掃描（autoradiography）與電生理檢查（electrophysiology）測量，發現杏仁核、孤束核和藍斑核等各腦區的α2腎上腺素受體對反覆給予催產素的反應會逐漸增加。室旁核內含催產素的神經已被證實支配上述腦區。

刺激α2腎上腺素受體的功能，隱含著長期給予催產素誘發的抗壓作用，例如鎮定、降低血壓、增加胰島素和腸道激素濃度等與飲食相關的功能。[23]

催產素甚至具有結構類似物的效應，能夠更加永久地影響膽鹼性、血清素、多巴胺與鴉片類受體的傳輸過程，對腸胃道功能、情緒、幸福感與疼痛閾值產生長期影響。

α2腎上腺素受體系統與儲能系統

我們已知α2腎上腺素受體系統是一種儲能系統。活化α2腎上腺素受體能夠改變行為與生理，進而促使身體儲存能量：增加食物攝取、儲存能量、減少能量消耗——比如降低血壓、舒緩壓力程度與緩和行為。此時，副交感神經系統某些功能會被活化，下視丘－垂體－腎上腺軸與交感神經系統的活性則會降低。

• 催產素藉由各種受體，影響α2腎上腺素受體的功能

如前所述，催產素最常見的作用多半與子宮上的催產素受體有關。有趣的是，如果要阻斷某些由催產素調節的儲能機制（如鎮定、降低血壓和儲存養分），會比阻斷子宮催產素受體更加困難。

要誘發這些由催產素調節的功能不但需要相對更高的劑量，可以直接阻斷子宮催產素受體的拮抗劑也無法作用，代表可能存在其他不同的催產素受體。當催產素強化了α2腎上腺素受體相關的儲能系統（例如降低血壓或增加腸道激素的分泌），以促進養分儲存、誘發鎮定的效果，也同時活化了不位於子宮的催產素受體。

●女性生產前後，催產素誘發的α2腎上腺素受體儲能系統

在女性生產前後，比如懷孕與哺乳時，催產素誘發的α2腎上腺素受體儲能系統具有相當重要的意義。能於此時高效分配母體的能量不只對每一位媽媽相當重要，能量分配也與刺激胎兒成長和母乳製造有關，可以說對人類的生存有著重大意義。

●催產素會刺激釋放生長因子嗎？

催產素所調控的長期效應主要是增加其他傳訊系統的功能。藉由重複接觸催產素，才能不斷放大這些傳訊物質與其受體的數量。催產素如何誘發這類長期效應的機制目前仍然不明，但如上所述，目前認為和子宮的催產素受體可能較無連結，比較可能和其他類型有關。

就像胜肽類的血管加壓素，催產素會被代謝成各種不同的代謝物與片段，這些片段也都具有活

性。血管加壓素的其中一個片段（含有4-8胺基酸）已被證實能刺激製造生長因子：例如腦源性神經營養因子（BDNF）。[24]催產素的分子也具有類似的片段，這或許是催產素能夠刺激製造生長因子的原因。另外一個證據是，目前已經證實懷孕婦女的神經生長因子（NGF）的確較多。[25]傳訊物質與（或）相對應的受體數量增加，導致催產素產生長期效應，也許與這些催產素的片段有關，催產素可能藉由這類有別於子宮催產素受體的受體，活化了生長因子。催產素參與調控而刺激生長因子分泌的效應，不只改變了大腦，也影響了周邊器官，可說相當重要。

給予人類催產素所造成的效果

如前所述，人類已有能力製造人工合成催產素，臨床上也用了相當多年。催產素點滴經常用在產婦身上，以啟動生產機制和加強子宮收縮。含有催產素的鼻噴劑在許多國家同樣使用了很多年，多半用來刺激母乳分泌。一般而言，一個單位（噴一次）約含有五ＩＵ（六．七微克）的催產素。之所以適合做成鼻噴劑，是因為像催產素這類胜肽很難穿過腸黏膜或血腦屏障等生物膜。若以鼻噴劑給藥，藥物便能較輕易地滲透鼻黏膜，穿過此處較脆弱的血腦屏障，進入大腦。[26]

近日，即便不需要哺乳的男性或女性也開始使用催產素鼻噴劑，以研究催產素對行為和生理的影響。目前發現，在使用四個單位（二十IU或二十六・八微克）的催產素鼻噴劑以後，之前在動物身上發現的效應也開始在人類身上重現。

• 對社交互動、焦慮、壓力、信任與慷慨程度的影響

催產素鼻噴劑能夠強化社交技巧，例如增強判讀和分析臉部表情和聲音情緒變化的能力，此效應在完全健康的男性與自閉症患者身上都能持續好幾周。[27]注視雙眼區域的時間與頻率也會跟著增加。[28]

目前已知，催產素鼻噴劑藉由抑制杏仁核的活性，能夠降低恐懼感，同時也會降低下視丘－垂體－腎上腺軸的活性，面對壓力時皮質醇的濃度下降就是最佳證據。[29]不過，最近也發現催產素鼻噴劑並不會每次都能誘發抗焦慮、舒壓與鎮定的效果。對某些人來說，甚至會誘發某些相反的效應。哺育母乳的媽媽可能也有類似情形，我們會在後續章節提及。[30]有些研究提到，使用催產素鼻噴劑已經證實會增加男性的信任感與慷慨程度，能夠降低女性腹痛與憂鬱的情形。[31]

讓產婦使用催產素點滴能夠降低焦慮並強化社交能力，此效應在產後仍會持續數天。[32]後面我們還會深入探討臨床上生產和給予催產素的效果。

催產素是哺乳類促進社交互動與緩解壓力的重要激素

人類使用催產素鼻噴劑的效果，和在動物身上給予催產素藥物的效果相當類似，這支持了催產素的確是哺乳類調節社交行為、緩解恐慌與壓力要角的論點。

下一章會談到哺育母乳和肌膚碰觸等親密行為，同樣會誘發身體分泌內生性催產素。

目前看來，使用催產素鼻噴劑還無法活化α2腎上腺素受體。也許是因為鼻噴劑的劑量不足，也可能是因為該效應比較容易經由皮膚的感官刺激誘發（後續會提到）。下一章就會提到催產素在不同生理狀態下產生的不同模式。

干擾催產素系統

• 缺乏催產素受體

好幾個研究指出，焦慮症、自閉症與思覺失調症患者的催產素系統功能有可能異常，催產素的濃度可能過高或過低[33]，或是血漿中有大量的催產素前驅物分子。[34]最近發現，某些自閉症患者的催產素受體功能無法正常運作，很可能是催產素受體的基因在結構上有缺損所導致。而催產素受體基因在結構上的差異可能是先天的。目前也已證實受體基因在結構上的表徵變化。[35]

•催產素分泌不足

有些人的催產素濃度就是比其他人要低。例如，缺乏安全感的人的催產素就比具有安全感的人低。[36]具有邊緣性疾患女性的催產素濃度也較低。部分研究指出，憂鬱症與思覺失調症和催產素濃度較低有關。[37]幼年遭受創傷也可能導致催產素的濃度較低。[38]腦脊髓液中的催產素濃度若是較低，可能增加自殺的風險。[39]

罹患纖維肌痛或反覆腹痛等疼痛症狀的人，催產素的濃度同樣較低。[40]無論這些缺陷是因為催產素基因的先天差異，還是幼年催產素系統未獲得足夠的刺激，甚或是因為壓力導致催產素的分泌受到抑制，一切仍是謎團。催產素基因的變化目前已經證實可能與一些臨床狀態有關。[41]

催產素用於治療

缺乏催產素可能導致社交行為與溝通上的異常，很容易讓人聯想到何不把催產素用於治療。有些研究認為，給予自閉症患者催產素能夠提升社交技巧，催產素點滴（如同生產時給予的劑量）能夠提升他們解讀聲音的能力。在鼻腔內給予催產素將增加年輕男性理解臉部表情的能力，[42]對於有社交恐懼症的人也會有某些正面效果。現在已有許多對照臨床試驗正在測試催產素對於思覺失調症患者的影響，研究會同時給予催產素與抗憂鬱藥物，看看是否能夠加速抗焦慮與抗憂鬱的效果。根據瑞典國家衛生研究院統整的臨床試驗清單，催產素也被嘗試用來治療各種壓力症候群、藥物與酒精濫用，或是心理諮商的附屬治療。

・催產素成為既有藥物治療的一部分

催產素與其他神經傳導物質系統的功能在許多層面上彼此相關。給予多巴胺和血清素的致效劑（如 5HT1a 致效劑）會讓身體釋放催產素。[43] 催產素會影響正腎上腺素、血清素、多巴胺、乙醯膽鹼和鴉片類分子等常見神經傳導物質的製造與釋放。有些抗精神疾病和抗憂鬱藥物也會促進釋放催產素。某些抗精神疾病、抗焦慮和抗憂鬱藥物可能會誘發催產素的效果，像是選擇性血清素再回收抑制劑（SSRI）就可能參與催產素的作用機制。[44] 用選擇性血清素再回收抑制劑來治療強迫症患者的正面效應，也許與血清素濃度上升有關。[45]

催產素：釋放催產素對感覺神經的刺激效果

控制催產素釋放

室旁核和視上核釋放催產素受到了各腦區的神經和血液循環中許多物質（例如激素）的影響。來自環境與身體各部位的訊息會經由不同的感官與感覺神經抵達大腦，影響催產素的釋放。

大腦中的神經路徑與傳訊物質

室旁核和視上核中製造催產素的神經元，受到中樞神經系統的各個區域支配而與它們相連；因此，催產素神經元的活性同時受到來自新大腦與舊大腦的神經衝動所控制。這些神經分別從背側迷走運動核、孤束核、藍斑核、臂旁核、終紋床核、杏仁核、海馬迴、縫核和其他在下視丘中支配室旁核的細胞團投射而來。

室旁核和視上核釋放催產素的過程牽涉了各式各樣的傳訊物質，如乙醯膽鹼、血清素、多巴胺、正腎上腺素、麩胺酸、γ－胺基丁酸、血管加壓素、血管活性腸肽、促腎上腺皮質激素釋放因子、泌乳激素、內啡肽、雌激素、膽囊收縮素、促甲狀腺釋放激素和褪黑激素。這些物質多數會刺激催產素釋放，不過γ－胺基丁酸和內啡肽則會抑制催產素釋放。[1]

•正回饋機制

催產素自己也有各種方式能夠刺激釋放。舉例來說，催產素會活化室旁核和視上核裡製造催產素的神經元樹突上的受體，以此刺激釋放。當樹突釋放催產素時，會刺激樹突釋放更多催產素，活化局部區域的正回饋機制。[2]

也有愈來愈多證據顯示，血液循環中的催產素可能會刺激感覺神經（如陰部神經和下腹神經）上的受體，釋放催產素。由通往孤束核的催產素神經纖維所分泌的催產素，也會促使更多感覺神經參與，釋放更多催產素。

● 負回饋機制

催產素會利用其他機制抑制分泌。催產素和催產素的片段都能啟動這類負回饋機制，目前已有證據顯示，給予催產素的片段能夠抑制催產素的分泌。[3]

雌激素

女性荷爾蒙——尤其是雌激素——會以各種方式刺激催產素分泌。雌激素會藉由活化次級的雌激素受體（雌激素受體β），刺激催產素分泌。[4]懷孕時因為雌激素濃度會急遽上升，更加明顯。雌激素濃度上升後，母體中催產素的濃度通常也會跟著緩緩上升。[5]雌激素也許會強化催產素和受體的結合度，以增強催產素在某些腦區中的作用。[6]例如雌激素作用在雌激素受體α，會強化催產素在杏仁核中的作用。有些從室旁核通往腦幹、負責製造催產素的神經纖維也經常帶有雌激素受體，同樣會受到雌激素的刺激。

活化感覺神經會釋放催產素

眾所皆知，生產和哺乳時會釋放催產素，而催產素又會藉由子宮和肌皮細胞的收縮，促進生產與哺乳。如果刺激大量的感覺神經，像是子宮、生殖道、消化道、乳頭、皮膚和口腔黏膜等，也會刺激分泌催產素。這裡只簡單討論催產素在生產和哺乳時的角色，更多細節會在後面章節詳述。

分娩

啟動分娩機制牽涉到許多未知的中樞功能。目前在第一產程和第二產程已觀察到催產素有短暫的濃度脈衝。每一次催產素脈衝都與子宮收縮有關。催產素也會使子宮頸放鬆並打開產道。催產素脈衝的頻率會隨著產程的進行，愈來愈密集。直到分娩最後階段，催產素脈衝的頻率與子宮收縮的頻率會接近約每九十秒一次。[7]如果弗格森反射啟動了，催產素的分泌同樣會增加。胎兒頭部抵住子宮頸的壓力會刺激陰部和下腹神經的傳入神經纖維，這些傳入纖維會回到脊髓並抵達孤束核，促使製造催產素的細胞釋放催產素。[8]有一小部分的正腎上腺素神經元會將這些資訊從孤束核傳到室旁核和視上核。

自律神經系統同樣參與了子宮收縮與打開子宮頸的過程。一般非孕婦的子宮，副交感神經的活性會增加子宮收縮與子宮內血液流動的速度。反過來，交感神經會引發持續更久的收縮，並減緩子宮血流速度。[9]從室旁核發出的催產素神經纖維則一路抵達薦神經叢，而子宮的副交感神經支配就源自這裡。

也有一小群感覺神經會從生殖器官開始，略過脊髓，直接傳入延腦孤束核的感覺神經。

哺乳

在泌乳期，孩子的吸奶行為會活化乳頭和乳房的體感神經，這些神經會回到腦幹中的孤束核，刺激室旁核和視上核釋放催產素。目前已知，含有抑制素B（inhibin B）的神經和調節孤束核到室旁核與視上核的神經衝動有關。吸吮也會活化一群略過脊髓並沿著迷走神經行進的感覺神經。這些迷走傳入神經和其他表皮神經有助於吸奶引起的催產素釋放。[10]吸奶會誘發一陣一陣的催產素脈衝，血液中的催產素脈衝會使乳腺泡周圍的肌上皮細胞收縮，這些催產素又會藉由神經機制，放鬆乳管周邊的括約肌，促進母乳分泌。幾乎是開始哺乳之後，催產素就會以九十秒的間隔產生脈衝。[11]

性生活

大量催產素釋放能夠同時影響公鼠和母鼠的性行為。活化性器官周邊黏膜與皮膚的感覺神經會促使催產素分泌，陰部神經、骨盆神經與下腹神經則參與調控。目前在雄兔與人類身上也有類似的發現。[12]

Komisaruk 和 Sansone 在二〇〇三年曾深入研究刺激陰道壁感覺神經的作用。刺激陰道壁不只會促使催產素釋放到血液循環與脊髓中，催產素作用在脊髓中也能提高痛覺閾值並放大瞳孔，還會活化其他釋放催產素的神經纖維，提供鎮定與放鬆的效果，促進幸福與愉悅感。這些作用可能與血清素和多巴胺的共同參與有關。製造催產素的神經也與促進親密感有關。

食物攝取

催產素也和食物攝取有關。研究已觀察到，牛、豬、狗和人類在進食時，血液中的催產素濃度也會跟著上升。[13]進食時所釋放的催產素主要由兩種機制產生，一種比較即時，另一種相對較為緩慢長久。

● 碰觸口腔黏膜產生的催產素

小牛開始從母牛吸奶後，會出現催產素濃度峰值，但如果從桶裡喝牛奶就不會發生這種現象。[14]這種即時效果是因為活化了口腔中的觸覺神經。觸碰後的神經衝動經過孤束核抵達室旁核和視上核，誘發了催產素的釋放。[15]

● 膽囊收縮素和迷走神經

飲食還有第二種機制能夠促使催產素釋放。當食物抵達小腸開始消化時，就會釋放一種腸道激素：膽囊收縮素。膽囊收縮素不只影響消化和代謝過程，也會影響大腦的功能，比如透過活化迷走傳入神經，促進催產素釋放。實際上也發現，用電刺激迷走神經或給予膽囊收縮素，都會使血液中的催產素濃度上升。[16]迷走傳入神經有一群分泌正腎上腺素的分支分布到孤束核，然後投射到室旁核和視上核。

觸覺刺激

•釋放催產素

刺激表皮感覺神經會促使催產素釋放。用電刺激麻醉後大鼠的坐骨神經或撫摸表皮，會刺激催產素濃度上升。[17]麻醉後的雄鼠也會因為接受到震動、溫感和針刺等刺激，血液和腦脊髓液中的催產素濃度跟著上升。[18]在受到輕柔對待且不恐懼的清醒大鼠身上，以每分鐘四十下的頻率撫摸腹部，同樣會使催產素濃度上升。[19]血液循環中觀察到的催產素源自投射到腦下垂體後葉的大細胞神經元。與此同時，催產素也會在大腦中釋放，以啟動催產素所調節的各種效應。

•撫摸、溫感與觸碰的效果（無害的感官刺激）

在麻醉後的大鼠身上給予微弱的電刺激、用刷子輕刷或撫摸表皮，會降低血液循環中的皮質醇和腎上腺素，[20]血壓也會跟著下降，[21]證實了輕微無害的感官刺激會減弱下視丘－垂體－腎上腺軸與某部分交感神經系統的活性。刺激迷走神經纖維會調節胃泌素、膽囊收縮素和胰島素等腸道激素的濃度。[22]讓胸口溫熱起來也能降低對痛覺的敏感度。[23]

撫摸清醒大鼠的胸口（尤其是前胸）會降低血壓，降低對痛覺的敏感度，有鎮定的效果。[24]如果重複此治療，甚至還能加強止痛的作用。[25]腸道激素也會受到影響，使體重增加。[26]撫摸清醒的大鼠也會影響行為，有鎮定的效果。[27]

統整以上結果可了解，輕微或無害的感官刺激具有舒緩壓力、抑制下視丘－垂體－腎上腺軸和交感神經系統的效果，也會刺激副交感神經／迷走神經系統、腸胃道的內分泌系統，因而促進合成代謝與生長，使行為更加鎮定，還能舒緩壓力和促進生長發育。[28]

以上各種體感刺激的效果是否受到C觸覺纖維或其他感覺神經纖維的調控，尚待研究。

• 催產素在體感刺激調控的作用中扮演的角色

第五章討論過給予催產素會產生的作用，至此已可理解，由無害的感覺刺激所誘發的催產素，和給予人工催產素的效果模式並無太大差異，甚至了解到給予無害的感覺刺激能夠促進催產素的分泌，催產素很有可能參與了各種由感覺刺激所誘發的作用。

現在有些實驗證實了表皮感官刺激和釋放催產素之間的關係。舉例來說，原本撫摸或保持老鼠腹側溫暖能夠增加痛覺閾值，但若提前給予催產素拮抗劑，感官刺激將沒有任何效果。[29]

• 感官刺激誘發催產素分泌的機制

感官刺激誘發催產素釋放的效應可能由幾種不同的機制誘導。感覺神經把資訊回傳到孤束核後，再送到室旁核，接著，催產素從室旁核的小細胞神經元中釋放出來。這些神經元通往大腦的特定區域，釋放的催產素可能會在這些腦區產生局部效應。這些催產素也有可能會和血清素、鴉片類分子或多巴胺等傳訊物質一同作用。

提升痛覺閾值、抗焦慮與鎮定等效果可能與來自中腦環導水管灰質、杏仁核與藍斑核的催產素有關。目前已經證實，重複撫摸會導致中腦環導水管灰質（對重複撫摸時的痛感相當重要的區域）的催產素濃度上升。

感覺刺激可能會影響腦幹中藍斑核、前腹外側延腦核、迷走運動核和孤束核，進而影響心率、血壓與腸道激素的濃度。撫摸以及其他能夠改變心率、血壓與腸道激素濃度的刺激，與室旁核小細胞神經元釋放的催產素也有關係。

投射到控制自律神經功能的腦幹中樞的神經纖維所釋放的催產素，可能會促進這個區域更短更直接的「大腦腦幹反射」。[30]

投射到孤束核的催產素神經纖維，也會受到孤束核收到的感覺資訊調控（促進或抑制），宛如某種門禁系統。[31]

孤束核——經由感覺刺激使催產素釋放的重要轉運站

對於所有傳入的神經衝動來說，孤束核是個相當重要的轉運站，哺乳、分娩、攝取食物（膽囊收縮素）或觸覺刺激，都能誘發催產素分泌。

在孤束核與室旁核和視上核釋放催產素的細胞之間，有各種不同的傳訊物質。孤束核中由一群特定細胞團發出的正腎上腺素神經元，似乎對於分娩和攝取食物功能相當重要；含有抑制素B的神經纖維，似乎對哺乳時釋放催產素特別重要。[32]

值得一提的是，各種輸入孤束核的感覺訊號會導致催產素釋放，但模式並不一定相同。生產、母乳哺育、進食和觸覺刺激的催產素效應模式某程度類似，但並不完全一樣，且會隨著遇到的各種情況而改變。我們會在後面章節討論更多細節。

其他促使催產素釋放的感覺

• 費洛蒙與嗅覺

費洛蒙也可能刺激催產素釋放。給予催產素的大鼠可能會藉由空氣傳播某些物質，影響周邊沒有給予催產素的大鼠。接收到這類物質的其他動物，同樣可能出現痛覺閾值上升和舒緩壓力等由催產素調控的經典反應。這類物質確實是藉由嗅覺器官影響接收者，因為若該動物的鼻腔受到局部麻醉，會破壞由催產素調控的作用，比如釋放催產素、痛覺閾值上升和舒緩壓力等。[33]

• 視覺與聽覺刺激

視覺與聽覺刺激同樣可能促使催產素釋放。看到孩子的照片時媽媽可能會分泌催產素。[34]嬰兒可能不只在被觸碰時釋放催產素，媽媽叫他們時也會有類似反應。當媽媽聽到孩子的哭聲，可能會增強體內釋放催產素的反應。[35]

• 心智表徵與制約

孩子吸奶時，媽媽體內會分泌催產素，促使母乳分泌；聽到或看到孩子大哭時，媽媽也會分泌催產素。這些反應有可能被制約，巴甫洛夫反射同樣可能會藉由視覺和聲音被誘發，比如母乳分泌就是能夠被制約的反應。相關效應會在後面章節詳述。

催產素的協調作用

•同時釋放催產素進入血液循環與大腦中

偶爾，催產素會同時進入血液循環與大腦。室旁核中有一群大細胞神經元，會藉由軸突旁支投射到腦下垂體後葉和大腦各個區域（如杏仁核和海馬迴），一旦它們被活化，催產素便會同時被分泌到大腦與血液循環中。[36]

大細胞神經元與小細胞神經元有可能會被同時啟動。目前已有證據顯示，哺乳、進食、分娩或是刺激陰道與子宮頸，都能觸發催產素同時釋放到血液與大腦中。[37]對老鼠進行電刺激、震動或溫覺刺激，都會明顯增加腦脊髓液中的催產素濃度。[38]

•催產素調節各種不同的作用模式

分娩或哺乳期間，催產素會被釋放到血液和大腦裡，誘發行為和生理上的作用。藉由整合不同的效果，催產素將形成各種適用於不同情況的作用模式。舉例而言，分娩與哺乳就會活化不同的作用模式，分娩會活化下視丘－垂體－腎上腺軸，使血壓上升，哺乳和肌膚接觸則會抑制下視丘－垂體－腎上腺軸和交感神經系統。[39]而在這兩種情況中，催產素都會促進社交互動、減少焦慮程度並提升痛覺閾值。我們會在後續章節討論分娩和哺乳時催產素不同的作用模式。

催產素拮抗壓力反應

第三章已詳細描述了壓力系統的各個結構，接下來我們要討論催產素如何抑制處理壓力的系統，並影響幾乎所有調節壓力的機制。

• 催產素抑制下視丘－垂體－腎上腺軸的活性

催產素用許多不同的方式來對抗下視丘－垂體－腎上腺軸的活性。催產素會降低室旁核釋放促腎上腺皮質激素釋放素，接著抑制腦下垂體前葉釋放促腎上腺皮質激素。催產素也會影響海馬迴中調節下視丘－垂體－腎上腺軸的功能。

• 釋放到杏仁核和藍斑核的催產素，降低壓力反應

室旁核中製造催產素的小細胞神經元釋放的催產素，會藉由對抗其他腦區對下視丘－垂體－腎上腺軸的輸入，對抗壓力反應。如同第三章提到的，恐懼會活化杏仁核，誘發壓力反應，也會活化

藍斑核中的正腎上腺素神經元，刺激下視丘分泌促腎上腺皮質激素釋放素。釋放到杏仁核中的催產素會降低杏仁核對恐懼的反應，因而降低杏仁核－藍斑核路徑的活性。

釋放到藍斑核中的催產素會降低藍斑核中正腎上腺素神經元的活性，因為催產素會活化α2腎上腺素受體，而這種受體能夠降低正腎上腺素神經元的活性。伏隔核會活化下視丘－垂體－腎上腺軸，而催產素會降低正腎上腺素的活性，用以拮抗下視丘－垂體－腎上腺軸的活性。

● 催產素降低交感神經強度，增加副交感神經強度

由室旁核投射到腦幹的小細胞神經元所分泌的催產素，能夠降低血壓和心血管功能；作用在前腹外側延腦、孤束核和迷走神經背側運動核，則能增強腸胃道功能。簡單來說，就是降低交感神經的活性，增加大腦副交感神經的活性。

● 痛覺刺激作用在孤束核，使催產素抑制壓力反應

最後，催產素會減弱從體感神經傳遞到孤束核的疼痛刺激之效應。非痛覺感覺刺激會增加視上核和室旁核中催產素的釋放，當催產素從室旁核小細胞神經元釋放時，這些神經元會投射到孤束核，活化孤束核中正腎上腺素神經元的α2腎上腺素受體。α2腎上腺素受體一旦活化，將抑制正腎上腺素神經元的活性，這些神經元投射到室旁核的促腎上腺皮質激素釋放因子神經元，最終減緩了由痛覺所引發的正腎上腺素神經元刺激效應。

相比之下，如上所述，低強度的感覺神經刺激會促進催產素的釋放。非痛覺感覺刺激會以類似正回饋的機制運作來促進催產素釋放，且同時抑制著痛覺刺激的傳遞。[40]

• 非痛覺感覺神經刺激與催產素的正回饋機制

非痛覺感覺神經刺激對催產素的影響是可以疊加的，感覺刺激愈多，就會促進愈多催產素釋放。

室旁核神經元釋放到孤束核中的催產素會增強感覺神經纖維的功能，影響催產素的釋放。這代表感覺刺激造成的釋放是正回饋機制，為了回應感覺刺激，會釋出更多的催產素。

催產素會促使非痛覺感覺刺激在孤束核中的傳遞，很多感覺訊號都能藉由刺激催產素釋放，活化催產素系統，強化訊號刺激。若孤束核的催產素濃度很高，表示接收到了某種刺激——可能是視覺刺激也可能是生產——都能讓更多的催產素釋放。孤束核中催產素濃度愈高，非痛覺的感覺刺激愈有效率。

●如果沒有催產素，給予感覺刺激也不會釋放催產素

然而，這也代表，如果孤束核中沒有催產素，給予感覺刺激也不會引起催產素的釋放。通常在受到驚嚇，或是其他催產素停止分泌的狀態（如剖腹產，或媽媽和孩子體內有高濃度的麻卡因〔marcaine〕等麻醉藥物），就會出現這種現象。後續章節將詳述感覺刺激與釋放催產素的關係。

●親密與互動

催產素會因為各種刺激而釋放，視覺、嗅覺或聽覺刺激都有可能，看到心愛的人或狗也會釋放催產素。催產素釋放到杏仁核時會強化社交反應、降低焦慮。如果是親密行為或觸碰等社交互動，催產素還會因為活化感覺神經而釋放出更多。如果少了親密行為和觸碰，催產素就不會長時間釋放。

親密接觸會讓催產素舒緩壓力的功能更加顯著，因為催產素會從投射到孤束核的室旁核小細胞神經元中被釋放出來，活化自律神經系統。α2腎上腺素受體也會因此被活化，抑制正腎上腺素神經纖維。這些纖維會刺激下視丘－垂體－腎上腺軸中的促腎上腺皮質激素釋放因子神經元和交感神經系統，促進催產素舒緩壓力和放鬆的效應。

- **內部與外部訊號，可能會使催產素紓壓的效果轉為壓力**

有時候催產素也會誘發侵略性與壓力反應。分泌催產素的模式通常取決於其他激素（如雌激素或皮質醇）的濃度，以及某種內在或外在環境因子。原則上來說，催產素鎮定的效果會在熟悉的環境，被輕柔、溫暖的觸覺刺激誘發。相反地，如果處在有衝突和不熟悉的環境，催產素可能會造成壓力。後續我們將討論更多細節。

心理與生理反應模式

戰鬥或逃跑反應 vs 放鬆與成長反應（鎮定與連結反應）

從演化的觀點來看，哺乳類與人類有某些共通的古老心理－生理反應模式，其具有防護力而有助於生存。這些反應模式包括了行為與生理上的效果，並受到神經和激素的調節。這些模式包括活化自律神經系統與下視丘－垂體－腎上腺軸的激素。腸胃道也在這些模式中扮演要角。

眾所皆知，危險、創傷、疼痛或是恐懼會活化防禦或壓力反應。戰鬥或逃跑反應最早由Cannon 在一九二九年所描述，是壓力反應中包含心理與生理適應的例子。恐懼、生氣和警醒也都是反應模式的一部分。也會造成更多的血液被送到肌肉，以供應肌肉更多養分和氧氣；心血管和肺部的功能隨之提升。腸胃道功能下降，養分被集中到肝臟，等著做為活動的燃料。此刻觸覺敏感度會降低，社交能力與惻隱之心也是。出現戰鬥或逃跑反應時，下視丘－垂體－腎上腺軸與交感神經系統的活性會大幅提高，副交感神經系統的活性則會下降。[41]

另外有一個完全相反的反應模式，社交技巧會提升、壓力程度下降、養分會被用於生長或儲存起來。這種反應模式過去曾被命名為「放鬆與成長反應」（鎮定與連結反應）。皮膚上的觸覺、溫覺和輕壓，或是處於友好、安全與鎮定的環境之中（例如成為一個受人喜愛與信任的人），會活化這種反應模式。在此反應模式下，會表現出冷靜、幸福與放鬆的狀態。對愉悅感和無害的感覺感受程度較高，也會提升社交互動和惻隱之心。下視丘－垂體－腎上腺軸與交感神經系統的活性會下降，副交感神經系統的活性會上升。養分會被用於生長或儲存起來。[42]

激素、感官互動和基因的影響

目前已經很清楚，由下視丘（還有杏仁核）的室旁核所分泌的促腎上腺皮質激素釋放因子和血管加壓素，會與腦幹中的伏隔核和藍斑核，一起調節防禦與壓力反應的行為與內分泌。

反過來，室旁核中製造的催產素與「放鬆與成長反應」（鎮定與連結反應）的一些重要面向有關。

每個人的防禦反應、鎮定與連結反應的類型都不太一樣，即便是同一個人也會隨著時間改變。基因的個人差異、激素、感官和情緒經驗都會影響反應模式的長期和短期表現。反應傾向較為侵略性的，可能與睪固酮或驚嚇、痛苦、壓力事件有關。相對的，表現鎮定和連結的反應模式，可能與雌激素和黃體激素等女性荷爾蒙有關，無害、快樂和冷靜的情緒及感官經驗也會有所影響。一個原則是，愈早（即便在子宮裡）經歷激素、情緒與感官刺激，愈能誘發強烈且深遠的效果。[43]

第 7 章

產生母乳：泌乳激素與催產素的角色

一如前言提到的，本書主要目的之一是描述催產素在母乳哺育時的角色，接下來四個章節將詳細討論此一主題。第一個要處理的是催產素在製造母乳時的作用。刺激母乳生產的主要激素是泌乳激素，但催產素也發揮著重要的調節作用。本章將描述這些相互作用如何發生。

接下來的第八章和第九章將介紹催產素在分泌母乳和給予溫暖時的作用。第十章則說明催產素和泌乳激素對哺乳媽媽的作用。

乳腺

一般而言，雌性哺乳類動物生下的是活胎，並用乳腺產生的乳汁將子代餵養長大。「哺乳類動物」一詞實際上源自拉丁語的乳腺「*mammae*」。

產生乳汁的乳腺之解剖結構，每種哺乳類動物都不太一樣。有些乳房上長了好幾個乳頭；有些沿著身體前側，從腋窩向下到腹股溝有很多乳頭；有些只有兩個乳頭。某些物種能夠儲存大量的乳汁，讓子代一次大量攝取。其他儲存容量較小的物種，子代則必須更頻繁地吸奶。

●乳腺的結構

產生乳汁的乳腺源於皮膚，排列相對簡單，類似汗腺。[1]在乳腺組織中，乳汁由一種特殊類型的上皮細胞（覆蓋小乳腺泡內面的產乳細胞）製造和分泌。乳汁從小乳腺泡排入小乳管再到大乳管，這些乳管在乳頭上有出口。乳腺泡和較小的乳管（而非大乳管）周邊被肌皮細胞包圍著，肌皮細胞收縮時，乳汁便會分泌。

人類乳腺的腺體組織由十五到二十個乳葉組成，每個乳葉由包含十到一百個較小乳腺泡的小乳葉組成。乳腺泡的乳汁由小導管排出，這些小導管又會陸續合併成較大的導管，最後匯聚成五到九個主要乳管，在乳頭上開口。乳管出口的直徑為零點四到零點七毫米，這些孔被環形肌纖維包圍。[2]

• 乳頭

乳頭是乳腺的特殊部分，讓子代在吸奶時能夠吸附。乳頭由具有彈性纖維和平滑肌的結締組織組成，裡頭嵌入了血管、神經和乳管。[3]

製造母乳

不同物種和個體的母乳成分各有不同。有些物種如鯨魚和兔子，會產生脂肪含量極高的乳汁，讓子代長時間維持飽足感。其他物種如老鼠，會產生較稀的乳汁，幼崽為了攝取更多母乳就必須經常吸吮。種種變化，反映不同哺乳類動物適應生活的方式極其不同。

乳腺中的乳腺泡和乳管會在懷孕期間為製造母乳做好準備，乳腺上皮細胞會轉化為乳腺分泌細胞，也就是合成乳汁的乳細胞。高濃度的雌激素、黃體酮和胎盤促乳激素（化學結構類似於生長激素和泌乳激素）負責乳腺的發育。

• 人類媽媽的母乳製造

與其他哺乳類動物一樣，人類媽媽在懷孕期間就開始準備製造母乳，但直到小孩出生前，母乳的分泌都受到高濃度雌激素和黃體素的抑制。胎盤排出後，與懷孕相關的激素濃度大幅下降，於是乳汁開始分泌。

寶寶出生後，媽媽會立即分泌少量富含蛋白質的初乳。母乳的成分在寶寶出生後會逐漸發生變化，幾天之內就會開始分泌「成熟的母乳」。這種母乳含有七％乳糖、〇・八％蛋白質和四・一％脂肪。母乳中大部分成分都在乳腺中合成，只有某些類型的脂肪除外。這些脂肪需要從母體直接轉移到乳細胞。[4]全母乳哺育的媽媽每天平均產乳量在一周後能接近兩百五十毫升，一個月後每天可接近七百五十到八百毫升。[5]

調節母乳生產

泌乳激素

泌乳激素是哺乳期與製造母乳相關的主要激素。這種胜肽類激素由腦下垂體前葉中一種特殊的激素生成細胞——泌乳激素細胞合成。不同哺乳類動物的泌乳激素化學結構不同。從化學角度來看，生長激素與泌乳激素有某種關係，似乎是刺激乳牛生產牛奶的主要物質。[6]

泌乳激素刺激乳細胞合成乳汁

泌乳激素會與產乳細胞（泌乳細胞）上特定的泌乳激素受體結合，刺激乳腺合成母乳。[7]大量的泌乳激素不僅可以增加單個產乳細胞製造母乳的能力，甚至能增加乳細胞的數量，以增加乳腺分泌母乳的能力。有人認為，泌乳激素在產乳量快速增加的泌乳初期之重要性，比泌乳後期母乳產量已穩定時更重要。[8]

• 吸奶的強度和頻率、釋放泌乳激素和製造母乳的關係

吸奶會促進釋放泌乳激素，刺激母乳分泌，分泌母乳與吸奶的強度和頻率有關。吸奶次數愈多，泌乳激素愈多，乳腺中的泌乳細胞產生的母乳就愈多，因為泌乳激素會促進母乳分泌的細胞機制。[9]

調節釋放泌乳激素

• 多巴胺的抑制作用

吸奶會刺激泌乳激素從腦下垂體前葉分泌到血液循環中。腦下垂體前葉釋放泌乳激素受到多巴胺的抑制，而多巴胺則由下視丘的結節漏斗部分泌。由於多巴胺的濃度會因吸吮而降低，泌乳激素

便能從腦下垂體前葉釋放到血液循環中，刺激乳汁分泌。[10]

如果使用能夠和多巴胺受體結合，或能和多巴胺產生類似作用的物質（多巴胺致效劑），將減少母乳產量。相反地，若使用能降低多巴胺活性的物質（多巴胺拮抗劑），將增加母乳產量。尤其能在剛開始哺乳時利用這些物質來增加母乳產量，一般認為，此時泌乳激素對母乳產量的影響，比哺乳後期更有影響力。這也是某些具多巴胺拮抗特性的抗精神疾病藥物會有分泌母乳的副作用的原因。[11]

● 催產素的刺激作用

催產素對腦下垂體前葉釋放泌乳激素相當重要。目前已經證實，有一小群泌乳激素細胞具有催產素受體，給予阻斷催產素作用的抗體，會抑制吸奶所誘發的泌乳激素釋放。數據顯示，腦下垂體前葉釋放的催產素會刺激泌乳細胞釋放泌乳激素，以回應吸奶的行為。[12]催產素由大細胞神經元和小細胞神經元的軸突，分泌到下視丘－腦下垂體－門脈循環系統，抵達腦下垂體前葉。某些投射到腦下垂體後葉的大細胞神經元也會向腦下垂體前葉發送側支或分支，從而使催產素釋放到循環中。[13]

泌乳回饋抑制物（FIL）

然而，分泌母乳不僅受到泌乳激素控制，還取決於泌乳回饋抑制物。泌乳回饋抑制物由乳腺泡上皮細胞產生並分泌到母乳中。一旦母乳從乳腺排空，泌乳回饋抑制物產生的抑制作用就會消失。[14]只要誘發有效的母乳分泌並移除泌乳回饋抑制物，催產素就能間接地與泌乳激素協同作用，刺激母乳分泌。[15]泌乳回饋抑制物的抑制機制在泌乳剛開始那幾天並不會啟動，但在泌乳穩定之後變得愈來愈重要。

泌乳回饋抑制物的化學特性尚未確定。一般認為可能是母乳中的某種蛋白質成分。另一種說法則認為，抑制作用僅是乳腺泡壓力增加時，局部神經機制活化的現象。

乳腺細胞上的催產素受體

最近已經證實乳腺細胞上具有催產素受體，代表催產素也可能直接作用在乳腺上，促成母乳的製造。[16]

所有乳腺和乳管的上皮細胞上也都有催產素受體。目前認為催產素會藉由這些受體，調節乳腺上皮細胞的生長。[17]

藉由神經機制刺激母乳生產

刺激乳房或脊髓反射等局部神經機制也可能會影響母乳生產。在研究當中，如果對乳牛四分之一的乳房給予更多刺激，與其他接受較少刺激的乳房區相比，該區可能會產生脂肪含量更高的牛奶。[18]

活化局部神經的機制也解釋了，袋鼠為什麼可以同時從不同的乳房，分別為年幼和年長的子代生產不同成分的母乳。

上述兩例裡，血液循環中的泌乳激素和乳腺中的催產素濃度相當接近；母乳成分的不同不是由激素作用引起，而是由局部神經機制引起。第一種情況，施加到乳牛乳房不同部位的刺激量不同。第二種情況，年幼和年長的袋鼠子代吸奶的質量不同。活化局部軸突反射和脊椎中的神經反射，都可能影響母乳生產。我們將在下一章詳細討論神經機制對製造母乳與泌乳的作用。

重點整理

- 泌乳激素是乳腺細胞製造母乳的主要刺激物質，它能與乳腺細胞上特定的泌乳激素受體結合。
- 腦下垂體前葉泌乳激素細胞釋放的泌乳激素，受到來自下視丘的多巴胺抑制。催產素藉由神經機制釋放到腦下垂體前葉後，會刺激泌乳激素細胞釋放泌乳激素。
- 母乳中的泌乳回饋抑制物質會抑制泌乳細胞分泌母乳。一旦乳腺中的母乳清空，泌乳回饋抑制物質的作用就會消失。
- 催產素可藉由刺激乳腺細胞上的催產素受體，促進母乳的製造。

第8章

分泌母乳和給予溫暖：催產素

如上一章所述，即使催產素發揮正面調節作用，腦下垂體前葉泌乳激素細胞產生的泌乳激素，才是刺激乳汁製造的主要物質。相反地，腦下垂體後葉釋放到血液循環中的催產素，則是刺激母乳分泌的主要因子。

因為哺乳而釋放的催產素，還能擴張乳腺與胸部表皮的血管，除了提供母乳，也可以「提供溫暖」。

排乳反射

排乳反射是指乳汁從乳腺泡，經由乳管，擠到乳管開口的過程。吸奶會誘發排乳反射，但排乳反射在脊髓和大腦中的神經路徑與涉及的激素機制，和製造母乳不同。

哺乳期的媽媽與排乳反射

哺乳時的吸奶刺激會誘發排乳反射，讓嬰兒一吸吮乳頭，母乳就能噴進嬰兒嘴裡。以正在哺乳的女性來說，大部分儲存在乳腺的母乳受到吸吮時都會被擠進乳管，以噴射的方式從乳頭分泌出來。

哺乳時的排乳反射會造成乳房的刺痛或壓力感，但並非所有女性都會有這種感覺。觀察對側乳頭流出乳汁或嬰兒吞嚥母乳的聲音，同樣能夠辨識排乳反射。觀察上述身體反應將發現，開始餵母乳的六十到九十分鐘內就會出現排乳反射。[1]

最近有一種超音波技術能將排乳反射的過程視覺化，以此計算乳頭上有多少乳管開口打開。在此實驗中，研究人員會讓哺乳媽媽單側乳房使用擠乳器，並測量對側乳房打開了多少乳管開口。第一次排乳反射發生在實驗開始後一百二十秒左右，之後每隔九十到一百二十秒就會發生排乳反射。[2]

催產素的作用

人類在二十世紀初發現腦下垂體的萃取物能夠增加母乳分泌，也很快地發現這種未知物質就是催產素。[3]如前所述，催產素產生於下視丘中的室旁核和視上核。室旁核和視上核的大細胞神經元產生的催產素，藉由神經末端（軸突）向下輸送到腦下垂體後葉，釋放到血液中，以回應吸奶的動作。

有趣的是，產卵的鳥類也會在血液循環中分泌一種類似催產素的胜肽，這表示哺乳類動物的排乳反射一如鳥類的產卵，是一種具有功能性的行為，甚至對更原始的動物也是如此。[4]

催產素對於排出乳汁是必需的。缺乏催產素的雌性動物無法餵養子代，子代甚至因此死於飢餓。[5]

● 催產素誘發肌上皮細胞收縮

當子代吸奶時，催產素就會釋放到血液循環中，一旦抵達乳腺，就會誘發排乳反射。催產素一旦與特定受體結合，就會刺激乳腺泡周邊的肌皮細胞收縮，進而提高乳腺泡內部壓力。接下來，母乳會被排入較小的乳管。小乳管上的肌皮細胞呈縱向排列，導管受到催產素的刺激後會縮短且加寬，繼續將母乳排入缺乏肌皮細胞的大導管。[6]

● 催產素會打開較大乳管的括約肌

催產素還可以打開較大的乳管，並放鬆乳頭上乳管開口周邊的環狀肌，「打開大門」讓乳汁分泌。催產素受體不只分布在乳泡周圍的肌皮細胞上，乳管上、導管周邊結締組織的平滑肌中，以及括約肌周圍的環狀肌上，都有催產素受體，主導著此作用。[7]也可能是藉由催產素間接誘發，在局部釋放胜肽以鬆弛平滑肌：支配乳頭和乳腺的感覺神經含有抑鈣基因相關胜肽、P物質和腸泌血管擴張胜肽等胜肽，它們都可以鬆弛平滑肌，我們之後還會提到這個機制。[8]目前已知催產素會促使腸泌血管擴張胜肽釋放，支持此一假說。[9]

給予溫暖

除了刺激母乳生產和排乳反射，哺乳還會提升乳腺和前側胸部周邊的皮膚溫度。這種現象稱為紅潮，可用熱像儀觀察。

皮膚溫度升高的作用

媽媽的皮膚溫度升高有助於保持孩子的溫暖，防止孩子體溫過低，對於維持生命相當重要，特別是孩子剛剛出生時。[10]

這種給予新生兒溫暖的能力還有其他重要意義。新生兒對溫度的微小變化極為敏感，不但會被溫暖吸引，溫度也能幫助他們找到乳頭並開始吸奶。就像初生的小豬由於母豬乳房底部的溫度高了攝氏零點五度而向乳房移動。[11]

溫暖的溫度還讓新生兒感到舒適與平靜，與媽媽靠近時，壓力程度會降低。若同時給予觸摸和撫摸，還能刺激新生兒的生長和成熟。藉由這種方式，媽媽就能繼續調節新生兒的代謝和生理過程。[12]事實上，利用將溫暖傳遞給孩子的機會，媽媽能提供比乳汁更基礎的「卡路里或能量」給孩子。我們會在肌膚接觸章節描述更多細節。

●鳥類給予溫暖的方式

哺乳類動物帶來溫暖的能力也許就像鳥類讓鳥蛋和子代在孵化前保持溫暖的過程。有些鳥類的胸口有淺層的血管網，有些鳥類孵蛋前會從「胸部」啄掉羽毛以增加皮膚與蛋之間的接觸。如此一來，孵蛋時就能給予溫暖，讓蛋內未出生的子代繼續成長發育。鳥類也會用壓在身上的方式幫雛鳥取暖。

這一切就和哺乳類動物為子代保持溫暖一樣，使用相同的方式讓孩子能夠繼續成長與發育。

催產素的作用

乳腺上方皮膚溫度升高是由於胸動脈循環增加和皮膚血管擴張所致。當皮膚中的血管擴張時，皮膚中的血液循環會增加，進而導致溫度升高。[13]

血液循環中的催產素對表皮溫度升高相當關鍵。事實上，表皮溫度上升所牽涉的機制和排乳反射並沒有差太多。如上所述，血液循環中的催產素不僅會收縮乳腺泡中和排乳有關的肌皮細胞，還會擴張較大的乳管，擠出乳汁。同時，皮膚中的血管也會跟著擴張。

● 實驗

Eriksson 等研究者對哺乳期大鼠進行了一系列實驗，以研究催產素對表皮溫度的作用。[14] 實驗證實：

- 子代吸奶時，乳腺上的表皮溫度會隨著分泌乳汁而上升。
- 注射催產素，使血液中的催產素濃度與哺乳時的濃度相同，同樣能夠觀察到表皮溫度上升的現象。
- 在乳腺的循環系統中注射抑鈣基因相關胜肽、P 物質和腸泌血管擴張胜肽，和哺乳、注射催產素一樣，會使乳腺上方表皮溫度上升。

◆在乳腺的循環系統中注射神經胜肽Y會讓乳腺上的皮膚溫度下降。上述數據顯示，哺乳所釋放的催產素不僅會促進乳汁排出，還能增加乳腺上方表皮的循環和溫度。由於血管內或血管周邊產生的抑鈣基因相關胜肽、P物質和腸泌血管擴張胜肽也能升高表皮溫度，因此相較於這些局部作用的胜肽，催產素的作用較為間接。[15]然而，此結果並不排除血液循環中的催產素可能會直接藉由血管中的催產素受體，擴張表皮血管的可能性。[16]

其他能夠刺激排乳反射與表皮溫度上升的感覺或精神刺激

後面的章節將更詳細地討論，媽媽不只會因為哺乳或皮膚接觸而釋放催產素進入血液循環，看到／聽到孩子，或僅僅只是想到孩子時，也可能釋放催產素。釋放催產素會與其他刺激制約。因此，只要血液中的催產素濃度上升，無論有沒有哺乳都會發生排乳反射、乳房表皮溫度就會上升（充血）。[17]

重點整理

⇩ 排乳反射是從乳腺泡和乳腺導管中擠出乳汁的過程。

⇩ 催產素會使乳腺泡和小乳管中的肌皮細胞收縮，以刺激乳汁排出，並藉由擴張大乳管促進乳汁排出。

⇩ 催產素會擴張表皮血管來提升胸部和乳房的皮膚溫度。乳管和表皮血管舒張可能是催產素直接對平滑肌的影響，或藉由血管活性胜肽的局部作用間接產生。

第9章

分泌母乳和給予溫暖：神經機制

如同前一章節提到的，哺乳會促使泌乳激素和催產素釋放，這兩種激素分別刺激母乳製造和排出母乳。此外，胸部的表皮溫度也會隨著催產素濃度上升而上升。排乳反射和乳房表皮溫度升高不僅受到激素的調節，也受到體感神經軸突反射和乳腺中交感神經系統的局部神經機制調節。我們將在本章解釋這些作用。

乳腺的神經支配

乳腺由肋間神經支配。仔細研究乳腺各部位，主要乳管系統由體感神經支配，小乳管則由其他神經支配。[1]乳暈和乳頭上零星分布著感覺神經纖維。[2]來自椎體旁交感神經節的交感神經或運動神經同樣支配著乳腺，控制了乳頭和乳暈的血管以及收縮性肌肉，也微幅支配了較大的乳管。[3]相反地，乳腺中沒有發現副交感神經運動纖維。[4]

● 胜肽是支配乳腺時的共同傳訊者

來自表皮的神經（如體感神經或自律神經系統的神經）通常都有做為共同傳訊者的胜肽。感覺神經中的此類胜肽會藉由軸突反射逆向釋放，在神經起始位置發揮局部作用。乳腺中的神經也不例外。

● 實驗

針對大鼠和人類乳頭與乳腺內的神經裡面的這類胜肽，Eriksson 等研究者進行了廣泛研究。[5]過去已經證實，抑鈣基因相關胜肽、P物質和腸泌血管擴張胜肽等胜肽，會在皮膚等處的體感神經中與其他傳訊物質共存，[6]交感神經系統的運動神經元中已證實有神經胜肽Y的存在，也受到進一步研究。[7]抑鈣基因相關胜肽、P物質和腸泌血管擴張胜肽都是對平滑肌（如血管和乳管）發揮放鬆作用的胜肽，神經胜肽Y則是收縮平滑肌的胜肽。[8]

Eriksson 與 Lindh 等人的研究（1996）發現，在乳腺泡和乳管周邊的表皮、血管、平滑肌和結締組織中，與排乳反射和製造母乳相關的免疫反應性神經纖維內，含有大量的抑鈣基因相關胜肽、P物質、腸泌血管擴張胜肽和神經胜肽Y。在一般人（非哺乳期）和哺乳期大鼠的乳腺組織中，也有類似的發現。這些胜肽在哺乳期具有相當重要的功能，也與催產素的作用有關，我們將在此詳細描述這些胜肽在乳腺中的位置與功能。

這些胜肽分別在三種不同類型的神經中獲得證實：

一、脊髓背根神經節中的細胞體（感覺神經的細胞體）裡，發現了抑鈣基因相關胜肽與P物質的免疫活性。乳頭和乳暈的表皮中也發現了抑鈣基因相關胜肽與P物質的免疫反應，證實了感覺神經源於皮膚。此外，這些胜肽存在於乳頭和乳腺組織的非血管平滑肌，以及血管和乳管周圍的軸突側支中。這些胜肽通常有放鬆平滑肌的作用，因此當體感神經在哺乳時被活化，可能會以逆向釋放（藉由軸突反射）的方式，引起乳頭勃起、刺激血液和乳汁的流動。

二、神經纖維含有腸泌血管擴張胜肽的神經元，細胞本體位在結狀神經節中，此神經節中也包含了來自迷走神經副交感神經支中感覺神經的細胞體。代表這些纖維也是特殊類型的感覺神經，或是迷走傳入神經。在乳頭肌肉組織的軸突側支，以及乳頭和乳房組織中血管和乳管周圍的肌肉裡，都發現了含有腸泌血管擴張胜肽的神經纖維。由於腸泌血管擴張胜肽對平滑肌有放鬆作用，因哺乳而誘發軸突反射所局部釋放的腸泌血管擴張胜肽，可能有助於乳頭勃起，並增加哺乳時的血流和乳汁流量。

三、相反地，含有神經胜肽Y的神經纖維源自星狀神經節，即交感神經運動纖維細胞體的位置。交感神經中主要的神經傳導物質正腎上腺素和神經胜肽Y都能收縮平滑肌，由於含有正腎上腺素和神經胜肽Y的神經纖維同時分布在乳頭非血管性的平滑肌，以及血管和乳管周圍的平滑肌內，因此當交感神經活化時，正腎上腺素和神經胜肽Y會收縮乳頭非血管性的平滑肌、血管和乳管，進而抑制血液和乳汁的流動。

綜合來看，乳腺的感覺神經含有抑鈣基因相關胜肽、P物質和腸泌血管擴張胜肽等胜肽，可以鬆弛血管和乳管，進而促進乳汁的循環流動。乳腺和乳頭的交感神經則含有正腎上腺素和神經胜肽Y，作用相反，會收縮血管和乳管，進而抑制血液流動和乳汁排出。[9]

軸突反射對排乳和「給予溫暖」的作用

承上所述，乳頭、乳暈和乳腺組織的感覺神經含有抑鈣基因相關胜肽、P物質和腸泌血管擴張胜肽等胜肽。這些胜肽也存在於軸突的側支中，終止於乳腺中體感神經的起點旁。由於哺乳會刺激感覺神經，因此這些胜肽也會在乳腺局部釋放。

乳頭勃起

哺乳會誘發這些胜肽在局部釋放，可能有助乳頭勃起。在剛開始哺乳時發生這種效應，能讓子代更容易吸附乳頭。[10]

打開乳管與血液循環增加

P物質、抑鈣基因相關胜肽和腸泌血管擴張胜肽在局部釋放會放鬆乳管周圍的環狀肌，進而擴大乳管開口，促進母乳流動。這種神經性的效應解釋了為什麼觸摸乳牛的乳房可以促進乳汁分泌，也就是所謂的拍打反射。此外，局部釋放的胜肽會增加乳腺和乳房表皮的血液循環，進而提升表皮溫度。

促進激素的效應

哺乳引起的局部神經性作用會使血液循環中的催產素誘發排乳反射與表皮血管舒張。抑鈣基因相關胜肽、P物質和腸泌血管擴張胜肽會在哺乳後立刻釋放，並放鬆乳頭中血管和乳管的肌肉。要過一段時間，等因哺乳所釋放到血液循環中的催產素抵達乳腺後，才會強化收縮肌皮細胞和擴張血管與乳管的效果。

●用於乳牛的前刺激

使用擠奶機為乳牛擠奶時，為了活化乳牛產奶的神經機制，獲得最佳排乳量，就需要進行前刺激。擠奶機主要以真空抽取的方式誘發乳牛分泌牛奶。由於光用擠奶機無法提供足夠的感官刺激，因此需要藉由手動的方式給予感官刺激。[11]

●女性擠乳後延遲的排乳反射

有趣的是，與吸奶誘發的排乳反射相比，擠奶後的排乳反射會略有延遲（九十秒與一百二十秒的差異）。[12]這種差異可能是由於擠乳器對乳頭的感覺神經刺激程度和吸奶不同。如前所述，吸奶的刺激不僅會誘發催產素釋放到血液循環中，還會活化軸突反射，並在局部釋放胜肽，打開乳頭的乳管開口，促進乳汁排出。然而，擠乳是利用真空將乳汁吸出，因此可能沒有局部放鬆的作用，使得排乳反射會出現短暫延遲。[13]

交感神經系統的作用

乳腺受交感神經系統支配，但不受副交感神經系統支配。Eriksson 等研究者發現[14]，乳腺中的交感神經纖維含有正腎上腺素和神經胜肽Y（做為共同傳訊者），它們會收縮乳腺中的乳管與覆蓋乳腺表皮的血管，抑制乳汁排出，降低表皮溫度。[15]

壓力活化交感神經系統

如第三章所述，交感神經系統和下視丘－垂體－腎上腺軸是回應壓力相當重要的系統。乳腺受到交感神經系統的支配，因此壓力同樣會經由交感神經系統影響乳腺的功能。

壓力會抑制排乳反射與表皮溫度上升的能力

壓力可能以兩種不同的方式抑制乳汁分泌：

1. 乳管可能會因為交感神經系統活化而收縮，進而抑制乳汁排出。
2. 壓力會抑制催產素釋放，藉此抑制與排乳反射相關的激素。

• 壓力會使乳腺中的乳管和血管收縮

身體接收到壓力時，乳腺內的交感神經纖維會釋放更多的正腎上腺素和神經胜肽Y，它們會收縮乳管和血管中的平滑肌，因此抑制了排乳反射和血液流動。[16]如同上一章中提到，Eriksson 等人

（1996）的研究結果是，給予神經胜肽Y能夠減少乳房表皮的血流量，並降低表皮溫度。

●壓力會抑制催產素釋放

壓力也可能抑制催產素等控制排乳反射的激素，以此抑制排乳。即便只是處於陌生環境這類相對輕微的刺激，都有可能抑制使用擠乳器時所釋放的催產素，直到情況恢復正常。[17]

Newton 等研究者證明了壓力會暫時抑制女性催產素的分泌和排乳反射。[18] 催產素的釋放與相關排乳反射可能會被相當微妙的因素抑制，例如處在不熟悉的環境或覺得不安全。事實上，催產素又被稱為害羞激素，[19] 當媽媽缺乏安全感時，同樣會抑制催產素的釋放，我們將在探討母體的保護措施章節做進一步討論。

如何預防哺乳和感官刺激下的催產素釋放和排出乳汁受到壓力抑制

●哺乳會抑制交感神經系統的活性

哺乳將以多種方式促進乳汁排出，不僅能夠刺激催產素釋放到血液循環內，還能藉由乳腺的局部神經機制（有時甚至是脊髓反射）影響乳汁排出。

哺乳有強大的抗壓作用，而且會在中樞神經系統的許多層級發揮作用，甚至涉及控制自律神經系統的腦幹。哺乳會降低交感神經系統的功能，並增加此區副交感神經系統的影響，稍後將更廣泛地討論，這裡只討論到哺乳抑制交感神經對乳腺功能的影響。

• 抑制交感神經活性的神經路徑

哺乳會刺激延髓中的孤束核活化。[20]這種作用藉由活化投射到脊髓的體感神經，以及活化乳腺特殊的「迷走傳入神經」所引起。[21]今已證明，哺乳對感覺神經的非痛覺刺激，可以降低交感神經系統和交感腎上腺系統的活性，[22]相關作用發生在腦幹的孤束核內部和周邊區域，而孤束核也控制自律神經系統。

除了延髓孤束核和周邊區域產生的「直接」效應，在下視丘，非痛覺刺激也會活化投射到孤束核的室旁核催產素神經。[23]此點的佐證在於，感覺神經在受到非痛覺刺激時，確實會釋放催產素，給予催產素也的確會降低某部分交感神經系統的活性。[24]

總而言之，哺乳的效應似乎會涉及兩個步驟。第一個步驟直接作用於腦幹，第二個步驟則作用於下視丘。從下視丘室旁核神經元釋放出來的催產素會進入腦幹中控制自律神經的區域，直接促進或加強催產素在腦幹中的作用。

哺乳能夠抑制投射到乳腺的交感神經纖維活性，使乳腺中的乳管和血管周圍的肌肉不會收縮，進而增加乳汁流量、提升表皮溫度。

• 肌膚接觸有助放鬆

開始吸奶前，哺乳類動物的子代或人類嬰兒會緊貼著媽媽的胸部躺下，甚至按摩乳房。親密接觸所活化的感覺神經有助於抑制吸奶所誘發的交感神經活性，能夠促進催產素釋放和乳汁排出。後面的章節將更詳細討論肌膚接觸的作用。

• 加熱

加熱可能會立即流出乳汁，例如將乳房浸入熱水中。溫暖會刺激感覺神經，藉由孤束核中的反射作用和釋放催產素，降低交感神經的活性。[25]

表 9.1　哺乳誘發乳汁分泌與表皮溫度上升的機制

哺乳	作用
誘發局部釋放的胜肽	打開乳管開口，舒張乳腺表皮血管
誘發催產素釋放到血液中	使肌皮細胞收縮，誘發排乳反射
活化孤束核	降低交感神經系統的活性
使室旁核釋放催產素到大腦中	降低交感神經系統的活性
減少恐懼和焦慮	降低交感神經系統的活性
以上所有作用	協同作用使表皮溫度上升並誘發排乳反射

重點整理

- ⇩ 哺乳刺激誘發的局部神經性反射，有助於排乳、增加血流量與表皮溫度。
- ⇩ 哺乳會藉由神經機制促進催產素對排乳和表皮溫度上升的作用。
- ⇩ 壓力會活化交感神經系統，抑制乳汁排出，並收縮乳管和血管中的平滑肌來降低表皮溫度。
- ⇩ 哺乳可以降低交感神經活性，抵銷壓力抑制排乳和降低表皮溫度的作用。這會影響大腦的許多區域。

第 10 章

泌乳激素與催產素對哺乳女性的影響

前三章介紹了製造母乳和排乳的調節機制，以及泌乳激素和催產素的作用，本章將介紹哺乳媽媽的泌乳激素和催產素的濃度，以及這些激素控制母乳生產和排乳的作用。

目前已有大量研究證實，哺育母乳的媽媽被吸吮乳頭後，泌乳激素和催產素的濃度會上升。[1]

泌乳激素和催產素的濃度

• 臨床研究

三個不同的臨床研究針對餵母乳時泌乳激素和催產素的詳細濃度曲線做了研究。這些研究也記錄了其他餵母乳時的重要變因，例如吸吮乳頭和餵奶持續多久，以及分泌的乳汁量，建立了激素濃度與餵母乳時種種變因之間的關係。我們將詳細討論這些研究的結果。

第一項研究針對五十五名初產婦，分別在剛開始餵母乳（孩子出生後第四天）之前、餵母乳時和餵母乳之後，以及穩定餵奶時（孩子出生後三到四個月），重複採集血液樣本。分別測量催產素和泌乳激素的濃度，並研究激素濃度與其他變因，如母乳量、吸吮持續時間、哺乳期和斷奶時間之間的關係。此研究以放射免疫分析法測量催產素濃度。[2]

第二項研究針對三十七名初產婦採取血液樣本，她們在孩子出生後第二天剛開始哺育母乳，最終採集了二十四份血液樣本。研究記錄了母乳的排出量和餵母乳的持續時間，也測量了催產素和泌乳激素的濃度，並試圖與其他哺育母乳的變因相互連結。此研究同樣以放射免疫分析法測量催產素濃度。[3]

第三項研究與第二項研究在同樣的時間點抽血，從六十一名哺育母乳的初產婦取得了血液樣本，測量催產素和泌乳激素濃度。本研究使用免疫螢光法（EIA）測量催產素濃度。另外也測量了其他哺育母乳的相關變因，比如吸吮乳頭的持續時間。[4]

泌乳激素和催產素濃度

●主要結論：泌乳激素

三項臨床研究中與泌乳激素濃度有關的重要發現：

- 出生後前幾天的泌乳激素基礎濃度高於開始哺乳後的。[5]
- 在孩子出生後兩天、四天與產後三到四個月的測量發現，哺育母乳十到二十分鐘後，泌乳激素的濃度會開始上升，約二十到三十分鐘後達到最大值。泌乳激素濃度在開始吸吮後，至少有一小時都會維持在較高濃度。[6]
- 吸吮時間愈長，泌乳激素釋放的量愈多。[7]
- 基礎泌乳激素以及因吸吮所刺激的泌乳激素，在血中的濃度都會隨著時間而下降，因為泌乳激素在出生後四天的濃度，高於產後三到四個月時的濃度。儘管如此，泌乳激素濃度在這兩個時間點均高於基礎濃度五十%左右。[8]
- 產後三到四個月泌乳激素的基礎濃度，能用來推估可以哺育母乳的剩餘時間。[9]
- 斷奶後二十四天內，泌乳激素濃度會顯著下降。[10]

● 主要結論：催產素

三項臨床研究中與催產素濃度有關的重要發現：

- ◆出生後前幾天，催產素的基礎濃度高於稍後哺育母乳時的濃度。[11]
- ◆在出生後第四天和產後三到四個月，因吸吮所刺激的催產素，會在開始吸吮乳頭後一分鐘內脈衝式釋放。開始餵母乳後十分鐘內，已記錄到多達五次、每次間隔約九十秒的催產素脈衝。每一次的脈衝濃度約比吸吮前的濃度高約五倍。在開始吸吮二十到六十分鐘後才會回到催產素基礎濃度。[12]
- ◆吸吮所誘發的催產素濃度上升會隨著時間而累積，產後三到四個月比出生後四天更明顯。在哺乳的階段，難以分辨單一脈衝的峰值，許多脈衝會合併成為一個大的高峰。[13]
- ◆雖然出生後四天和產後三到四個月時釋放的催產素量有所差異，每一位媽媽體內釋放的催產素量與個人因素密切相關。[14]
- ◆斷奶後（也就是最後一次哺育母乳二十四小時之後），催產素濃度會開始下降。[15]

泌乳激素

總結以上研究發現，開始吸吮乳頭後十分鐘，泌乳激素的濃度就會上升，並持續至少六十分鐘。[16]這個結論與之前的研究一致，證明吸吮能夠促使泌乳激素釋放。[17]

‧泌乳激素濃度和持續吸吮的時間

持續吸吮的時間與泌乳激素釋放量之間為正相關，證實了泌乳激素是刺激母乳製造的重要物質，也驗證了哺乳期間頻繁給予母乳，以及相對較長的哺乳期，對刺激母乳的製造相當重要。[18]

‧泌乳激素濃度隨時間下降

與出生後第四天相比，出生三到四個月哺育母乳時的泌乳激素濃度較低。之前有研究發現，哺乳時，泌乳激素也會有類似的濃度下降情況，很可能是泌乳激素在哺乳後期對於製造母乳相對不重要的緣故。[19]

‧泌乳激素的濃度和持續哺育母乳的時間

產後四個月時泌乳激素的濃度，與全母乳哺育媽媽所剩下的哺乳時間密切相關，此發現認為，泌乳激素的濃度即便在哺乳後期，對於母乳製造仍然有其作用。[20]這些女性體內的泌乳激素濃度反映了哺乳頻率，就長遠來看，經常哺乳的女性更有可能成功地長期哺育母乳。

研究也發現，最後一次哺育母乳二十四小時後，也就是斷奶後，泌乳激素濃度會下降。這也進一步證明，哺乳期的最後，吸吮仍能刺激泌乳激素釋放。[21]

催產素

以上所有研究中，即使哺乳後期（此時催產素釋放量較大）已難分辨單一峰值，我們還是要了解，催產素會以濃度脈衝的形式釋放。吸吮會誘發催產素以脈衝式釋放的發現，與其他研究一致。[22]

• 放射免疫分析法（RIA）和免疫螢光法（EIA）

為了確定血液中的催產素濃度，使用放射免疫分析法已成常態。利用血液樣本中催產素影響放射性（碘化催產素）與催產素抗體結合的程度，該技術可間接測量催產素的濃度。血液樣本中內容的催產素愈多，相互結合的催產素與催產素抗體愈多。由於已知怎樣的濃度會影響結合，因此可以推斷出未知樣本中有多少催產素。

化學上的平衡反應可能會受到其他物質干擾，樣本（如血液樣本）在分析前需要進行純化。我和 Nissen 等人研究中的血液樣本，正利用這種分析技術，以基礎濃度每毫升約十到二十皮克的催產素，進行放射免疫分析。

由於放射免疫分析相對複雜且使用了放射性物質，因此開發了另一種奠基於催產素與催產素抗體結合的技術。這種技術稱為免疫螢光法（EIA）或酵素結合免疫吸附分析法（ELISA）。如果要分析的樣本在分析前未經純化，這種技術會測得較高的催產素值。使用免疫螢光法來測量催產素濃度前若未純化血漿，也可能和血漿中較大的分子產生非特異性反應，獲得更高的濃度。[23]就算樣本經過純化，仍然可能會得到與用放射免疫分析法不同的數值，言下之意，分析技術所測量的目標並不完全相同，結果上的差異可能與技術細節上的不同有關。其中一個重點是，要看分析時使用的是哪一種抗體，以及這種抗體辨識和結合催產素與相關胜肽（如血管加壓素）的特異性。另一個重點是，使用的抗體識別的是整個催產素分子，還是只識別其中一小部分。如果是後者，那麼有可能檢測到較小的代謝物或催產素片段。

• 放射免疫分析法和免疫螢光法可能會產生不同的結果

Jonas 等人的研究沒有經過萃取，以免疫螢光法測定催產素濃度，因此催產素的基礎濃度比之前使用放射免疫分析法的另外兩項研究高出十到二十倍。如上所述，雖然使用放射免疫分析法和免疫螢光法取得的催產素基礎濃度並不相同，但無論使用哪一種分析方法都發現，哺育母乳與催產素脈衝式釋放有關，記錄到吸吮乳頭會誘發催產素釋放的事實。[24]

要比較不同研究中催產素濃度的紀錄時，最重要的是了解該研究使用了哪種分析方法，不同的分析方法會有不同的催產素基礎濃度，有時還會產生不同的反應模式。

最近的一項研究使用了免疫螢光法來測量哺乳媽媽血漿和唾液中的催產素濃度，[25]得到的濃度模式與使用放射免疫分析法的濃度模式完全不同，甚至相反。使用放射免疫分析法的研究中，哺乳時的催產素濃度反倒會降低。由於許多其他研究都認為，哺乳媽媽血液中的催產素濃度會因為吸吮而上升，因此這個結果應該不完全等於催產素的濃度，而只是方法學上的問題。試圖分析唾液中的催產素濃度也有問題，因為血液循環中的催產素通常不太可能會進入唾液。就如第三章討論的，催產素是一種帶有電荷的胜肽類激素，不太能穿透生物膜，甚至進入唾液腺。

這些異常結果可能是因為免疫螢光法的特異性並不高所導致。免疫螢光法測量血漿物質時，不僅會測到九個胺基酸的催產素分子，也會測到血液循環中的催產素片段、代謝物或其他完全不相關的物質。相較之下，用放射免疫分析法檢測催產素較具特異性。

• 催產素濃度和分泌乳汁

研究發現，吸吮開始後六十秒到九十秒內，催產素濃度就會上升，與排乳反射開始的時間吻合，驗證了催產素能夠促進乳汁分泌的說法。如前一章所討論的，哺乳六十秒到九十秒內乳汁會開始噴發，與吸吮所誘發的第一次催產素高峰時間點相同。[26]

針對單側乳房使用擠乳器的女性所進行的研究則觀察到，對側乳房每九十秒會分泌一次乳汁。[27]如上一段提到的，催產素同樣是每九十秒釋放一次；因此，每九十秒發生的排乳反射，很可能由單一催產素脈衝誘發。換句話說，催產素每次脈衝都與女性排出母乳有關。

● 催產素脈衝次數、分泌的乳汁量和哺乳期的持續時間之間的關聯性

每一次催產素脈衝就會排出乳汁，代表吸吮乳頭時催產素脈衝的數量，應該與分泌的乳汁量有關。此假設獲得 Nissen 等研究者的支持。該研究認為，出生後第二天哺乳剛開始十分鐘內記錄到的催產素脈衝數量，與排出的乳汁量正相關。吸吮乳頭誘發的催產素脈衝愈多，分泌的乳汁愈多。[28]

出生後第二天哺乳剛開始十分鐘內記錄到的催產素脈衝數量，也與全母乳哺育的持續時間有關。脈衝愈多，媽媽哺育母乳的時間愈長。[29]至於這些媽媽之所以能夠長時間哺育母乳是因為產乳狀況良好（顯然有利於哺育母乳），或是因為母嬰之間的連結特別親密，還需釐清。

懷孕和哺乳時，母體內的催產素濃度，可以預測持續哺育母乳的時間

懷孕和哺乳時母親體內的催產素濃度，似乎可以預估持續哺乳的時間。多項研究數據顯示，體

內催產素濃度偏高的女性與長時間哺育母乳之間存在關聯。孕期和哺乳時記錄到的催產素濃度，已被證明與持續哺乳時間正相關。[30]催產素濃度愈高，哺育母乳的時間愈長。

•與瓶餵相比，純母乳哺育的女性體內催產素濃度更高

純母乳哺育的媽媽哺乳時，催產素濃度高於僅使用配方奶餵養嬰兒的媽媽。[31]體內催產素濃度較高的女性，比濃度較低的女性能夠更頻繁哺乳，原因尚不清楚。如上所述，催產素濃度高的媽媽可能先天濃度就較高、母乳產量良好，以及與嬰兒保持良好關係，而這些當然都會讓哺育母乳更加容易。

全母乳哺育媽媽體內的催產素濃度較高，也可能是因為頻繁哺乳或與嬰兒親密接觸較多。不只是哺育母乳，與嬰兒的密切接觸和互動，統統都會增加催產素濃度。研究發現斷奶二十四小時後，催產素基礎濃度就會下降，表示哺育母乳時的催產素濃度，實際上與催產素基礎濃度上升有關。[32]

按摩和嬰兒訊號的影響

吸吮刺激會同時釋放泌乳激素和催產素，但兩者的濃度曲線不太一樣，調控吸吮乳頭所誘發的泌乳激素和催產素的神經路徑也是分開的；然而，接下來我們將討論，催產素亦可藉由影響腦下垂

體前葉的作用，促進泌乳激素釋放。

不同於泌乳激素，釋放催產素可藉由其他感官刺激達成，比如按摩媽媽的乳房，但按摩誘發的濃度曲線與哺乳並不相同（並非脈衝式）。[33]此外，與嬰兒肌膚接觸、嬰兒按摩媽媽的乳房，也都會促進釋放催產素。[34]

這些刺激都與乳汁噴射沒有直接關係，因為它們不像吸吮會誘發乳汁分泌時需要的催產素脈衝。反之，它們能讓催產素的濃度維持在高點更久。這些誘發方式依然對哺育母乳有正面影響，提升的催產素濃度將使腦下垂體分泌的泌乳激素增加，進而增加母乳產量（稍後將詳細解釋）。如第九章提及的，催產素同樣有助於放鬆乳管的括約肌，促使乳汁排出。至於母嬰之間觸覺互動造成的影響，將在肌膚接觸相關章節更詳細描述。

母體也可能因為嬰兒的其他訊號而釋放催產素，例如聽到孩子哭泣[35]、看著孩子，甚至是孩子的照片，都可能有影響。[36]釋放催產素可能是母體對這些感官訊號的直接反應，也可能是被孩子的訊號所制約，就像排乳反射是媽媽在視覺、聽覺、嗅覺，甚至想到孩子時的制約。所有這些與哺乳相關、能夠提升催產素濃度的不同方法，應該都與促進產奶和排乳有關。

催產素濃度：特質或狀態

哺乳時催產素濃度較高的女性，比濃度較低的女性，持續哺乳時間更長，且兩者可能互為因果。[37]密集的肌膚接觸與頻繁吸吮乳頭，可能會使媽媽體內產生高濃度催產素，維持在催產素濃度較高的狀態。但如果媽媽天生血液中的催產素濃度就偏高，具備催產素濃度較高的特質，也有助於長期哺育母乳。事實上，血中催產素濃度高，既可以是一種狀態，也可以是一種特質。

• 在不同情況下與催產素濃度改變的關係

催產素濃度的一個有趣特徵是：母體內似乎有一定的催產素濃度，同一位媽媽在不同情境獲得的催產素也相互有關。例如，哺育母乳的媽媽在孩子出生後四天所增加的催產素濃度，與哺乳四個月後獲得的催產素濃度顯著相關，即使後者的催產素濃度上升幅度要大得多。[38]

兩項不同的研究也證明，同一位媽媽因為懷孕與因為哺乳所獲得的催產素濃度顯著相關。[39]血液中的催產素濃度在某種程度上是每一個女性的特徵或特質。

• 催產素濃度是先天遺傳？還是後天學習到的？

目前仍不清楚為什麼有些媽媽的催產素濃度比其他媽媽高。可能是因為遺傳，也可能濃度高與幼年時期的正面經歷有關。如今的研究愈來愈清楚，幼年時期的經歷可能藉由表觀遺傳機制，正面或負面地影響社交互動技能和回應壓力的反應，這取決於每一個個體在幼年時期與他人互動的方式。[40]對人類來說，幼年經歷創傷，體內的催產素濃度較低，往後面對壓力時的反應也會較大，[41]若依此類推，幼年時相對正面的經歷，應該會與長大後體內催產素濃度較高有關。

雌激素對釋放泌乳激素和催產素的作用

泌乳激素和催產素的基礎濃度，在出生後第一天比哺乳後期更高。出生後泌乳激素和催產素的高濃度，是由於懷孕期間雌激素濃度較高的影響，雌激素會刺激泌乳激素和催產素的製造與釋放。[42]雌激素濃度在孩子出生後就會下降（這是胎盤排出的結果，胎盤是懷孕期間產生雌激素的重要位置），泌乳激素和催產素的濃度也會在產後那幾天開始下降。[43]不過，此時泌乳激素和催產素的濃度仍然相當高；產奶和排乳的激素機制，在寶寶出生時就相當活躍。

催產素與泌乳激素濃度的相關性

對於正在哺乳的媽媽來說，催產素的濃度和泌乳激素的濃度為正相關。[44]調節泌乳激素釋放的機制，某部分受到腦下垂體前葉釋放的催產素控制。[45]催產素除了從腦下垂體後葉釋放到循環中，還會在哺乳時釋放到腦下垂體前葉。如同前一章提到的，這種釋放可能是來自向腦下垂體後葉投射的大細胞神經元軸突反射之活化，來自釋放到連接下視丘和腦下垂體前葉血管中的催產素，以及來自投射到腦下垂體前葉、內含催產素的神經。

這些數據顯示，催產素對哺育母乳的作用比過去認知的更加重要，不僅可以刺激排乳，還可以藉由刺激泌乳激素釋放，增加母乳的產出。也就是說，母乳產量在一定程度上受到催產素系統的活性調節。釋放催產素會受到各種不同因素的影響，例如壓力、親近感、飲食和信任感。催產素系統可以做為一個平台，讓先天條件與周邊環境共同調控哺育母乳的過程。

重點整理

⇩ 哺育母乳會釋放泌乳激素和催產素。吸奶所誘發的泌乳激素會在開始吸吮後十到二十分鐘釋放，並持續至少一小時。相較之下，催產素在開始吸吮乳頭後幾分鐘內就會以脈衝形式釋放，其濃度上升只會持續二十到三十分鐘。

⇩ 哺乳時期，泌乳激素基礎濃度、吸吮乳頭後的泌乳激素濃度都會降低，吸吮乳頭後的催產素量則會隨著時間而上升。

⇩ 泌乳激素只會因為吸吮乳頭而釋放，催產素則可藉由乳房的觸覺刺激、視覺和聽覺訊號而釋放。此外，條件反射也會觸發催產素釋放。

⇩ 吸吮乳頭所誘發的泌乳激素釋放與每次吸吮乳頭的持續時間有關，即吸吮時間愈長，泌乳激素釋放愈多。

⇩ 開始餵母乳十分鐘內釋放的催產素脈衝數量與分泌的乳汁量相關。脈衝次數愈多，母乳量愈多。

⇩ 哺育母乳初期好幾次催產素脈衝，以及血液中催產素濃度較高，代表持續哺育母乳的時間也會較長。

⇩ 不同的情境與測得的催產素量彼此高度相關，表示女性體內有一定濃度的催產素。泌乳激素則沒有這種傾向。

⇩ 催產素的濃度與泌乳激素的濃度呈正相關。催產素也能促使泌乳激素分泌，進而增加製造母乳。

第 11 章

母性行為：催產素的角色與感官刺激

在前面章節我們已了解到，催產素是一種能夠促進排乳、產奶與保持溫暖的激素。媽媽除了提供孩子母乳，還要照顧孩子、與孩子互動，並極盡所能地保護他們。這些作用也包括整合催產素的各種作用，讓含有催產素的神經在各重要調節區域釋放催產素後，引發大腦內的反應。

接下來六個章節我們將綜合討論媽媽給予關懷與互動的行為，也就是一般所稱的「母性」的各種面向，以及母性對子代的影響與反應。第十一和十二章討論母性行為的各個部分如何受到催產素和視覺、聽覺、嗅覺與身體感覺（如觸覺和溫暖）等訊號影響。第十三和十四章討論肌膚接觸對於剛結束分娩女性的短期與長期影響。第十五和十六章則討論媽媽關懷子代與保護行為的表現。

母性行為—哺乳類動物母親如何照顧新生兒

雌性哺乳類動物不僅天生會餵養子代，也天生知道該如何照顧和保護新生兒。這些天生的行為，通常被稱為母性行為。

哺乳類動物母性行為的表達方式因物種而異，取決於該物種的生活環境，以及子代出生時的成熟（或不成熟）程度。

食草動物成群生活，新生的子代相對較為成熟，出生後可立即站立行走，並能控制體溫。由於母體會提供食物和保護，新生兒相當依賴母體。

其他哺乳類動物則可能會生下較不成熟的子代，出生後將有一段時間與媽媽保持親密、或多或少希望受到關注，以保持溫暖並幫助成長與發展。以生下未成熟子代的老鼠來說，母性行為不僅包括餵奶和保護孩子免受潛在敵人傷害，還包括相互舔舐、梳理毛髮，以及接近孩子以維持牠們的體溫。媽媽與孩子相互親近不但可以調節牠們的體溫和新陳代謝，也能讓牠們保持冷靜。[1]

辨識、連結和依附

生產後，媽媽和孩子待在一起有其必要，能夠讓孩子易於獲得母奶、照顧與保護。對於子代相對成熟、很快能自行行走的物種，媽媽會迅速學會識別子代的氣味、聲音和外貌，並對其產生偏好。一旦與子代建立連結並保持親密，她們會拒絕其他外來的子代，只為自己的孩子哺乳。這種連結在產後二十四到四十八小時內，最能夠有效建立。[2]

當孩子學會辨識媽媽，並發展出對她的偏愛，就會開始產生依附。孩子們需要認出自己的媽媽，以便獲得母乳與保護，若他們接近其他孩子的媽媽，往往會被拒絕。[3]

各種感官線索如視覺、聽覺和嗅覺，對於母嬰之間的相互辨識與連結，特別重要。嗅覺對較原始的哺乳類動物相當重要，例如囓齒動物和綿羊，媽媽會藉由識別特定氣味來辨識孩子。[4]新皮質更發達的動物如猴子和猿，連結的過程變得更複雜，視覺訊號對於識別不同個體更加重要。[5]待會我們也會提到，在幼年時期，費洛蒙對於人類媽媽和嬰兒間的互動，確實發揮著重要作用。

催產素在母性行為和親子關係中的作用

儘管不同物種表達母性關懷的方式有所差異，母性行為的神經內分泌系統差異卻不大。原則上，激素和神經會在懷孕、分娩和哺乳期間相互作用，以誘發母性行為。催產素會整合各種感覺訊號，並藉由神經內分泌作用，將不同的行為協調成特定的作用模式（母性行為），在大腦中發揮重要作用，[6]好比內側視前區（MPOA）對母性行為的表達就有相當重要的協調作用。

• 母性行為

動物實驗也支持催產素對發展母性行為的重要性。例如，在腦室內給予催產素會促進老鼠和綿羊的母性行為。[7]此外，給予阻斷催產素作用的催產素拮抗劑，或給予阻斷分娩時內生性催產素釋放到血液循環與大腦中的硬膜外麻醉，能夠抑制母羊自行發展出母性行為。若在大腦中給予外生性催產素，或對陰道－宮頸進行物理刺激，則會刺激身體釋放內生性催產素來恢復母性行為。[8]

• 辨識與連結

讓媽媽和孩子相互認可與連結，與分娩期間媽媽大腦中釋放催產素和對吸奶的反應有關。在大腦中注射催產素會促進母嬰之間的連結，給予催產素拮抗劑則會抑制連結。硬膜外麻醉因為會阻斷脊髓的傳入神經路徑，所以會影響母性行為，也會阻礙母嬰連結。[9]

此外，催產素透過對嗅球和海馬迴等區域的作用，增加了對氣味的敏感性和學習能力，幫助媽媽藉由氣味辨識孩子。由於催產素會增加伏隔核釋放多巴胺的作用，因此與新生兒互動會被視為愉悅的回憶。

連結與依附的過程是互相的。新生兒吸吮乳頭與喝初乳時，大腦會釋放催產素，誘發母嬰間的依附行為。小腸所釋放的膽囊收縮素也會刺激催產素分泌，在發展依附行為的過程中相當重要。[10]

我們稍後會詳細解釋，膽囊收縮素對於促進吸吮對母嬰的影響有何重要性。

新生兒與媽媽保持親密陪伴能夠降低彼此的壓力。母嬰分離會使媽媽和孩子都感到焦慮；彼此保持親密則能緩解焦慮。這種鎮靜作用有助於強化媽媽和孩子之間的連結，並發展新生兒和媽媽之間的依附關係。下一章將更詳細討論這些作用涉及的機制。

催產素對於母子溝通與互動的作用

在哺乳期時，媽媽和孩子會以各種不同的方式相互交流，以吸引注意力、刺激特定行為，或僅僅向對方傳遞訊息。各種「感官語言」，聲音、氣味、費洛蒙、觸覺刺激，甚至親密程度或皮膚溫度，都能在母嬰間傳遞資訊。無論「語言」為何種形式，催產素對於母嬰之間的交流都相當重要。下面將舉一些例子：

語言溝通

某些物種的媽媽和孩子用聲音來交流，以溝通彼此的感受或位置。

•尋求幫助

與媽媽分離的幼鼠會發出特殊的求救信號，引起媽媽的注意。一旦媽媽和孩子重聚，就會停止發出求救信號。給予催產素同樣能夠停止求救信號，表明了催產素可能和保持親密的抗焦慮或鎮靜有關。[11]對於子代吸奶時誘發鎮靜與親密感的作用，腸胃道釋放的膽囊收縮素同樣相當關鍵。

•吸吮和吞嚥的時間

母豬給小豬餵奶時，會對小豬們發出咕嚕聲。當小豬開始吸吮乳頭，在開始噴奶前，母豬會跟著改變咕嚕聲的頻率。小豬一聽到這種變化就會停止吸吮，並開始吞嚥分泌的乳汁。[12]由於咕嚕聲頻率變化時，母體血液中的催產素濃度上升，乳汁也隨之噴射，該現象很可能是吸吮誘發的催產素作用在調節聲帶音調的區域而導致。母豬的喉部的確發現了含有催產素的神經，與發聲和聽力相關的腦區也有類似發現，代表母豬與子代之間會相互適應，並優化聲音的互動。[13]

氣味和費洛蒙

嗅覺在個體之間的交流作用經常被忽略，但對於許多物種的親子互動來說，嗅覺具有重要意義。連結和依附的過程涉及了學習和識別對方的特定氣味，釋放到嗅球的催產素則會促進連結和依附過程。

• 吸吮乳頭

位於乳頭周圍的蒙哥馬利腺體所釋放的特定物質，可能會吸引新生兒的注意力，幫助他們找到乳頭，甚至刺激吸吮行為。這些物質甚至能夠促進學習的過程。[14] 催產素會藉由增加乳腺上方表皮的血液循環，間接造成費洛蒙效應，進而刺激氣味分泌。[15]

• 媽媽的鎮定作用

媽媽分泌的費洛蒙會影響新生兒的行為。母鼠與分離的幼鼠重聚時，幼鼠會平靜下來。此作用某部分與媽媽發出的嗅覺訊號有關。[16]

某些哺乳中的動物，例如天竺鼠，會對附近其他個體產生明顯的鎮定作用，[17] 表示哺乳期的雌性會散發出具有鎮靜作用的氣味。

• 催產素利用費洛蒙的效應，對鄰近動物產生鎮靜作用

在大鼠身上注射催產素，大鼠會變得更具社交互動性、較為平靜、壓力更小，對疼痛的敏感降

低。令人驚訝的是，接受催產素輸注大鼠附近的其他大鼠，也會出現類似的作用模式。不過，如果接受費洛蒙的大鼠的鼻黏膜被麻醉的話，則不會產生任何影響，表示其他大鼠受到了接受催產素大鼠分泌的費洛蒙所調控。[18]有趣的是，接收到費洛蒙的大鼠，催產素濃度也會跟著升高，表示在牠們身上觀察到的其他影響是由內生性催產素誘發，[19]再引發了一連串連鎖反應。當其中一隻大鼠的催產素濃度高，鄰近大鼠受到費洛蒙影響，也提高了牠們的催產素濃度，依此類推。這類反應會使動物群體的行為同步。

● 媽媽的鎮定作用：催產素的角色

誘發鄰近動物釋放催產素與催產素相關效應的費洛蒙，可能與哺乳期排出的費洛蒙相同，後者同樣具有類似的鎮靜作用。吸吮乳頭而釋放的催產素，或許也能誘發或促進哺乳中的動物分泌這種鎮靜物質。哺乳中的媽媽很可能也會散發這種味道，不僅為了讓子代保持平靜與滿足，也為了「安撫」可能威脅子代的入侵者。

重點整理

⇩ 哺乳類動物先天就有照顧子代的能力。母性行為包括餵養、照顧與保護孩子。

⇩ 環境中的感覺刺激和催產素對這些先天行為是很重要的調控因素。催產素夠降低焦慮，抑制杏仁核活動，刺激社交互動行為。催產素調控的行為也會在內側視前區進行整合。

⇩ 催產素會增加嗅球對氣味的敏感度，並在海馬體中形成記憶，促進媽媽與新生兒的連結，以及新生兒與媽媽之間的依附行為。催產素在伏隔核中能刺激多巴胺分泌，並在下視丘和腦幹達到鎮靜和放鬆的機制，有助於母嬰連結和依附的發展。

⇩ 媽媽和新生兒使用多種感官語言交流，如聽覺與嗅覺。催產素會增加大腦對聽覺和嗅覺訊號的接收度、刺激聲音互動，或促進費洛蒙釋放，以強化類似的交流。

第 12 章

母性行為：親密與觸覺刺激

正如上一章所述，母性行為不只是餵養和保護孩子而已，還需要藉由視覺、聽覺、嗅覺和觸覺等其他感覺進行交流與互動。對於某些孩子出生時較不成熟的物種，媽媽不只在哺乳期舔舐孩子並與他們保持親密，而是大部分時間都如此。除了觸覺互動，保持孩子的溫暖也在這類互動中扮演要角。

母嬰之間若持續保持親密，多少能夠消除兩者的界限。這種親密是懷孕時期的延續，只不過以肌膚的親密接觸取代了臍帶。親密對母嬰的影響是雙向的，對兩者都有影響。

親密、觸覺刺激和保持溫暖的作用

● 親密是主動行為

從外在角度看，母子間的親密行為可能完全是被動的，但從內在角度看，親密行為卻極其主動。媽媽靠近孩子可以調節孩子的生理機能，調節體溫、新陳代謝、生長速度、心血管功能和壓力程度，也能讓孩子保持鎮定。[1]即便孩子已經離開子宮，媽媽依然能夠藉由活化表皮中多種感覺神經，傳遞體溫與其他觸覺訊息。

● 觸覺刺激能降低壓力程度

對老鼠來說，舔舐孩子是護幼的一部分。針對壓力的研究通常會在給予壓力的環境中，觀察母體如何利用觸覺互動引起的正面影響來逆轉壓力。給予孩子更多觸覺刺激可以降低下視丘－垂體－腎上腺軸的活性，抵銷壓力反應，也能逆轉產前或母嬰分離的壓力，抑制生長發育的負面後果。[2]老鼠會頻繁地舔舐幼鼠的肛門生殖區，這個對老鼠相當重要的行為能夠減緩壓力，並促進生長發育。[3]

• 維持溫暖的影響

母體不只給予孩子母乳，還會擴張胸部表皮黏膜的血管，主動給孩子溫暖。第八章和第九章已描述催產素與給予溫暖的機制。當媽媽靠近孩子時，溫暖的體表也會影響新生兒的生理和行為。媽媽愈溫暖，孩子愈滿足和放鬆，對疼痛的敏感性也會降低。[4]

溫暖的體表會將新生兒引導到奶頭處開始吸吮，而從乳頭或乳腺釋放的費洛蒙則可能更加強化這種效果。如上所述，催產素擴張了表皮中的血管，表皮溫度因此上升。乳頭和乳腺血液循環增加同樣促進母體釋放費洛蒙，這將幫助新生兒找到自己的方向，並感到平靜與安全。

• 親密關係的影響是雙向的

親密關係的影響是雙向的，媽媽與孩子保持親密接觸，也會受到影響。針對哺乳中的老鼠進行的實驗裡，與孩子關係親密（即便沒有哺乳）能使媽媽平靜下來。然而，與孩子分離後，抗焦慮作用只會持續數小時，直到與孩子重聚後才會重新產生。[5]此外，孩子在媽媽身邊也會增加媽媽胸部的體表溫度。[6]

感覺刺激在新生兒時期的長期影響

媽媽和孩子間的親密關係不只會促進平靜，減緩壓力，並在保持親密時刺激生長，重複給予觸覺刺激也會讓這類變化的影響更長久。如果這些作用是在出生後第一周內誘發，其影響甚至可能持續終生。

與媽媽保持親密關係是正常發展所必需的

哈里．哈洛（Harry Harlow）在一九五〇年代描述了剝奪母性照護的害處，以及親密關係或「肌膚接觸」的重要性。他認為與媽媽（和兄弟姐妹）的密切接觸，對於年幼恆河猴成年後發展正常的互動行為是必要的。與媽媽分開長大的恆河猴不只不善社交，且變得極度焦慮，處理壓力也有困難。

在一定程度上，人造的「代理媽媽」可以彌補剝奪生母的缺憾。與毛茸茸的代理媽媽一起長大的猴子，行為幾乎與正常猴子沒有兩樣，但代理媽媽若是鋼絲做的，情況就不同了。能夠與毛茸茸的代理媽媽之間有輕柔接觸的猴寶寶，成年後才幾乎具有正常的行為和生理反應模式。[7]

• 新生兒不只渴求食物，也渴求肌膚接觸

哈洛的研究結果顯示，新生兒除了渴求食物，也渴求肌膚接觸。他們需要接觸柔軟溫暖的東西才能感到滿足並正常發育。儘管哈洛清楚解釋了皮膚在早期發育中的重要作用，但並沒有討論到表皮的感覺神經如何調控這些作用。

新生兒時期密切的觸覺刺激與親密感，能增強成年時期的社交互動能力並舒緩壓力

• 常舔舐孩子與不常舔舐孩子的媽媽

大鼠研究中，某些品系的大鼠媽媽在幼鼠出生後第一周，比其他大鼠媽媽更常舔舐和梳理剛出生的孩子。與媽媽高度互動的幼鼠，在出生後第一周接受了更多的觸覺刺激，社交方面變得更活躍，焦慮程度降低，成年後處理壓力的能力也更強。接受更多感覺刺激的雌性幼鼠也會成為更好的媽媽，與自己的新生兒互動也較多。這種互動模式被轉移到了下一代，這些孩子成為媽媽時，也表現出與自己媽媽一樣、高度互動的母性行為模式。[8]

● **表觀遺傳設定**

在某種程度上，這些作用不完全與遺傳有關，因為若把喜歡高度互動的母鼠所生的幼鼠，打一出生就移到互動較少的媽媽那裡，讓牠們接受較少的觸覺互動，就不會表現出這些作用。研究結果顯示，刺激社交互動技能、降低焦慮、妥善處理壓力的能力，反而與表觀遺傳設定有關，也就是出生第一周時的觸覺刺激，很有可能會活化或停用某些基因。[9]

● **給予更多的感覺刺激**

另一種驗證感覺刺激對新生兒重要性與影響的方式，是在新生兒出生後第一周，藉由梳毛來提供更多的感覺刺激。這種方式將誘發出類似經常舔舐孩子的媽媽在孩子身上誘發的效果模式。例如，小時候接受較多感覺刺激的成鼠，成年後血壓會較低。[10]更多的觸覺刺激可以恢復幼年時期分離所引起的壓力與生長遲緩的現象。[11]較多的感覺刺激也增加了多巴胺受體D2的數量。[12]

● **扶養的作用**

如果幼鼠出生時曾和母鼠分開一段時間，將對幼鼠和母鼠都產生長期影響。某些實驗認為，如果幼鼠有被扶養的經驗，成年後會更加平靜且更能承受壓力。這種看似自相矛盾的效果，可能與媽媽和孩子在分離一段時間後，重新聚在一起時，母性互動反倒會增加有關。換句話說，相比於從未被扶養的幼鼠，這些幼鼠受到了更多的感覺刺激，可視其為母嬰分離的補償現象之一。不過，並非所有研究都認為，出生時受扶養的老鼠在生理和行為上都有類似結果。數據顯示，幼年受過扶養的長期影響也受到其他因素高度影響，例如表觀遺傳、遺傳基因和環境因素。[13]

觸覺刺激和親密的作用機制

親密對媽媽和孩子的影響，多半會藉由活化表皮感覺神經來調節。催產素會從室旁核的小細胞神經元釋放到大腦的重要調控區域，對這些效應起著重要作用。催產素也會強化孤束核和腦幹中調節自律神經活性腦區所受到之感覺刺激的效果，間接影響非痛覺刺激誘發的作用模式，這也是某些類型的感覺神經，比如表皮的感覺神經，能夠顯著地誘發催產素舒緩壓力和促進生長效果的原因。

動物實驗數據支持了非痛覺刺激與催產素在控制焦慮程度、疼痛閾值、壓力程度、心血管和腸胃功能都扮演重要角色，前面的章節也做了不少敘述。這些基礎機制對於理解親密和肌膚接觸所造成的影響相當重要，我們將在這裡稍作總結。

體感刺激與釋放催產素的神經機制

● 不同類型的神經纖維都能調控非痛覺訊息

觸摸、撫摸、輕壓、重壓和溫暖都可以活化感覺神經，傳遞體表的非痛覺訊息。傳輸這些感覺訊息的神經纖維可能屬於有髓鞘的神經纖維組，也可能是傳入神經C纖維。從系統發育的角度來看，後者比有髓鞘的神經纖維更古老，會以較慢的速度傳遞神經衝動。此外，來自體表的迷走傳入神經也可能會調節胸部體表的感覺作用。[14]

● 非痛覺刺激的影響

給予被麻醉的動物非痛覺刺激，能降低下視丘－垂體－腎上腺軸的活性和部分交感神經系統，[15]血壓也會跟著下降。[16]腸道激素濃度同樣會受到迷走神經傳出纖維活化的調節。[17]在胸口給予溫暖能夠降低疼痛敏感度。[18]

撫摸意識清醒老鼠的胸部可降低血壓、對疼痛的敏感性，並產生鎮靜作用。[19]不斷重複撫摸能加強止痛效果，影響腸道激素的濃度，使體重增加。[20]

總而言之，這些數據表示，給予溫暖或非痛覺刺激，會抑制下視丘－垂體－腎上腺軸和交感神經系統某些方面的活性，進而舒緩壓力，還能刺激副交感神經／迷走神經系統和腸胃道內分泌系統的功能，促進合成代謝和生長，也會使個體更加平靜。

• 疼痛刺激會誘發相反的作用模式

另一方面，疼痛刺激會誘發相反的效應模式，會增加焦慮、攻擊性，以及下視丘—垂體—腎上腺軸和交感神經系統的活性，減少副交感神經系統的活性，即戰鬥或逃跑反應模式。[21]

• 大腦中的催產素路徑

催產素在下視丘的視上核和室旁核中產生。視上核和室旁核中的大細胞神經元將催產素釋放進入血液循環，進入腦下垂體後葉。室旁核中的小細胞神經元則會投射許多催產素神經到各重要調節區域：杏仁核、下視丘其他區域，以及腦幹（藍斑核、前腹外側延腦、孤束核和迷走神經背側運動核）。

• 催產素的作用

給予催產素會影響各種行為和生理。催產素會影響杏仁核來減少焦慮，也會減少室旁核釋放促腎上腺皮質激素釋放因子，來降低下視丘—垂體—腎上腺軸的活性。催產素也作用在藍斑核、前腹外側延腦、孤束核、迷走神經背側運動核和其他控制交感神經活性的位置，以降低心血管的作用。催產素還會藉由迷走神經背側運動核提升腸胃道功能。

• 非痛覺刺激會刺激催產素釋放

作用在表皮上的非痛覺刺激會刺激催產素釋放到血液循環和大腦中。[22] 催產素不只從視上核和室旁核中的大細胞神經元釋放到血液循環，也會從室旁核的小細胞神經元（投射到大腦中的重要調控區域）釋放。

• 非痛覺刺激和催產素所誘發的作用曲線之相似性

有趣的是，給予催產素所造成的作用模式，和給予非痛覺刺激造成的作用模式相當類似。給予非痛覺刺激會使投射到大腦許多重要調節區域的小細胞神經元釋放催產素，有些作用某種程度上也可藉此釋放來調控。催產素拮抗劑也能阻斷由非痛覺刺激引起的效應，比如痛覺閾值增加。

• 參與催產素釋放的神經路徑

有幾種感覺刺激能夠促使催產素釋放：來自泌尿生殖道（與分娩和性有關）、來自乳房和乳頭

（與哺乳有關）的神經衝動，以及來自腸胃道和胸部表皮的迷走神經所傳遞的訊息，都會促使大細胞神經元和小細胞神經元釋放催產素。孩子吸吮乳頭會刺激口腔黏膜中的迷走傳入神經，接著會投射到視上核和室旁核中的大小細胞神經元。來自表皮感覺神經的神經衝動也可能誘發催產素釋放。

• 孤束核－重要的中繼站

有些感覺神經路徑會直接投射到孤束核，比如來自腸胃道、泌尿生殖道和口腔的迷走傳入神經。其他神經纖維則經由脊髓間接投射到孤束核，例如來自泌尿生殖道、乳腺和表皮的神經纖維。

• 孤束核、視上核和室旁核之間的連結

在孤束核內，連接孤束核與視上核和室旁核的神經元會被活化。例如，源自孤束核、分泌正腎上腺素的分散神經束，會與視上核和室旁核中產生催產素、血管加壓素或促腎上腺皮質激素釋放因子（室旁核）的大細胞神經元與小細胞神經元，相互聯繫。

• 投射到室旁核和腦幹區域的催產素神經

如上所述，經由孤束核，催產素會收到以上各種類型的體感刺激並做出反應，從大細胞神經元

釋放出來。從室旁核投射到腦幹的催產素纖維，對於控制下視丘－垂體－腎上腺軸和自律神經系統各區域（如藍斑核、前腹外側延腦、孤束核和迷走神經運動核）相當重要。在這些區域，感覺神經和催產素神經相互匯聚，從而增強其他效應。

●催產素強化腸胃道誘發的反射

當腸胃道的迷走傳入神經活化時，好比吃東西，將誘發腦幹的局部反射，孤束核和迷走神經運動核間的神經連接會影響腸胃道的功能，例如腸胃蠕動和分泌消化液等。

如上所述，活化迷走傳入神經同樣會讓小細胞神經元釋放催產素到迷走神經背側運動核和孤束核中。這些區域的小細胞神經元釋放的催產素對控制腸胃功能相當重要，能夠調節孤束核和迷走神經背側運動核間的局部反射。

●催產素強化表皮誘發的反射

如同腸胃道迷走傳入神經的活化，表皮感覺神經的活化也以兩步驟作用。首先，透過從孤束核通往由自律神經調節的其他腦幹中樞的神經路徑，在腦幹中誘發動作。就像前面討論非痛覺刺激時提到的，由於交感神經活性降低和副交感神經活性增加，血壓會下降，並影響腸道激素濃度。

第二步，室旁核的小細胞神經元釋放催產素到腦幹（如藍斑核、前腹外側延腦、孤束核和迷走神經背側運動核）以調節更多局部反射，強化催產素下視丘路徑或促進腦幹反射的活性，以加強表皮非痛覺刺激引發的抗壓作用。[23]

- **同時增加催產素濃度與表皮的感覺刺激，促進抗壓與生長的作用**

腦幹局部反射的作用與室旁核的小細胞神經元釋放催產素，兩者相輔相成，會讓來自表皮感覺神經的非痛覺刺激所誘發的抗壓效應變得非常明顯。

- **催產素刺激α2腎上腺素受體**

重複給予催產素已被證明能夠增加大腦許多區域（如杏仁核、下視丘、藍斑核和孤束核）正腎上腺素神經元上α2腎上腺素受體的數量。由於α2腎上腺素受體對某些正腎上腺素神經元的傳遞具有抑制作用，因此催產素將抵銷正腎上腺素的傳遞。

- **催產素抵銷痛覺刺激的作用，並促進非痛覺刺激的作用**

非痛覺刺激釋放到孤束核中的催產素可被視為關卡，會促進非痛覺訊息的傳遞並抵銷痛覺訊息。當室旁核的小細胞神經元把催產素釋放到孤束核中，會增加α2腎上腺素受體的功能，由於α2腎上腺素受體會抑制正腎上腺素釋放，正腎上腺素神經元的功能將因之下降。又由於下視丘－垂體－腎上腺軸作用的強度，高度依賴正腎上腺素的輸入強度，下視丘－垂體－腎上腺軸的作用也會因此下降。

催產素在孤束核中做為關卡系統的一環，具有相當重要的功能性，因為可能會間接影響「下游」大腦中許多功能（如壓力反應），而不需要直接作用在該區的催產素受體上。

催產素也可能會以另一種方式促進非痛覺刺激的作用。從室旁核投射到孤束核的催產素神經纖維，已被證實能增加與釋放催產素相關的傳入神經纖維之活性。藉由這種方式，感覺刺激會釋放更多的催產素，是一種正回饋機制。

催產素在親密與觸覺互動誘發的作用中扮演的角色

• 催產素對母子互動的作用

身體接收到感覺刺激後，會從視上核和室旁核釋放催產素。因此母嬰互動的過程中，這些腦區中的細胞神經元必定也會釋放催產素。如同前面提到的，釋放到孤束核中的催產素不只會增強感覺刺激在腦幹調節中心的直接作用，也會促進非痛覺刺激、抑制痛覺刺激的作用，加強感覺神經元的作用，增加釋放催產素。大腦中釋放的催產素將刺激媽媽和孩子之間的互動，也能減輕疼痛並舒緩壓力。

對於非痛覺刺激的長期適應過程，催產素同樣具有整合作用。如前所述，有些母鼠在幼鼠出生後第一周內，與孩子的互動比其他對象都要多得多。

高度社交互動的母鼠所生下的幼鼠，在出生後第一周會接收到比一般幼鼠更多的感覺刺激，杏仁核中的催產素受體也會較多。杏仁核是控制社交互動行為、與成年後形成恐懼感有關的重要區域。[24]

目前已經證實，母鼠對幼鼠密集的觸覺刺激，甚至會使幼鼠的下視丘－垂體－腎上腺軸活性終生都較低，這與室旁核中血清素受體活性的變化有關（血清素受體之調節，與促腎上腺皮質激素釋放因子有關）。不過，這些結果並不排除催產素對於舒緩壓力的作用。在這種情況下，催產素可能作用於下游（也就是腦幹），改變到達下視丘的感覺訊息。

有趣的是，重複接收到催產素，也會使孤束核和大腦某些區域的α2腎上腺素受體數量增加。因此受到媽媽較多照顧的孩子，對壓力的反應降低，很可能是因為觸覺接觸所釋放的催產素增加、α2腎上腺素受體數量增加，或是對壓力的敏感性降低有關。對壓力的反應降低，可能與下視丘中促腎上腺皮質激素釋放因子神經元裡，分泌正腎上腺素的神經纖維活性降低有關。事實上，老鼠孤束核中α2腎上腺素受體的數量，與老鼠出生後第一周接受的觸覺刺激量有關，此時促腎上腺皮質激素釋放因子的濃度也跟著降低。[25]

• 對新生兒使用催產素會影響終生

進一步支持催產素與母性相關適應行為的研究認為，在出生後第一周給予幼鼠催產素，可以刺激牠們生長，使牠們更能抵抗疼痛，並降低皮質醇的濃度和成年後的血壓。[26]

催產素的綜合作用可能是永久的，在初生期給予的刺激，藉由以上表觀遺傳機制，會轉變為影響終生的作用。催產素可能會影響許多其他傳訊物質的製造與功能。

表12.1 增加親密而釋放催產素的相關神經路徑

神經路徑	親密的作用
孤束核投射到表皮上的有髓鞘神經纖維，或無髓鞘的傳出C纖維，以觸覺、溫覺、撫摸和壓力進行刺激	調控非痛覺（愉悅）刺激的作用
孤束核連接到腦幹的纖維，控制交感與副交感神經系統	影響腸胃道與部分心血管功能
孤束核連接到室旁核和視上核的神經纖維	誘發大細胞神經元和小細胞神經元釋放催產素
從室旁核發出，投射到腦幹的催產素神經纖維，控制交感和副交感神經系統	降低壓力軸的作用與交感神經系統活性；增加副交感神經系統活性
室旁核小細胞神經元釋放的催產素	促進腦幹中非痛覺刺激的直接作用
室旁核小細胞神經元釋放的催產素	增加從表皮投射到孤束核的非痛覺神經纖維，增加催產素釋放
室旁核小細胞神經元釋放的催產素	增加α2腎上腺素受體的功能，降低室旁核正腎上腺素神經元與下視丘－垂體－腎上腺軸的功能

重點整理

⇩ 親密和其他形式的觸覺互動，是產下未成熟子代的哺乳類動物重要的母性行為。

⇩ 給予溫暖、輕壓、撫摸和舔舐，會活化表皮中的感覺神經，進而刺激社交互動行為、鎮定、抗壓效果與生長。

⇩ 這些作用是親密和觸覺互動的直接結果，如果這些互動在出生後第一周內誘發，就會轉化為終生影響。長期效應與接受的劑量有關，孩子接受的感覺刺激愈多，長期效應愈強。長期影響與表觀遺傳機制有關。

⇩ 室旁核中的催產素神經元會釋放催產素到大腦，做為感覺刺激的回應，參與以上調節作用。

⇩ 杏仁核會增加社交互動行為並降低焦慮程度。長期效應則與杏仁核中催產素受體的製造增加有關。

⇩ 釋放到腦幹的催產素會強化感覺神經調節腦幹自律神經活性的直接作用，以舒緩壓力。

⇩ 長期抗壓和促進生長的作用，可能與催產素誘發α2腎上腺素受體有關，進而降低正腎上腺素神經元的活性。

⇩ 催產素也會使其他傳訊系統，製造更多傳訊物質或提升受體的作用。

第 13 章

產後母嬰肌膚接觸：立即效果

我們在前兩章介紹了母性行為的不同由向，以及激素和不同類型的感官訊號如何影響母性行為。對於新生兒較不成熟的物種來說，保持親密、給予溫暖和觸覺刺激，都是母性行為相當重要的一環。

本章重點將放在產婦與新生兒出生後幾個小時內進行肌膚接觸的影響。肌膚接觸一如觸摸、撫摸、輕壓和溫暖，同屬體感刺激。觸摸、撫摸、輕壓和溫暖等感覺刺激會同時誘發媽媽和孩子在行為和生理上的相互適應，而催產素對「母性行為和母嬰互動」先天的表現行為，同樣具有相當關鍵的調節作用。

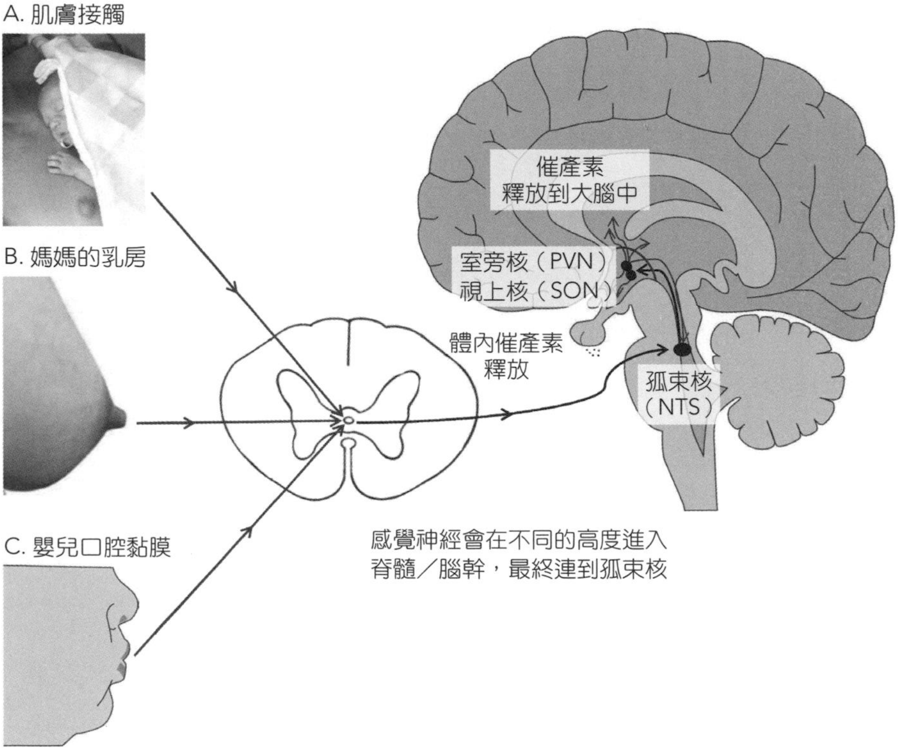

圖 13.1　媽媽與孩子肌膚接觸和孩子吸吮乳頭，大腦裡的神經路徑
（圖片出處：Uvnäs-Moberg & Prime, 2013）

媽媽與孩子初次見面

自有人類以來，媽媽們生產後頂多稍微檢查孩子一下，就會立刻把新生兒抱到胸前、抱抱孩子、給予母乳與保護。媽媽和新生兒肌膚接觸後，會誘發幾種母性與保護行為，生理上也會自動開始適應。新生兒同樣會發生相對應的行為變化，接近媽媽不僅是為了獲得食物，也為了得到照顧和支持。大自然使媽媽和新生兒的初次見面成為一種愉快的體驗。對於媽媽來說，這種愉快經驗也大大減輕了母嬰雙方生產時的壓力。同樣地，母嬰之間的連結一出生就會立即開始發展。

當分娩轉移到醫院後，媽媽和新生兒就不太可能一出生就盡早親密接觸了，嬰兒出生後很快會和媽媽分開。Klaus 和 Kennel 等研究者的開創性研究認為，現代醫學讓我們對出生後母嬰間保持親密的重要性有了新認識。他們的研究顯示，盡早進行肌膚接觸對未來的母嬰互動有益，不僅是在出生後立即有效，長遠來看也是如此。

• 臨床研究

目前已有許多臨床研究，逐漸擴展了母嬰肌膚接觸各方面的知識。這些臨床試驗會對媽媽與新生兒進行行為觀察與生理指數測量，其中兩項（研究二和研究六）也蒐集了出生不久後的相關數據。本章將介紹肌膚接觸在出生後的立即影響，下一章將介紹與討論長期影響。

研究一：二十一名新生兒一出生立即被放到媽媽胸前，並以錄影記錄母嬰間的互動一百二十分鐘，再從影音紀錄中詳細觀察媽媽和孩子的行為。部分新生兒實行了胃抽吸，一樣也列入紀錄並進行研究。[1]

研究二：五十組媽媽與新生兒隨機分配為「只有肌膚接觸組」或「出生後立即進行肌膚接觸，並吸吮乳頭組」，在孩子出生後第四天，於媽媽哺育母乳時觀察並記錄她與孩子的互動，並在哺乳前後分別測量母乳量，分析血液樣本中的泌乳激素和胃泌素濃度。另外，媽媽需要記錄自己的焦慮程度與對孩子的親密程度並填寫日記，詳述她們這四天內與嬰兒共度的時間。新生兒會放在育嬰室，媽媽在她們應該餵母乳或想和孩子在一起時，才把孩子帶到身邊。[2]

研究三：四十四名新生兒在出生後立即與媽媽進行肌膚接觸，或是先放在嬰兒床上，然後才與媽媽進行肌膚接觸。用錄音機記錄新生兒的哭聲達九十分鐘。[3]

研究四：讓十八名健康女性在生產後和嬰兒進行肌膚接觸，每隔十五分鐘採集一次血液樣本，共蒐集十組樣本。此研究以放射免疫分析法測量催產素濃度。[4]

研究五：用影片記錄二十八組媽媽與新生兒在產後兩個小時肌膚接觸的行為。並根據影片紀錄詳細研究嬰兒的手部和吸吮動作。其中十名女性分娩期間未使用任何止痛，其餘十八名使用了一種或兩種分娩相關止痛。在出生後兩小時內採集血液樣本，每隔十五分鐘採集一次，共蒐集十組樣本。此研究以放射免疫分析法測量催產素濃度。最後發現，手部按摩與吸吮乳頭的次數與催產素濃度有關。[5]

研究六：這項在聖彼得堡進行的研究隨機將一百七十六組母嬰分配成四個組別：分別是與嬰兒進行肌膚接觸（第一組）、抱著穿衣服的嬰兒（第二組）、與嬰兒分開，嬰兒被安置在育嬰室床上（第三、四組）。一出生立即被分開的嬰兒，一半在出生兩小時後與媽媽團聚並待在產後病房，另一半繼續安置在育嬰室。有肌膚接觸或抱起穿衣服孩子的媽媽也可以母嬰同室。如果願意的話，所有組別的媽媽都可以餵母乳。記錄時間從出生後三十分鐘到兩小時，每隔十五分鐘記錄一次媽媽的乳房溫度，與嬰兒的腋窩、肩胛骨、大腿和足部的表皮溫度，並比較不同組別記錄到的溫度。

孩子一歲大時，針對媽媽和嬰兒做行為觀察，在兩種不同情況下研究母嬰之間的互動。一是自由遊戲時間，讓媽媽和孩子各自玩想玩的任何東西；一是結構遊戲時間，給予媽媽和孩子特定指示來進行遊戲。兩種互動都以影片記錄，再請心理學家根據親子關係早期評估問卷量表（PCERA）分析。根據這種方法，研究了母嬰互動的某些面向與母嬰行為。[6]

研究七：四十二名剖腹產出生的嬰兒，隨機分配和媽媽或爸爸進行肌膚接觸二十五分鐘。研究以影片（包括聲音）記錄孩子出生後兩小時內與父母的互動，並詳細觀察紀錄中的運動行為、觸覺互動和聲音交流，發現了媽媽和爸爸，對男孩和女孩的差異。研究同時記錄了媽媽產後的催產素濃度。在九十分鐘內，媽媽（與爸爸）每隔五分鐘或十五分鐘抽一次血，最終蒐集了十七份血液樣本，用放射免疫分析法測量血液樣本的催產素濃度。最後比較有進行肌膚接觸的父母與沒有進行肌膚接觸的父母的行為與催產素濃度。研究也同時討論了給予外生性催產素對於內生性催產素濃度的影響。[7]

●主要結論

- 新生兒會自發性尋找母乳。[8]
- 肌膚接觸時，媽媽與新生兒的互動增加，母嬰間的聲音互動變得更加同步。[9]
- 與新生兒的肌膚接觸增加，母體的催產素濃度也會跟著增加。[10]
- 嬰兒按摩乳房會刺激母體釋放催產素。[11]
- 當媽媽與嬰兒有肌膚接觸或親密接觸時，母體的乳房體表溫度也會開始上升。[12]
- 肌膚接觸時，嬰兒的體表溫度（特別是腳部等周邊部位的皮膚溫度）會上升。[13]
- 媽媽和嬰兒的肌膚接觸同步。[14]
- 肌膚接觸會使新生兒的哭聲減少。[15]

互動行為

肌膚接觸時，嬰兒的表達方法和哺育母乳行為

如果在新生兒出生後，立即把他放在媽媽胸前進行肌膚接觸，並告訴媽媽不要干涉任何行為，他會相當規律、自發地開始尋找乳房。一開始，他會趴在媽媽胸前不動，之後活動量會逐漸增加。他會試圖用爬行的方式，用腳把自己推向乳房。他會把手放在嘴裡，然後從那裡往乳頭的方向前進。他會一邊試著翻身，一邊用手按摩著媽媽的乳房，有如小貓在吸吮前所做的那樣。最後，他會用腳推動身體，並抬起頭，設法往上移動到乳房，然後伸手去抓乳頭。新生兒通常會在六十分鐘內開始吸吮母乳。[16]手部動作和吸吮會相互協調，吸吮時，類似按摩的手部動作就會停止，一旦停止吸吮，手部動作又會重新出現。[17]餵完母乳後，新生兒就會睡著。

• 哺乳類動物的遺跡行為

孩子主動靠近媽媽並尋找乳房的行為，其實並不常見，除非告訴媽媽完全不要干涉孩子的動作，否則多數媽媽都會在一開始就下意識地伸手拉住孩子，或是觸摸、抱住孩子。即便如此，一出生後立即發生的任何行為，仍然特別令人感興趣。因為這是媽媽和嬰兒的第一次見面，這段時間發

生的任何行為或反應，都屬於先天行為，而非後天學會。嬰兒先天主動吸吮母乳的行為，可能是哺乳類動物相當重要的遺跡行為，在過去醫療不進步的時代和某些極端狀況下（例如媽媽極度疲憊），這種遺跡行為甚至能夠挽救生命。

肌膚接觸會刺激父母和嬰兒之間聲音和觸覺的互動

與沒有進行肌膚接觸的孩子相比，以剖腹產出生、一出生立即與爸爸或媽媽進行肌膚接觸的孩子，父母撫摸、注視嬰兒和對嬰兒微笑的時間更多，[18]父母在肌膚接觸時發出聲音和口頭交流來增加聲音互動的時間也較多。父母和嬰兒會在肌膚接觸時，同步或模仿彼此的聲音。[19]

● 性別差異

研究也觀察到一些性別間的差異。媽媽撫摸嬰兒的次數比爸爸更多。觸摸嬰兒時，媽媽比爸爸更常使用指尖。比起剛出生的女孩，媽媽較常撫摸男孩。相較於剛出生的女孩，爸爸更常與剛出生的男孩對話。[20]上述數據暗示（當然不能做為「證據」），媽媽和爸爸可能都對異性有天生的偏好！

產後催產素釋放

媽媽體內的催產素濃度在產後第一個小時內會急遽增加。[21]催產素濃度上升與胎盤排出同時發生，很可能代表著釋放內生性催產素的目的就是要讓子宮收縮並排出胎盤。當然，哺乳也是相當重要的因子。[22]

這也是母嬰親密接觸的結果之一。當嬰兒吸吮或按摩媽媽的乳房，以及產後幾個小時內進行肌膚接觸，媽媽的催產素濃度就會升高。母體的催產素濃度與紀錄影片中的母嬰互動相關。研究發現，除了吸吮乳頭，嬰兒按摩媽媽的乳房，催產素濃度也會跟著升高。若增加嬰兒按摩或吸吮的時間，催產素的濃度都會變得更高。[23]研究結果同樣支持這些數據，按摩乳房與哺乳女性釋放催產素有關。[24]

- **觸覺敏感度增加，是生產時釋放催產素的作用嗎？**

出生前後乳暈和乳房表皮對觸覺的敏感度增加，可能也會促使催產素釋放。[25]人們很容易反過來認為，敏感度增加與出生時釋放大量催產素有關。如同前幾章所述，那些投射到孤束核、會產生催產素的神經元所釋放的催產素，也同時促進了與釋放催產素相關的感覺傳入神經纖維傳輸訊號。目前已知，設定時間進行剖腹產的媽媽實際上並不會因為嬰兒按摩乳房與吸吮乳頭就釋放催產素，但給予外生性催產素就會恢復。[26]我們將在講解剖腹產的章節更詳細討論此現象。

• 其他感官訊號也會促使催產素釋放

母體內的催產素不僅會因為嬰兒吸吮乳頭、按摩乳房或肌膚接觸時的體溫而釋放，也會因為視覺、聽覺和嗅覺的刺激而釋放。事實上，今已證明，嬰兒哭泣或其他表達需求的訊號，同樣會刺激催產素釋放。[27]媽媽看到嬰兒照片時，大腦中富含催產素受體、且與大腦獎勵機制相關的腦區活性會上升。[28]事實上，血液循環中催產素濃度上升的現象，與大腦中催產素誘發的獎勵機制系統活性上升有關。眾所皆知，母體釋放催產素可以成為一種條件反射，經過一段時間後，不僅是看到、聽到、聞到孩子會觸發母體釋放催產素並分泌母乳，光想到孩子也能觸發相關機制。

媽媽的體表溫度

媽媽於生產後靠近嬰兒，乳房的表皮溫度會上升。乳房表皮體溫的變化取決於媽媽與孩子的距離：孩子靠近媽媽（特別是進行肌膚接觸時），媽媽的乳房表皮體溫會開始上升；孩子留在育嬰室，媽媽的體表溫度變化曲線相對平坦。[29]

如同前幾章提到的，當乳房和胸部的溫度上升，媽媽會帶給孩子溫暖，特別是與脈衝模式有關時。溫暖會帶來許多正面影響。嬰兒喜歡保持溫暖，因此會向暖和的位置移動。暖和也會讓嬰兒保持愉快與放鬆。

嬰兒的體溫

新生兒的體表溫度通常會在出生後上升。若有進行肌膚接觸，也會促進此一現象。[30]

聖彼得堡的臨床研究中，與媽媽有肌膚接觸的新生兒體表溫度上升最多。靠近媽媽的新生兒，即便沒有穿衣服，足部溫度也會適度上升。相較之下，育嬰室裡的新生兒足部溫度，在出生後兩小時內開始下降。

嬰兒全身體溫上升最明顯的位置就是足部，出生後兩個小時內上升的溫度甚至有攝氏好幾度之差。腋窩、背部和大腿的體表溫度也會上升，只是相對沒那麼明顯。這些數據顯示，除了保持親密，肌膚接觸也是讓嬰兒體溫上升的好方法。[31]

出生後與媽媽分開的嬰兒則需要花兩天的時間，才能達到與出生後立即肌膚接觸的嬰兒相同的體表溫度。[32]

● 母嬰體溫間的關聯性

媽媽的體溫與嬰兒的體溫緊密相關。[33]媽媽的體表溫度愈高，嬰兒的體表溫度也愈高。

我們也許可以從演化、生理和心理的角度來解釋母嬰皮膚溫度的同步。媽媽愈暖和，能提供給嬰兒的能量愈多。當嬰兒感受到溫暖，會比較放鬆，並活化與成長相關的生理機制。

● 用溫度來交流

聖彼得堡的研究結果顯示，母嬰間的互動和交流不僅藉由視覺、聽覺、嗅覺和觸覺刺激，亦能藉由皮膚溫度。而這種母嬰之間體溫的同步，可以看作是一種非常原始的模仿。

進行肌膚接觸的嬰兒較少大哭

相較於放在育嬰室床上的嬰兒，出生後第一個小時就進行肌膚接觸的嬰兒較少大哭。原本被放在嬰兒床上的孩子，和媽媽肌膚接觸後，哭聲也會變少。[34]

目前認為，人類這種「和媽媽分開的嬰兒會哭」的表現，就如哺乳類動物的子代與母親分離時發出的求救信號，這類哭聲與媽媽團聚後就會緩解。[35]

• 出生後進行肌膚接觸，能夠舒緩壓力的表現

分娩對媽媽和嬰兒來說都是壓力極大的事件，大自然因此創造了一種緩解分娩壓力的方式。Bergman 和同事們的一系列研究顯示，出生後就進行肌膚接觸的嬰兒心律為什麼較為規律，以及存活機會為什麼大大提升。[36]此外，皮質醇濃度也會隨著出生後進行肌膚接觸而下降，下視丘－垂體－腎上腺軸的活性則會降低。[37]

早產兒與媽媽進行肌膚接觸時，膽囊收縮素基礎濃度會降低，一旦灌食增加，膽囊收縮素濃度就會上升。[38]如此一來，將改善早產兒的消化功能與利用能量的方式。

肌膚接觸使母嬰相互親近、互動、抗壓與成長，代表了催產素誘發的不同作用

所有媽媽與嬰兒進行肌膚接觸而引起的不同影響，某種程度都與催產素有關。如上一章所說，母嬰肌膚接觸會促使催產素釋放到母體血液循環中，與此同時，催產素也會被釋放到大腦。不同的作用有不同的催產素釋放路徑，實際上，所有看似不同的路徑會同時發生，因此在不同的大腦區域會同時活化整個催產素系統。

因感覺刺激如溫度、觸摸、撫摸和輕壓而誘發的催產素，會優先活化大腦中某些分泌催產素的

路徑，但並不一定會讓血液中的催產素濃度上升。至於新生兒血液循環中的催產素濃度，是否同樣會因肌膚接觸而增加，基於現實和倫理因素，不可能從新生兒身上取得多次血液樣本，因此無法進行研究。不過，自然產後母體催產素濃度上升與肌膚接觸的作用都明顯表示，生產和產後肌膚接觸時，媽媽和嬰兒體內皆會釋放催產素。這是為什麼母嬰會相互同步，從社交互動（如聲音互動）到抗壓能力（如表皮溫度）都彼此模仿的原因。

• 催產素能夠使媽媽的乳房體表溫度上升

如前段所述，當媽媽與嬰兒進行肌膚接觸或非常靠近嬰兒時，乳房表皮的溫度會上升。[39]胸部皮膚潮紅與催產素的兩種不同作用有關。釋放到血液循環中的催產素會活化血管周邊肌肉裡的催產素受體，以舒張胸部表皮的血管；作用在調節交感神經系統腦區的催產素則使交感神經活性下降，並活化胸部的局部神經。

• 催產素與靠近媽媽或尋找乳房的行為

嬰兒在出生後進行肌膚接觸時會尋找乳房，而因肌膚接觸所釋放的催產素，最有可能促進自發性靠近媽媽的行為。催產素已被證明能夠刺激多種類型的社交方式。也有可能，當血管因肌膚接觸而舒張時，乳頭和乳暈上的腺體與血管會釋放費洛蒙，這種飄散在空氣中的小分子物質會作用在大腦，影響接受費洛蒙的人。這些物質會將嬰兒吸引到乳房，並促使孩子接近媽媽、尋找乳房。[40]另外，費洛蒙和其他氣味也有助嬰兒在子宮外學會辨識媽媽的氣味，並發展出對媽媽的依附。[41]

• 催產素釋放到杏仁核，能增加觸覺與聲音互動

如前幾章討論的，催產素對調控母體與子代的交流相當重要。懷孕期間各種激素的濃度上升讓女性準備好成為母親。分娩時釋放到大腦的催產素增加，因而誘發母性行為也刺激母嬰連結，都與室旁核製造催產素的小細胞神經元有關。[42]

以此類推，孩子出生後，媽媽血液和大腦中的催產素會同時增加，促進媽媽的關懷行為與孩子的親密關係。媽媽與新生兒間更多的觸覺與聲音互動，正反映了由催產素誘發的母性行為其中一個面向。實驗結論也支持此一假說，給予人類一些催產素，的確會像第五章討論的，增加社交互動並減少焦慮。

• 嬰兒表皮溫度升高

嬰兒的表皮感覺神經被輕觸、輕壓、撫摸與溫暖活化時，交感神經系統的活性也會減少。皮膚

中的血管會擴張，更多的血液會進入血管，使表皮溫度上升。這種效果在身體末梢如腳會更加明顯，畢竟這些部位平常的交感神經活性更強。

肌膚接觸會導致交感神經活性減少，並作用在腦幹中控制自律神經活性的位置，如孤束核。要誘發此作用需分兩步驟。第一步，先直接作用在控制交感神經活性的孤束核與周邊區域，活化表皮的感覺神經，以降低交感神經張力。第二步，室旁核小細胞神經元會釋放催產素，強化第一步中所減少的交感神經活性。

表皮溫度上升，也是抗壓與促進生長作用中的一部分

觸摸乳房和保持乳房溫暖的感官刺激同樣可以降低交感神經活性，促進排乳反射和哺乳的減壓作用。媽媽和嬰兒進行肌膚接觸後的作用，在機制上非常相似。對身體的觸覺、溫覺和輕壓覺等感覺刺激會影響自律神經系統的活性，將降低下視丘－垂體－腎上腺軸活性，降低交感神經活性，增加副交感神經活性。中樞神經中負責壓力和喚醒的機制被阻斷，而與恢復和生長相關的系統則因釋放了生長因子而活化。催產素在協調這些作用時的角色很重要。從生理學的角度來看，肌膚接觸會降低「戰鬥或逃跑」機制，增加平靜和相互連結的作用。[43]

肌膚接觸抵銷了出生時的壓力

生產過程中由於子宮收縮，嬰兒會承受極大的壓力。自然產嬰兒出生後的正腎上腺素與皮質醇濃度，遠高於剖腹產。高濃度的正腎上腺素和腎上腺素是急性壓力反應的重要反應。皮質醇濃度上升也能使許多生理功能成熟，比如嬰兒的肺部功能。[44]

即便出生時的高壓環境能使嬰兒取得某些好處，但長期處於壓力狀態可能會延遲更進一步的發育和成長。抵銷出生壓力的方式，最原始、最自然的就是與媽媽進行肌膚接觸。肌膚接觸後表皮溫度上升（尤其是足部），表示嬰兒的交感神經活性下降。另外，脈搏規律也代表著交感神經的活性下降。皮質醇濃度變低同樣表示下視丘－垂體－腎上腺軸的活性降低。哭聲減少則代表痛覺與焦慮都獲得了緩解。

分娩結束後，產婦的壓力也會逐漸緩解。

重點整理

媽媽和嬰兒之間的肌膚接觸，對媽媽和嬰兒的行為和生理都有影響：

⇩新生兒會自發性地尋找乳房。

⇩母嬰互動會更多，聲音交流更同步。

⇩媽媽的催產素濃度會隨著嬰兒吸吮乳頭和按摩而增加。

⇩媽媽的乳房溫度上升且波動。

⇩嬰兒的皮膚溫度升高。

⇩母嬰體表溫度同步。

⇩除了皮膚溫度升高，嬰兒還會出現其他抗壓作用，例如皮質醇濃度與脈搏降低。

⇩肌膚接觸能使嬰兒平靜下來，比較少哭。

⇩出生時催產素濃度上升，使皮膚對非痛覺刺激較為敏感，例如觸碰、撫摸與溫暖。

媽媽和嬰兒肌膚接觸的感官刺激會讓催產素釋放，促進以上所有效果。催產素會經由血液循環或大腦中的催產素神經路徑發揮作用，這些神經會連到媽媽和嬰兒大腦中的不同調控中心。

第 14 章

產後母嬰肌膚接觸：長期效果

上一章我們討論了產後立即進行肌膚接觸的直接影響，而這些影響很可能會轉為長期影響，我們會在本章詳細討論。

人類的初生敏感期

有些研究認為，產後立即進行肌膚接觸不只有短期作用，也會產生長期的正面影響。這個時期已被 Klaus 與 Kennel 命名為「初生敏感期」，他們發現即便只是讓媽媽和嬰兒在產後進行很短暫的肌膚接觸，也會增加長期哺育母乳的可能，讓母嬰間的關係更好。許多研究同樣認為，如果讓媽媽和嬰兒在產後立即進行肌膚接觸，三個月後，母嬰間的微笑與交流都會更多。[1]

• 臨床研究

上一章有兩項臨床研究分別針對「對乳房進行更多感覺刺激」與「在產後立刻進行肌膚接觸」，並在產後第四天與一年後進行觀察。詳細實驗細節請參照上一章。

產後對乳房進行更多刺激，能增加產後第四天媽媽與嬰兒的互動與連結

在一項將媽媽和嬰兒分成「產後立即進行肌膚接觸」（對照組）與「肌膚接觸並哺育母乳」（實驗組）的研究中，產後第四天開始出現了行為上的差異（即便被分到實驗組的嬰兒多數未能成功吸吮）。無法正確吸吮乳頭的嬰兒會開始觸摸並舔乳頭，所以就算未能成功吸吮，實驗組媽媽還是比對照組媽媽接受了更多的乳房刺激。[2]

• 增加互動

研究於產後第四天，在媽媽哺育母乳時進行觀察，發現產後乳房接受較多感官刺激的媽媽，哺乳時的互動更好。與對照組媽媽相比，她們與嬰兒的交談更多，對嬰兒的微笑也更多。[3]

●增加連結

研究期間，嬰兒通常被安置在育嬰室。生產後接受更多乳房感官刺激的媽媽待在產後病房的四天內，通常會花更多時間陪伴嬰兒，也更頻繁地從育嬰室將嬰兒接到身邊。

哺乳時媽媽和孩子之間的互動增加，想與孩子待在一起的需求也會增加，這表示讓孩子吸吮乳頭或嘗試吸吮的過程，讓媽媽接受到更多感官刺激，強化了她與嬰兒之間的連結。[4]

產後給予乳房更多刺激，可以降低產後第四天母體的胃泌素濃度

研究在產後第四天，針對只進行肌膚接觸的媽媽、肌膚接觸和讓孩子嘗試吸吮乳頭（舔舐乳房）同時進行的媽媽，於她們哺乳前後測量胃泌素和泌乳激素濃度。

泌乳激素濃度兩組沒有差異，但同時進行組測得的胃泌素濃度因哺乳而降低。胃泌素濃度降低表示，產後短時間接觸乳頭會刺激迷走神經活性，進而影響腸胃道內分泌系統的活性。[5]

●與嬰兒相處時間長短與低濃度胃泌素的關聯

胃泌素濃度與媽媽待在產後病房期間與嬰兒相處的時間有關。媽媽花在孩子身上的時間愈多，胃泌素的濃度愈低，證明了低濃度胃泌素與母嬰之間的連結有關。[6]低濃度胃泌素與和嬰兒相處時

間之關聯性，可能與某個在初生敏感期能夠影響這兩個變量的因子有關，也可能是母嬰互動更頻繁的作用。

產後肌膚接觸，會增加一年後母嬰之間的互動與連結

Bystrova 等人針對產後一年的母嬰互動進行了研究，產後處置不同的媽媽與嬰兒，一年後互動的品質也不同。根據親子關係早期評估問卷量表，與其他組別相比，產後立即進行肌膚接觸的媽媽與嬰兒，一年後能以更直觀與敏感的方式互動。互動次佳的是出生後嬰兒穿好衣物才交給媽媽抱的組別。嬰兒和媽媽分別待在育嬰室和產後病房的托育組，一年後的表現則不如其他組。[7]

產後肌膚接觸，可提高嬰兒一年後應對壓力的能力

若比較各組嬰兒應對壓力的能力，結果與母嬰互動模式類似。產後有肌膚接觸的嬰兒，比穿著衣服和媽媽保持親密的嬰兒更能應對壓力。出生後與媽媽分離的嬰兒，表現則不如產後與媽媽保持親近的嬰兒。[8]

● 感官刺激在發展社交互動和抗壓能力的作用

依據親子關係早期評估問卷量表的分數，與肌膚接觸組相比，穿著衣服但和媽媽保持親密的嬰兒，互動和抗壓力表現不佳。若以是否吸吮乳頭來為穿衣組母嬰分類，也會出現差異。有吸吮乳頭的，表現與肌膚接觸組一樣好，代表了藉由吸吮獲得更多感官刺激，能補償穿著衣物而無法進行肌膚接觸的損失。另一方面，肌膚接觸組中，吸吮乳頭與未吸吮乳頭之間沒有差異，說明了直接肌膚接觸引起的感官刺激，足以觸發對社交互動和抗壓反應的長期影響。[9]

● 初生敏感期

產後立即進行肌膚接觸的重要性，藉由以下發現獲得證明：產後立即分開兩小時，對社交互動和抗壓力有負面影響。產後分離兩個小時後又重新團聚的母嬰，和產後分離、待在產後病房的四天也保持分離的母嬰相同。這些結果顯示，生產後兩個小時（初生敏感期）進行肌膚接觸有其特殊意義。更令人驚訝的是穿衣組與肌膚接觸組不同，顯示衣服宛如絕緣體，阻隔了真正的肌膚接觸。[10]

產後給予感覺刺激，能夠增加社交互動、抗壓和促進消化的長期能力——與催產素有關？

• 促進母嬰互動

以上兩項研究結果顯示，如果產後讓新生兒盡可能地吸吮、刺激乳房或肌膚接觸，將強化產後第四天（哺乳時與孩子的互動增加，亦因媽媽花更多時間陪伴嬰兒，比起安置在育嬰室，更能增加親子關係）與一年後（根據 PCERA 評分，媽媽和嬰兒之間的互動增加且更直觀和敏感）的行為。這些研究同樣支持了過去的研究結果，也就是產後增加肌膚接觸，會促進媽媽與嬰兒的長期互動。[11]

• 肌膚接觸促進母嬰的產後互動

產後肌膚接觸時，母嬰的觸覺互動和口語互動都會增加。嬰兒的口語互動增加，與父母的聲音互動也愈來愈同步[12]，表示肌膚接觸無論是在立即效應或較長期方面，都有助於母嬰間的互動或持久的同步。

• 催產素在大腦中的作用

給予催產素會增加人們的社交互動。肌膚接觸如輕壓、撫摸、觸摸和溫感，以及其他感官刺激，會增加催產素的釋放。嬰兒尋找乳房時，手部對乳房的按摩和吸吮同樣會促使媽媽體內釋放更多催產素，影響母嬰間的互動。[13]

需謹記的是，催產素對社交互動的作用，是經由室旁核小細胞神經元在大腦內發揮作用，將分泌催產素的神經纖維投射到像是杏仁核這種與社交互動相關的區域而來，因此血液循環中的催產素濃度不一定會上升。若血液中的催產素濃度上升，代表催產素同步釋放：一方面從大細胞神經元釋放到血液循環，一方面從小細胞神經元釋放到大腦中。

媽媽與嬰兒體內的催產素，似乎與產後立即進行肌膚接觸所誘發的長期影響有關。我們會在本章後半部解釋這些影響涉及的機制。

• 產後溫度變化的模式與一年後行為觀察間的關係

肌膚接觸時表皮溫度的變化，與產後一年觀察到的行為紀錄之間，有些有趣的關聯。產後由於催產素濃度上升，媽媽的乳房溫度因肌膚接觸而上升。[14]值得注意的是，媽媽的乳房溫度、嬰兒體表溫度，與產後一年的行為研究結果相關。媽媽的乳房表皮溫度上升幅度愈高，嬰兒體表溫度（特別是足部）也愈高。[15]而根據親子關係早期評估問卷量表分數，如此一來，產後一年媽媽與嬰兒的互動愈多，嬰兒穩定的程度愈高。[16]

・體表溫度高與交感神經活性較低間的關係

體表溫度較高，某種程度上代表交感神經活性較低。因為當交感神經支配的血管減少收縮，會有更多血液抵達表皮血管。肌膚接觸的直接作用之一是讓嬰兒體表溫度降低。[17]由於小細胞神經元會從室旁核投射到孤束核和前腹外側延腦中控制交感神經系統的區域，因此這段時期的溫暖可能會影響行為，體表溫暖也可能只是催產素神經活性較高的結果。由於催產素神經的活性高，使相關作用更加長久。體表溫暖因此與釋放催產素有關。[18]

・降低壓力程度

嬰兒的體表溫度上升是交感神經系統活性降低的表現。肌膚接觸的嬰兒，皮質醇濃度和心率都比和媽媽分離的下降得更多。[19]不過長時間來看，產後進行肌膚接觸的嬰兒，交感神經系統和下視丘－垂體－腎上腺軸的活性，是否仍然較低尚不清楚。然而，根據 PCERA 評分，在聖彼得堡的研究中，被隨機分配到與媽媽進行肌膚接觸的嬰兒，產後一年的抗壓力更好。結果顯示，就長期而言，產後肌膚接觸會降低對壓力的反應。肌膚接觸組嬰兒於產後第四天蒐集到的血液樣本也發現，催產素和皮質醇的濃度為負相關，其他組則沒有這種現象，表示催產素在產後仍然持續影響下視丘－垂體－腎上腺軸的活性。[20]

● 迷走神經活性增加

在肌膚接觸和吸吮乳頭同時進行，或是接收更多感官刺激的媽媽身上觀察到，她們的胃泌素濃度比只進行肌膚接觸的媽媽來得低，這可能與活化迷走神經有關。

觸摸或撫摸等低強度的感覺刺激會降低腸道激素如胃泌素、膽囊收縮素和胰島素的基礎濃度，但這類激素也會因為哺乳時吸吮乳頭、接收到更強的刺激而釋放得更多。針對使用袋鼠式護理的早產兒所進行的肌膚接觸研究中，同樣觀察到膽囊收縮素濃度下降的現象。相反地，哺育母乳則會增加釋放。[21]也就是說，研究觀察到，腸道激素的濃度一開始會下降，哺乳後又會增加，以改善消化過程，顯示母體的消化能力在產後會因為更多的感覺刺激而立即強化。

肌膚接觸會誘發母體釋放催產素以刺激母嬰間的互動與連結，在大腦中給予催產素會活化迷走神經、降低胃泌素的濃度，[22]因此，產後接受更多感覺刺激的媽媽胃泌素濃度較低，有部分可能是由小細胞神經元釋放的催產素所引起，這些小細胞神經元會投射到控制迷走神經功能的腦區（迷走神經運動核－迷走神經背側運動核）。胃泌素濃度降低很可能與催產素強化母嬰連結和減少焦慮同時發生。目前還無法確定胃泌素濃度下降是產後必然的作用，還是與嬰兒頻繁互動、保持親密的結果。可惜該研究並沒有測量催產素的濃度，若進行測量，我相信很可能會與胃泌素濃度呈負相關，就像肌膚接觸組的催產素和皮質醇濃度呈現負相關一樣。也許胃泌素的濃度可視為催產素在中樞的作用。許多研究顯示，胃泌素濃度較低，社交互動能力較好。[23]

這些結果代表，催產素的濃度與控制胃泌素的迷走神經活性有關，其他研究則發現催產素濃度與心率變化有關，這可能是因為心率變化同樣受到迷走神經調控的關係。[24]

盡早吸吮乳頭或肌膚接觸不影響母乳製造

幾項研究討論了產後病房的常規處置如肌膚接觸和盡早吸吮乳頭，是否會影響製造母乳和持續哺乳的時間。不過，這些研究並沒有明確定義盡早吸吮乳頭和盡早肌膚接觸的差異，因此很難就此判定不同的常規長遠下來造成的差異。[25]然而，現在的研究結果清楚指出，產後第四天的母乳製造，並不會因為盡早吸吮乳頭而有所改變。相較之下，盡早進行肌膚接觸，或是沒有肌膚接觸只有吸吮刺激，都能夠有效促進母嬰間的互動和連結。當然，增加母嬰之間的互動和連結，也會使哺育母乳更加順利，自然延長哺乳持續時間。[26]後續章節將繼續討論俄羅斯研究中，不同的產房生產與產後常規處置的差異，如何影響母乳的製造。

盡早肌膚接觸強化了平靜與連結系統

總之，數據顯示，產後肌膚接觸可能會提高社交互動的技能、降低下視丘－垂體－腎上腺軸和交感神經系統的活性，並增加副交感神經系統／迷走神經的活性，因而產生長期影響，強化合成代謝與生長。[27]過去把這些作用統整為平靜和連結反應。顯然，產後有一特定時期──「生物學上的窗口」──可經由親密接觸（尤其是觸摸和保持溫暖）活化平靜和連結系統。產後立即進行肌膚接觸能夠刺激平靜和連結系統的說法，也可視為抑制了戰鬥或逃跑系統。

盡早肌膚接觸的影響之所以如此強烈，可能與此時期獨特的神經內分泌環境有關。產後類固醇的濃度仍然很高，此時下視丘－垂體－腎上腺軸被活化，大腦中的交感神經系統和正腎上腺素能系統亦然。這種神經內分泌模式與學習、建立條件反射，甚至與建立印痕有關。如同前一章所述，產後第一周接受到較多的感官刺激，可能會在老鼠身上產生印痕，影響終生。有趣的是，這些作用與俄羅斯研究的結果類似：肌膚接觸能夠促進社交互動行為，並舒緩壓力。

臨床因果

緩解出生或分娩的長期壓力

根據一些心理學理論，出生時的記憶可能形成「出生的創傷」，影響一生，增加對壓力反應的風險。產後立即進行肌膚接觸不僅能緩解分娩帶來的急性壓力反應（生產壓力），長遠來看也能緩解出生時無意識的記憶（出生創傷）。

嬰兒並非在出生時會感受到壓力的唯一一方。多數媽媽就算日後認為分娩是相當正面的經歷，依舊認為整個過程極度緊張且痛苦。有人認為，分娩和經期釋放的催產素具有止痛和遺忘痛苦的作用。[28]由於分娩時使用硬膜外麻醉會減少催產素釋放，使用硬膜外麻醉的女性對分娩的疼痛記憶較為長久也支持了這項假說。[29]我們會在後續章節詳細描述這些效應。

也有可能是這個時期進行肌膚接觸所釋放的催產素，將出生時的負面經歷和記憶，轉化成了較正面的經歷。因此，在艱難和痛苦的分娩過程後進行肌膚接觸，對於減少創傷症候群或其他類型的焦慮和壓力反應，可能相當重要。

袋鼠式護理

分娩從家中被轉移到醫院後，產後親密時光不再，取而代之的是母嬰分離照護。最近，醫院又再次鼓勵媽媽們在產後進行肌膚接觸，因為科學研究結果顯示，這對媽媽和嬰兒都有短期和長期的正面影響。

• 肌膚接觸甚至能做為早產兒的輔助治療

重複肌膚接觸或不時持續一段時間的肌膚接觸，可用於早產兒照護。在哥倫比亞，體重較輕的早產兒會被包裹在媽媽胸前，不會放在保溫箱，結果發現，這些孩子可以更快地茁壯成長。這種處置被命名為袋鼠式護理。好幾項對照臨床試驗已經證實了袋鼠式護理的好處。袋鼠式護理與早產兒的生長發育加快有關。媽媽會分泌更多母乳，她與孩子的互動和連結也會受到加強。

原則上，每一次嬰兒與父母進行肌膚接觸，都會產生與產後肌膚接觸引起的相同效果。催產素釋放（如：到杏仁核）會刺激社交互動行為，催產素會降低皮質醇的濃度和某些交感神經的活性，使媽媽血壓降低、嬰兒體表溫度上升，上述影響由投射到室旁核和調節自律神經系統的腦幹區域的催產素神經所引起，孤束核在其中扮演要角，因為在該區釋放的催產素會增加α2腎上腺素受體的功能，降低了對壓力的反應。此外，催產素會作用在感覺神經，使更多催產素被釋放出來。作用在迷走神經背側運動核也會刺激迷走神經活性，進而促進消化功能，並增強儲存營養和生長的能力。最後，刺激腦下垂體前葉的泌乳細胞釋放出泌乳激素，母乳產量增加。

• **媽媽和爸爸**

爸爸和媽媽都可以與嬰兒進行肌膚接觸是袋鼠式護理最重要的目的。除了哺育母乳，嬰兒與爸爸進行肌膚接觸所產生的正面影響，和與媽媽肌膚接觸相同。[30]

母嬰共眠

在照護方式產生重大變化、產後新生兒從待在家中轉換到醫院前，以前的新生兒與媽媽不但住在一起，也會共眠。媽媽們會本能地以保護嬰兒的睡姿，讓自己靠在嬰兒周圍，同時也能注意到孩子何時餓了、需要食物，以這種方式讓他們保持冷靜。[31]

母嬰共眠有如袋鼠式護理，可以加強母嬰之間的互動，並延長哺育母乳的時間。也因為母嬰間相當親密，只要母嬰共眠，就會不斷刺激催產素釋放，同時也刺激抗壓作用，並刺激合成代謝和生長，就和袋鼠式護理的反應一樣。誘發這些影響的機制，應該也和袋鼠式護理類似。

重點整理

⇩產後第四天，與只有肌膚接觸的媽媽相比，和新生兒肌膚接觸並哺育母乳的媽媽，在哺乳時與嬰兒的交流更多，與嬰兒相處的時間更長，代表連結也更強。

⇩此外，由於迷走神經活性增加，她們的胃泌素濃度也較低，刺激了消化功能和代謝能力。媽媽陪伴新生兒的時間愈多，胃泌素濃度愈低，表示胃泌素濃度與母嬰連結存在某種關聯。

⇩產後一年，相比於生產後立即分離的母嬰，產後肌膚接觸的母嬰間互動更多、更直接。

⇩與沒有肌膚接觸的嬰兒相比，有肌膚接觸的嬰兒能更有效應對壓力。

⇩產後第一個小時內母體乳房體表溫度和嬰兒體表溫度上升，表示產後一年的社交能力和舒緩壓力的能力會較好。

⇩肌膚接觸可能有助於減輕嬰兒出生時的壓力，或許還能減輕媽媽分娩時的壓力。

⇩產後母嬰互動與肌膚接觸所釋放的催產素，可能具有整合肌膚接觸作用的功能。活化小細胞催產素神經元會增加社交互動，降低下視丘－垂體－腎上腺軸和某些交感神經系統的活性，並增加迷走神經與某些副交感神經系統的活性，也會刺激泌乳激素釋放。短期的影響可能藉由表觀遺傳機制轉為長期的影響。

⇩袋鼠式護理和共同睡眠的作用與肌膚接觸相同。催產素的作用會隨著親密程度增加而提升，進而對社交互動能力、抗壓力和成長有正面影響。

第 15 章

哺育母乳的媽媽育嬰行為上的表現

前面幾章討論了哺育母乳的媽媽如何將催產素釋放到血液循環，以增加母乳分泌與母乳製造。催產素也會被釋放到腦下垂體前葉，以促進泌乳激素分泌。

哺育母乳不僅能為嬰兒提供母乳與溫暖，也像其他哺乳類動物一樣提供了照顧和保護。哺乳期間發生的心理或行為適應有助於女性成為一位媽媽。這些適應並不是有意識地發生，而是發生在大腦更深的層次，代表人類媽媽在哺乳期間殘存了某些和其他哺乳類動物一樣設定好的母性行為。哺育母乳時釋放到大腦中的催產素，對母性適應行為有相當重要的調節作用。

人類媽媽的母性適應行為會在懷孕、分娩、產後頭幾個小時與新生兒肌膚接觸，以及哺育母乳時受到刺激。本章描述哺乳時媽媽適應的各個面向（圖15.1）。分娩和肌膚接觸相關內容則於後續章節描述。

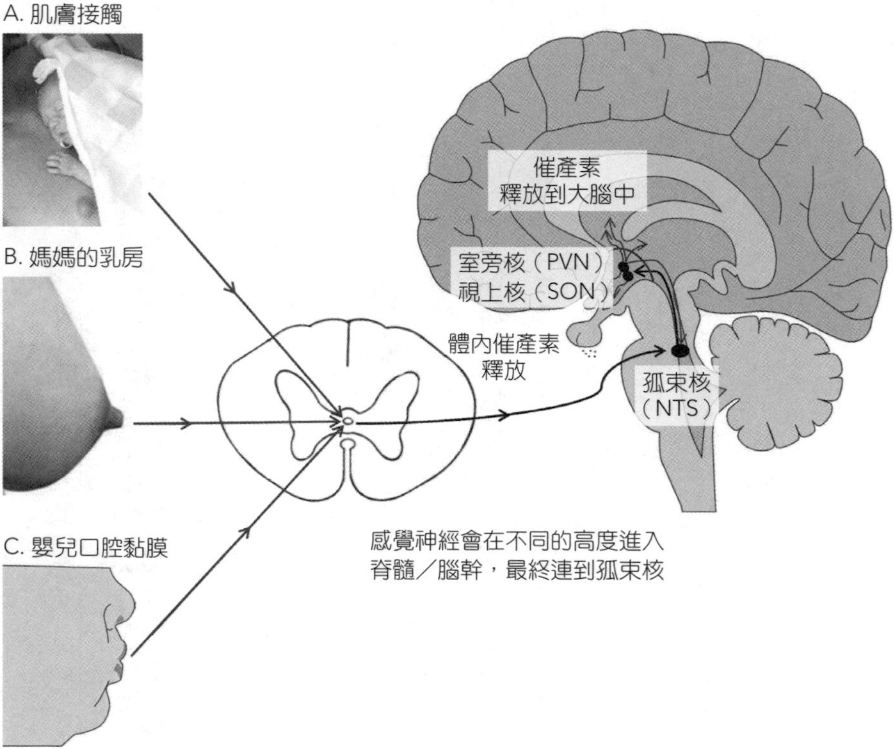

圖 15.1　媽媽與孩子肌膚接觸和孩子吸吮乳頭，大腦裡的神經路徑
（圖片出處：Uvnäs-Moberg & Prime, 2013）

哺育母乳時的母體適應行為

• 親近和社交互動

哺乳前，媽媽會抱著寶寶，看著他的眼睛，甚至會和他說話並撫摸他，偶爾，寶寶吸吮母乳前會躺在媽媽身上一陣子。釋放催產素與看到、聽到、聞到和碰到嬰兒，都會增加媽媽接近嬰兒的渴望。來自室旁核的小細胞催產素神經元會投射到杏仁核，來自大細胞神經元的軸突側支會投射到腦下垂體後葉，再進入杏仁核——當催產素在杏仁核釋放，將刺激社交互動。我們會在肌膚接觸章節針對哺乳前母嬰相互接近的階段做更詳細描述。

• 減少焦慮與對壓力的反應

藉由記錄當下感受的問卷，我們了解，當媽媽開始哺育母乳並抱著嬰兒時，她們會降低焦慮大約一小時。[1]媽媽們在哺乳後一小時內接受特里爾社會壓力測試（The Trierer Social Stress Test），皮質醇釋放減少了（壓力程度降低的跡象）。由壓力測試誘發的焦慮和消極情緒無法被逆轉，不論是哺乳中和未哺乳的女性皆無差異。[2]這很重要，因為媽媽們必須具備保護自己和新生兒的能力。

• 正面情緒

哺育母乳時，媽媽可能會體驗到愛和幸福。與寶寶互動時，媽媽可能會發現他比世界上所有其他孩子都更美麗，令人無法抗拒。如果使用功能性核磁共振（fMRI）將大腦活化的區域視覺化，你會發現，媽媽看著孩子的照片，就像戀人看到心愛伴侶的照片，會活化大腦額葉中相同的區域。充滿催產素和多巴胺受體的大腦獎賞系統會被活化，額葉中與負面情緒和社交判斷相關的區域會被停用。[3]媽媽僅僅只要看著寶寶，就會活化獎賞系統與能使周邊催產素濃度上升的相關區域。獎賞機制相關腦區的多巴胺功能變化的同時，血液中催產素濃度也跟著上升，表示大腦中釋放催產素和獎賞機制的活性增加為同時發生。[4]

長期而言，親餵母乳女性的行為適應

為了表現哺乳期女性在心理或行為上可能發生的長期變化，我們使用一種經過驗證的人格量表：卡羅林斯卡人格量表（KSP）。[5]卡羅林斯卡人格量表由一百三十五個項目組成，涉及焦慮、侵略性與社交技能等各個層面。這些問題指的是你平時的感受（人格特質），而不是你現在的感受（狀態），當然，也反映了被測女性的主觀體驗。

至少已有五個不同的研究讓哺乳中的女性填寫了卡羅林斯卡人格量表。所有女性均採完全母乳哺育，不餵任何配方奶粉。再把她們獲得的量表分數，與同年齡的一般女性、未懷孕女性和未哺育母乳女性進行比較。

• 臨床研究

1. 五十二名女性在分娩後第四天填寫了卡羅林斯卡人格量表。她們都是初產婦，經歷了自然生產。這些媽媽在產後第四天與第四個月進行的哺乳實驗中，都重複採集了血液樣本。並分析了血液樣本中催產素、泌乳激素和體抑素的濃度。[6]
2. 一百六十一名女性在三個不同的時間——懷孕後期、分娩後第三個月哺乳時和分娩後第六個月哺乳時，填寫卡羅林斯卡人格量表。[7]
3. 十三名初產婦和十六名經產婦同樣經歷了自然產，並在產後第二天填寫卡羅林斯卡人格量表。總共採集了八份血液樣本，在其中分析了催產素、胃泌素、體抑素和膽囊收縮素的濃度。[8]
4. 二十位自然產與十七位剖腹產女性於產後第二天填寫卡羅林斯卡人格量表。在產後第二天哺育母乳的實驗中蒐集了二十四份血液樣本，測量血液中催產素、泌乳激素和皮質醇的濃度。[9]
5. 六十九名哺育母乳的媽媽在產後第二天、第二個月和第六個月填寫卡羅林斯卡人格量表。所有女性都是陰道分娩的初產婦，產後亦有肌膚接觸，但部分女性分娩時使用了硬膜外麻醉和（或）催產素輸注等不同的醫療介入。產後第二天哺育母乳時蒐集了二十四份血液樣本，測量血液中的催產素、泌乳激素和皮質醇濃度。[10]

有些研究測量了催產素和泌乳激素濃度。結果每位參與者的激素濃度與卡羅林斯卡人格量表中獲得的分數都有相關。

改變性格以減少焦慮和進行更多社交互動

把哺乳女性的卡羅林斯卡人格量表結果，與未懷孕或未哺乳同齡女性所組成的「一般群體」之量表結果進行比較時，出現了一些有趣的差異。與屬於「一般群體」的女性相比，哺育母乳的女性認為自己不那麼焦慮，健康問題較少，侵略性較低，更傾向於社交。此外，她們更能忍受單調的工作、更喜歡平靜的生活方式。上述五項研究中雖然有些小變動，但都出現了這種作用模式。[11]

卡羅林斯卡人格量表描述的是一個人平常的感受，我們可以假設，在哺育母乳幾天後，量表中模式的變化是某種強烈潛意識下、巨大心理變化的表現，這些變化使哺育母乳的媽媽甚至忘記了她們平常的感受，而將哺育母乳時的感受視為正常狀態。當媽媽不哺乳後，量表測量的人格特徵也會隨著時間保持穩定。[12]

• 變化的時間進程

卡羅林斯卡人格量表的分數在懷孕期間通常沒有變化，但在產後四天內會逐漸改變，產後六至八周改變程度達到高峰。如果媽媽仍在哺育母乳，這些變化產後至少會持續六個月以上。與未哺乳的媽媽相比，完全哺育哺乳媽媽的量表分數變化更加明顯。[13]

• 初產婦和經產婦的區別

產後第二天的卡羅林斯卡人格量表分數變化，經產婦比初產婦更明顯。曾有懷孕和哺乳經歷的女性，心理上的適應發展得更快。[14]

• 分娩時醫療介入的影響

產後第四天填寫卡羅林斯卡人格量表的結果，會受到分娩時是否接受醫療介入的影響。與對照組相比，使用剖腹產或硬膜外麻醉的媽媽，量表分數的變化較少，使用催產素輸注的女性則獲得強化。[15]這些影響將在討論醫療介入的章節做更詳細描述。

卡羅林斯卡人格量表分數與催產素濃度之間的關係

上述三項研究都蒐集了血液樣本並測量催產素濃度，並請受測者填寫卡羅林斯卡人格量表。產後第一周，在哺乳之後，特別會觀察到催產素濃度即時上升的脈衝；幾個月後，則會觀察到更連貫的釋放。哺乳前十分鐘內記錄的脈衝數大約在零到五次之間。針對催產素的分泌模式，第十章已有詳細描述。

以放射免疫分析法測量催產素濃度的研究發現，量表中某些項目的分數與催產素濃度／脈衝互有相關。哺育母乳引起的催產素增加，與反映社交技能的項目呈正相關，與反映焦慮、侵略性和對單調的恐懼等項目呈負相關。[16]反映社交技能的項目得分與哺乳前十分鐘內所引起的催產素峰值數量呈正相關，催產素基礎濃度則與鎮靜程度有關。[17]

相較之下，以酵素免疫分析法測量催產素濃度的研究中，反映焦慮和社交技能的項目得分與催產素濃度上升之間，沒有相關性。[18]放射免疫分析比酵素免疫分析更能精確偵測九個胜肽長的催產素，酵素免疫分析可能會記錄到其他非專一的物質。因此，催產素濃度與卡羅林斯卡人格量表評分間的相關性，僅在使用放射免疫分析法測量催產素濃度的實驗中被發現。此外，在某些情況下也發現了量表評分與泌乳激素濃度的相關性。這些相關性與催產素的相關性非常相似，也許和催產素會刺激泌乳激素釋放有關。[19]

• 催產素同步釋放到血液循環和大腦中

以上研究，卡羅林斯卡人格量表中關於社交互動、焦慮和侵略性的分數，與催產素濃度間的相關性，支持了催產素對這些變化具有重要作用。儘管如此，由於從腦下垂體後葉釋放到血液循環中的催產素濃度，與大腦中神經元釋放催產素引起的心理變化有關，因此這種關係肯定是間接的，必須假設為了回應吸吮，催產素會同步釋放到血液循環和大腦中。如前所述，催產素甚至能從投射到腦下垂體後葉的視上核和室旁核大細胞催產素神經側支，釋放到腦下垂體前葉。一些研究顯示，來自大細胞神經元的軸突側支也支配杏仁核。[20]以功能性核磁共振（fMRI）測量多巴胺活性變化與血液循環中催產素濃度相關性的研究，同樣支持這個假設。[21]

• 催產素和慷慨程度

催產素神經元的解剖排列與血液循環中的催產素濃度，與杏仁核中催產素神經造成的焦慮減少和社交互動增加，高度相關。這也解釋了社交互動程度與母乳噴發量之間的關係。[22]有趣的是，社交互動技能的分數不僅與開始哺乳後十分鐘內觀察到的催產素高峰數量呈正相關，還與媽媽哺乳期間給嬰兒的奶量有關。[23]這些發現很容易理解，因為社交互動的程度和分泌的母乳量，都是對嬰兒的慷慨表現。

●哺育母乳和EQ提高

另一個結論是，從哺育母乳女性的卡羅林斯卡人格量表中觀察到的變化認為，媽媽們的EQ也會逐漸提高。催產素在許多方面增加了社交互動的能力，也降低了焦慮和壓力程度，因此被認為是EQ增加的因素。

另一方面，有研究顯示，哺乳期女性的記憶力不如非哺乳期女性，特別是與學習隨機字母組合相關的測試。[24]的確，某些與照顧嬰兒無關的大腦功能會在女性哺育母乳時表現較差。在此期間，某些女性較難保持專注，對理論和分析工作的興趣也降低。其他人則感到競爭力和野心變弱。不過這些變化是暫時的，停止哺乳後就會消失。

●卡羅林斯卡人格量表分數的變化——反覆接觸催產素的結果

卡羅林斯卡人格量表的變化曲線很可能反映了，催產素的影響不僅出現在可測得濃度的哺乳期，分娩時催產素釋放到大腦中、產後肌膚接觸、填寫量表前剛哺乳，都有累積效應，都有影響。另外，量表分數與催產素濃度間的相關性也顯示，心理上的直接影響也可能與哺育母乳有關。

媽媽哺育母乳和瓶餵的比較

如上所述，哺乳女性某些性格特徵的長期變化，可能是每次哺乳時反覆接觸催產素的結果。每次哺乳發生的立即變化，已經變成了更長久的作用模式。有些研究檢視其他類型的效應後，證明了這種長期變化。哺乳媽媽與瓶餵媽媽經常被比較。由於未能從嬰兒獲得吸吮刺激，瓶餵媽媽不像哺乳媽媽接觸到那麼多催產素，雖然瓶餵時她們與嬰兒的親密關係仍舊會促進催產素釋放，但兩種形式之間的差異已獲得證實。

- **哺乳媽媽感受到更少的壓力和負面情緒**

與瓶餵相比，哺育母乳的女性感受到的壓力和消極情緒更少，對壓力的反應也較不強烈。[25]

- **與瓶餵相比，哺乳媽媽和孩子的互動更多**

其他研究顯示，哺育母乳增加了母嬰之間的互動。人們發現，哺乳媽媽與嬰兒的互動比瓶餵媽媽更多。與瓶餵媽媽相比，哺乳媽媽餵養嬰兒時更常抱著嬰兒、微笑並看著嬰兒。[26]兩者之間社交互動的差異，可能與哺乳媽媽被嬰兒吸吮，造成催產素釋放有關。

• 與瓶餵相比，哺乳媽媽的副交感神經活性較高、交感神經活性較低

哺乳媽媽的血壓低於瓶餵媽媽，皮膚電導率也較低。這些差異可能與瓶餵媽媽缺乏催產素釋放有關，因為催產素會降低血壓，並藉由降低交感神經活性來增加皮膚電導率。[27]此外，哺育母乳時心率變異性（HRV）會增加。

催產素濃度和母嬰互動

其他研究人員的觀察結果顯示，母體的催產素濃度實際上反映了媽媽與嬰兒互動的強度。母體催產素濃度愈高，媽媽（和爸爸）在哺育母乳時微笑、注視嬰兒，以及與嬰兒互動的次數愈多。[28]這些觀察結果是使用酵素免疫分析法，分析懷孕和哺乳期間蒐集到的血液或唾液樣本中的催產素濃度而來。放射免疫分析和酵素免疫分析出來的結果不同，分析結果時應更加謹慎。[29]

有趣的是，在肌膚接觸的媽媽和嬰兒身上還觀察到體表溫度同步的現象。[30]由於體表溫度上升反映了交感神經活性下降，因此很容易想到如 Feldman 等研究者所說，運用非特異性的酵素免疫分析記錄下來的「催產素濃度」中，可能混了某種類似催產素的物質，這種物質也能造成血管舒張。

儘管如此，上面引用的數據仍然代表了催產素在母嬰互動表達中的重要性。藉由放射免疫分析法的技術，相比催產素濃度較低的媽媽，催產素濃度較高的媽媽哺育母乳的持續時間更長。[31]這種

影響可能與催產素濃度高的媽媽與孩子的連結更緊密有關。催產素在連結和依附發展中的作用，將在肌膚接觸章節更詳細描述。

催產素濃度的狀態與個人特徵

催產素濃度會因哺育母乳而上升，也會因分娩和產後肌膚接觸而上升。顯然，所有這些狀態都有可能誘發催產素相關效應。

儘管如此，每位女性似乎都有一定的催產素濃度。幾項研究顯示，在懷孕和哺乳的不同時間點測量的母體催產素濃度，因人而異。[32]為什麼某些女性體內的催產素濃度較高，哺育母乳時間更長，與孩子互動更多，原因尚不清楚。遺傳與表觀遺傳因素、幼年負面或正面的經歷，以及目前的親密關係和社會地位，都可能影響催產素濃度。

正如我們將在後面章節討論的，哺乳時釋放的催產素、分娩時大量釋放的催產素，以及同一時期因肌膚接觸釋放的催產素，對於發展與建立母性非常重要。由於分娩時的醫療介入可能會影響母體釋放催產素，因此上述時期都可能發生催產素濃度異常。稍後也會討論這種可能性。

女性母性行為的反思

人類也是一種哺乳類動物。從遺傳的角度來看，人類與其他哺乳類動物（尤其是大型類人猿）密切相關。因此，人類媽媽應該會表現某種與生俱來的母性適應能力。西方文化普遍認為，人類媽媽與其他哺乳類動物的懷孕、分娩和母乳製造具有相同的基本調節機制，也有一些在生物學上天生屬於哺乳類動物的母性殘餘行為，因為那有助於照顧嬰兒，但此一觀點很難被接受。其他社會學上和（或）心理學上的解釋已有相當多資料。

儘管如此，人們一直認為，人類媽媽存在「母性行為」的表現。每個人都「知道」人類媽媽可能會表現出一些築巢行為，不少媽媽生產前會打掃房間，並為嬰兒的到來做好一切準備。也有些媽媽會在分娩前就停止這麼做。女性傾向在深夜分娩，讓分娩過程不受打擾。人類媽媽也會像其他哺乳類一樣保護自己的嬰兒，如果感到有事物威脅嬰兒，很可能會變得像老虎一樣堅強。

正如對卡羅林斯卡人格量表反覆研究後發現的結果，人類媽媽在母性層面會出現一些變化，例如：焦慮和侵略程度降低，社交互動和對單調的容忍度增加。此外，多項研究顯示，哺乳期女性的交感神經系統活性減少，副交感神經系統活性增加。在哺乳女性身上觀察到的變化可能反映了人類天生母性適應的細微變化，以強化成為媽媽的過渡過程，某些情況則可能會增加焦慮與侵略性的相反模式。這種反應模式會在下一章討論。

表 15.1　催產素濃度與製造母乳／分泌母乳的關聯性，以及其他的生理／行為／心理適應

製造母乳	催產素濃度愈高： ・分泌的母乳愈多（放射免疫分析） ・泌乳激素的濃度愈高（酵素免疫分析） ・哺餵母乳的持續時間愈長（放射免疫分析）
腸胃道與代謝功能	催產素濃度愈高： ・體抑素濃度愈低（放射免疫分析） ・嬰兒出生體重愈重（放射免疫分析） 體抑素濃度愈低： ・催產素濃度愈高 ・母乳分泌愈多 ・嬰兒出生體重愈重
下視丘－垂體－腎上腺軸	催產素濃度愈高： ・促腎上腺皮質激素濃度愈低（酵素免疫分析）

心理適應	催產素濃度愈高： ・焦慮程度愈低（放射免疫分析） ・社交互動愈多（放射免疫分析） ・降低迴避單調的程度（放射免疫分析） ・母嬰互動更多（單一樣本免疫分析） 胃泌素的濃度愈高： ・母嬰連結愈少 ・焦慮程度愈高 ・社交互動愈少

表 15.2　初產婦與經產婦

參數	初產婦	經產婦
較早開始分泌母乳		✓（在某些研究中）
產後平靜與社交技巧等心理適應發展較快		✓
懷孕初期的血壓較低		✓
皮質醇濃度下降		✓
產後第四天的催產素濃度較高		✓（以酵素免疫分析法，非放射免疫分析）

綜上所述，這些數據代表，對於經產婦來說，與製造母乳和控制下視丘－垂體－腎上腺軸、交感神經系統和副交感神經系統的相關機制，會由先前懷孕和哺育母乳的經歷來發動。這些作用可能與活化大腦內產生催產素的機制有關。

重點整理

⇩除了為子代哺餵母乳，所有哺乳類動物都會表現出某種程度的母性行為，媽媽和孩子在分娩後不久就會相互依附。分娩、肌膚接觸和哺乳期間釋放的催產素，對於孕產婦護理和親密關係的發展相當重要。

⇩人類媽媽雖然沒有表現出刻板的母性行為，仍能識別出一些殘餘現象。例如每次哺育母乳時，媽媽們會比較不焦慮，參與更多社交活動，也更感受到愛、溫暖與幸福。

⇩除了立即性變化，媽媽們的心態在哺乳時會以更長久的方式發生變化。總而言之，她們會變得比較不焦慮，相對不具侵略性，也更願意社交，更能容忍單調。與瓶餵相比，哺乳媽媽感到更滿足，與嬰兒的互動更多，交感神經活性相對減弱、副交感神經活性則相對變強。這些變化會持續整個哺乳期，目的在幫助女性過渡並適應成為一位媽媽。

⇩哺乳能夠釋放催產素，而心理適應與催產素濃度相關。媽媽的心理適應過程，很可能是因為投射到控制焦慮和社交互動腦區的小細胞神經元所釋放的催產素而引起。催產素在血液循環中的濃度與母體心理適應相關的發現顯示，哺育母乳時，催產素從小細胞神經元釋放到大腦中，大細胞神經元則同時釋放催產素進入血液循環。

第 16 章

母乳哺育與肌膚接觸：母性的保護措施

大多數女性都知道，哺育母乳不只會感到快樂、放鬆和平靜。哺育母乳並不是那麼容易，許多相關的現實問題可能都會令人相當擔心與在意。為了保護新生兒，媽媽在某些情況下可能會變得焦慮，甚至具有侵略性。然而，擔憂與想保護嬰兒的傾向，其實是母性適應另一重要層面，是所有哺乳類動物都會發生的行為。母性保護策略有如母性照護行為和母乳在心理和生理上的適應行為，都受到了催產素的促進。

哺乳類動物媽媽的保護策略

出生、隱藏和築巢的同步

媽媽和子代在生產和哺乳期間都非常脆弱，很容易淪為獵物，哺乳類動物的媽媽因此會用一些不同的策略來保護子代。

某些群居動物的雌性會在每年同一時間分娩。雌性同步生殖是一種保護媽媽、新生兒和整個群體的機制，藉由此法，盡可能縮短媽媽和新生兒在分娩和哺乳時手無寸鐵、容易成為捕食者獵物的脆弱期。

在不熟悉的環境分娩和分泌母乳，催產素釋放會受到抑制

哺乳類動物的媽媽經常在夜間分娩，使媽媽和其子代不易被敵人發現。也經常在隱蔽處分娩，例如自己建造的巢穴。有時候，根據子代出生時的成熟程度不同，有的會在哺乳期第一階段留在巢中。

在不熟悉、媽媽感到威脅或不安全的環境下，那些與分娩和哺乳有關，能夠刺激子宮收縮和泌乳的催產素將釋放得較少，這對脆弱的媽媽和子代是另一種保護機制。當媽媽已經搬到安全處，或

已習慣陌生的環境，就會再次釋放催產素。由擠奶機擠奶的乳牛若被轉移到另一個畜舍，在熟悉新環境之前，不會產出牛奶。

媽媽的侵略性

哺乳類動物媽媽分娩時，會發展出該物種特有的母性行為，包括餵養和照顧行為。媽媽的侵略性是母性行為中的重要層面。在哺乳期，媽媽們變得極度警覺，一旦暴露於潛在危險，就可能攻擊威脅新生兒的入侵者，以這種方式保護子代。[1]

母性保護和攻擊行為的神經內分泌調節相當複雜。催產素不僅影響母乳分泌、母性照護行為和連結，對母性防禦和保護行為也具有重要的協調作用。[2]血管加壓素與催產素有類似的化學結構，也都從室旁核分泌，會與催產素一起在大腦裡作用，共同影響哺乳類動物的母性侵略行為。[3]

不同品系的大鼠會表現出不同程度的母性防禦和攻擊行為，表示這類行為的表達強度存在某種遺傳因素。[4]最近已確定，表觀遺傳機制同樣參與新生兒性格的塑造。根據來自環境的訊息，新生兒可能變得較防禦且具侵略性，或是較具社交性且放鬆。[5]這些機制在其他章節會更詳細討論。

壓力、不熟悉的環境、危險和分離，改變了反覆接觸催產素的作用光譜，導致焦慮和壓力增加

如果催產素是一種誘發冷靜和友好互動的物質，釋放催產素怎麼會在哺乳期間促進焦慮、警覺與侵略性呢？事實上，催產素誘發的影響範圍與環境高度相關。催產素的目的主要是保護子代，因此為了確保某些子代生存所需的條件，催產素會誘發侵略性和壓力作用。

出生時的極大壓力

分娩過程中，下視丘－垂體－腎上腺軸和交感神經系統的高活性是必需的。媽媽的血液中需要有較高濃度的皮質醇和腎上腺素來蒐集和使用能量以進行分娩，也需要高血壓以在宮縮期間保持胎盤中的血液流動，為胎兒提供足夠的氧氣和營養。同時，催產素濃度高能刺激子宮收縮。在這些條件下，催產素會促進高血壓。懷孕和分娩時的雌激素濃度較高，也會強化催產素讓血壓上升的能力。[6]產後雌激素濃度下降，高血壓也獲得緩解，催產素則因為乳頭被吸吮與肌膚接觸而釋放。[7]如前所提，當催產素因為接收到感覺訊號如肌膚接觸和哺乳而釋放，就會強化它的抗壓作用。

• 在不熟悉的環境中增加對壓力的反應

相比於未輸注催產素的大鼠，輸注催產素的雌性（和雄性）大鼠更加害怕和謹慎，在新環境中更容易感受到壓力。

輸注五次催產素的大鼠，血壓會持續下降，並在最後一次輸注後，持續這樣的作用達數星期。只要待在自己的籠內，輸注催產素的大鼠比未輸注的更加平靜；但一移入陌生的環境，又比未輸注的更加焦慮且四處探索。一旦適應了新環境，牠們的血壓會恢復到在熟悉環境時觀察到的濃度，也會再次平靜下來並停止探索。[8]

兩組大鼠在籠內受到突如其來的聲音驚嚇時，接受輸注大鼠的脈搏和血壓，比未輸注的上升幅度更大。同樣地，結果顯示，與未輸注組相比，使用催產素的大鼠更焦慮，對某些類型的壓力源反應更強烈。導致這種過度反應的壓力源可能被（牠們）認為極具威脅性。[9]

總結來說，只要大鼠在籠子裡靠近牠們的子代，又沒有發生意外，反覆給予催產素似乎可以使牠們平靜下來，並降低牠們的血壓。相較之下，大鼠在陌生環境中會變得過度焦慮，但隨著牠們習慣了，在陌生環境中也會變得比平時平靜。如果突然發生具潛在危險的情況，牠們會反應過度。任何哺乳期女性都會自然受到強烈的內生性催產素影響，因此在不熟悉的環境中會更加謹慎，並對壓力源敏感。這些與催產素相關的壓力反應，很可能是生物學上，在哺乳期間更複雜的母性攻擊行為的前驅行為。

● **與孩子分離**

大鼠媽媽與孩子分開一段時間後會變焦慮，甚至具侵略性。相較之下，與子代親近能讓大鼠媽媽平靜下來，降低牠的皮質醇濃度並緩和壓力反應。[10]焦慮和壓力的感覺可能是大自然讓媽媽與巢中子代保持親近的方式，因為除了快樂，這也與平靜有關。相較之下，當媽媽們處於未知、具潛在危險的環境中，或某些意想不到的事情發生且可能危及她們和她們的子代時，她們就會變得焦慮。

人類媽媽的保護策略

其他哺乳類動物使用的「同步、隱藏和築巢策略」之殘餘行為，也發生在人類身上。

在家庭或宿舍一起生活的女性會出現排卵和月經周期同步的現象，很可能就是古代人類以小群體生活，並暴露在被大型捕食者捕獵風險下的殘餘現象。[11]同步排卵時間可能會增加女性同時懷孕和分娩的機會。媽媽和新生兒極易受到傷害，需要保護。如果能在一年間差不多的時間分娩，用來防禦和保護群體所需的時間就有限。

人類媽媽往往會在分娩前感到退縮，多數也會在夜間生產。準媽媽們會花時間打掃房間並為即將到來的嬰兒做準備，同樣反映了某種天生的築巢行為。

• 不熟悉的環境會抑制分娩和釋放催產素

當女性處於不熟悉的環境或感到不安，會抑制分娩和釋放哺乳時的催產素，甚至影響分娩和分泌母乳的過程。那些在家中已開始規律宮縮的女性抵達醫院準備分娩時，宮縮完全消失或消失一段時間的情況很常見，而這種臨時停止生產的現象，可能是對陌生醫院環境最自然的反應。同樣地，許多女性發現，在家裡與家人和朋友一起哺育母乳，比在公共場所與陌生人一起哺育母乳更容易（至少在初期如此）。對某些女性來說，催產素根本不會在未知環境中釋放以誘發泌乳。[12]

從演化的角度來看，分娩或哺乳的媽媽極度脆弱且毫無防備，因此最好能夠延遲分娩和分泌母乳，直到環境被認定是安全和熟悉的。

增加媽媽的焦慮、清醒與侵略性

人類媽媽身上有些細微的主觀感受，源自於媽媽的保護行為。

• 靠近嬰兒會感到平靜，分離則導致焦慮

對媽媽來說，最重要的就是靠近她的新生兒，不要離開孩子，為孩子提供食物和照顧，並保護新生兒免受不可預測的危險。大自然讓媽媽在哺育母乳時、與嬰兒親近時，感到滿足、平靜和放鬆。當媽媽離開孩子去上班或做其他事情，則感到分離焦慮。離開孩子的時候，她們覺得自己好像失去了什麼重要的東西，好像少了點什麼。這種類型的分離焦慮有時很痛苦，代表與嬰兒之間的連結或依附之外，當然也有助於將媽媽和嬰兒連結在一起。

• 媽媽的憂慮和責任

媽媽必須對自己的寶寶負責，確保寶寶得到足夠的食物，並在各方面獲得妥善照顧。擔心和責任感與焦慮或內疚相去不遠，這些感覺也都表示了媽媽對嬰兒的連結或依附。媽媽對孩子的依附愈多，某些情況下可能愈感焦慮。

• 產後有肌膚接觸的媽媽更擔心自己的嬰兒

我們已在肌膚接觸相關章節討論了參與聖彼得堡研究的媽媽，她們被問到產後第二天沒有嬰兒在場時的焦慮程度。事實證明，產後立即進行肌膚接觸的媽媽不僅更愛護嬰兒，對嬰兒的健康也更

加焦慮和擔心。[13]由於肌膚接觸會增加產後釋放催產素，並誘發與催產素相關的長期影響，因此對嬰兒健康的擔憂增加，很可能與這段時間接觸更多催產素有關。[14]表達擔憂是母性與孩子之間強烈連結的另一種表現。

與接受常規護理程序的媽媽相比，能夠和孩子有更多親密接觸（基於新生兒個別化發展照護理論的治療）的早產兒媽媽，焦慮程度也會跟著增加。由於這些媽媽和嬰兒之間密切的接觸增加，釋放了更多的催產素，反過來又導致對嬰兒的親近感增加，以及對未知事物的焦慮和擔憂增加。[15]

• 母性的侵略性與警醒

眾所周知，新生兒媽媽在寶寶受威脅時會變得極度憤怒、好鬥和強勢。俗話形容她們甚至能移動一輛駛向寶寶的汽車。

即使沒有表現出明顯的侵略性，但在認為寶寶受到威脅的情況下，媽媽可能會變得極度焦慮和緊張。觸發這類反應的事件可能非常微小，甚至非特定事件。壓力相關作用不僅會在媽媽們覺得自己受到威脅時被活化，也會在她們覺得可能將發生某些事件時被活化。媽媽們變得更加謹慎和清醒，甚至會看著天空尋找各種跡象。

當意外發生，有些女性會感到焦慮。遇到陌生人或身處不知名之地，都可能導致嚴重的焦慮和強烈保護或捍衛嬰兒的願望。可能會出現以前從未經歷過的恐懼反應，例如害怕高處、害怕乘坐電梯或害怕進入市場。有些媽媽會避免可能有潛在危險的情況。

從演化的角度來看，這不無道理。到一個陌生的地方、爬上一座高山、在市場裡遇到你不認識的陌生人，對於一個孩子剛剛出生的媽媽來說都有一定風險。因此有些媽媽只喜歡待在家裡，以避免經歷離開家裡可能發生的不愉快經驗。

報紙、廣播和電視播報的可怕新聞也會變得更具威脅性，新生兒媽媽應該避免閱讀可怕的新聞或觀看含有暴力內容的電影。

• 正面和負面情緒都更強烈

與孩子關係密切的媽媽，無論正面或負面情緒都會更加強烈。一方面，與孩子親近時，媽媽會感到無比的快樂和平靜。另一方面，離開孩子時，她們會比那些沒那麼親密的人更加焦慮和不快樂。顯然，愉快和不愉快的感受都比以前更強烈。有趣的是，這些感覺有助於保持母嬰之間的連結。與新生兒分開時媽媽會變得焦慮並感到壓力，因此讓她想親近孩子，以此減輕不愉快的感覺。當她親近孩子時感到舒服、快樂和滿足，自然讓她想維持親密感。這些同樣是依附或連結的正面和負面作用。

• 人類媽媽在熟悉或不熟悉環境中的相反反應

第十章提到的哺育母乳實驗在布置得像家一樣的產後病房或媽媽自己家中進行，媽媽的血壓因哺乳而下降。[16]相較之下，母嬰短暫分離後，在陌生環境進行哺乳實驗時，血壓會因哺乳而上升。[17]上述結果顯示，感覺安全的媽媽會對哺育母乳產生催產素相關的抗壓反應，在不熟悉的環境中會觸發壓力反應。

• 放大壓力反應

哺育母乳的女性在一項非常基本的壓力測試中同樣反應過度：把手放在冷水中時，她們的血壓比對照組上升得更多。[18]由於血壓上升與侵略性有關，此反應代表了母性防禦行為中較深層的生理機制。如此一來，媽媽不僅保護了孩子，也保護了自己，可以更快地把手從冰冷、有潛在危險的水中抽出來。

哺乳媽媽對於已知和未知、安全和不安全、親近或分離過度反應的認知，與過去實驗的結果一致。在熟悉的環境中，反覆輸注催產素的大鼠比未輸注的大鼠更平靜，但在陌生環境中又比未輸注的大鼠更焦慮。牠們對某些類型的強烈壓力源反應過度，以避免與子代長期分離。[19]催產素的作用總是有利於挽救生命。

• 對支持的需求增加

媽媽們不僅對負面敏感，對正面也更加渴求。她們自己其實同樣需要「母性的支持」。正面的態度和熱情、支持的互動，可以在這段渴求支持的時期發揮神奇效果。支持性護理不僅在分娩時，在哺育母乳階段也會增加媽媽的幸福感和自尊心，讓她與孩子的互動更正面。[20]藉由尋求支持，媽媽們增加了為自己和嬰兒取得正面成果的機會。

當焦慮和憂鬱成為問題

產後憂鬱

幾乎所有的媽媽產後頭幾天都會經歷一段悲傷和沮喪期。產後憂鬱是在懷孕、分娩和哺育母乳的過渡期中，神經激素產生巨大變化的結果。雌激素和黃體激素濃度下降與此過程有關。催產素濃度下降對產婦憂鬱症的進展很重要，因此也可視為一種戒斷反應。有人聲稱，如果讓媽媽在分娩後進行肌膚接觸，產婦憂鬱症的嚴重程度就會降低。若是如此，這種治療引起的催產素持續釋放可能是這些正面影響的原因，因為它們抵銷了產後催產素的下降。

憂鬱和焦慮

一些媽媽對哺育母乳適應的焦慮／攻擊等方面更敏感。事實上，二十%哺乳媽媽在產後六到八周出現焦慮和憂鬱症狀。這類反應對媽媽來說可能很嚴重且非常痛苦，有時可能需要藥物治療。哺育母乳幾星期後出現的焦慮和憂鬱症狀，不應與許多媽媽在分娩後頭幾天所經歷的，輕微的、短暫的情緒低落或產後憂鬱症混為一談。

很多理由會讓女性在產後那幾周發展出焦慮和憂鬱。不少女性往昔經歷過類似的憂鬱和焦慮發作，過往的負面生活經歷或當前的壓力，都可能促進此類症狀的發展。

然而，也有可能某些女性在哺育母乳時天生容易出現焦慮和憂鬱問題。眾所周知，一些血清素和多巴胺結構的遺傳變異可能讓媽媽容易焦慮和憂鬱。催產素系統的異常也與焦慮和憂鬱有關。也許在催產素的影響下，對某些壓力源變得更敏感，這件事會對攜帶特定遺傳特徵的人構成更大的困擾。[21]

顯然，當前的環境因素也非常重要，因為在催產素廣泛的作用中，若是處於熟悉、有家的感覺的環境，將優先活化關懷和鎮定方面的作用。因此，在被允許留在家中照顧新生兒並獲得家人支持的媽媽身上，催產素的正面、鎮定效應，可能更容易被觸發，能更堅定地發展。

相較之下，催產素相關的焦慮和攻擊，更有可能在不熟悉的環境中產生。敏感的哺乳媽媽在產後幾星期內就必須重返工作崗位？與那些待在家裡的媽媽相比，這些媽媽是否經歷了更多與催產素相關的負面影響，如焦慮和憂鬱？若是如此，不僅是基因編程，以前和現在的壓力、經歷或支持，都會影響媽媽對催產素的反應。此外，經濟、文化甚至政治因素，都可能影響哺乳女性產生的催產素相關作用類型。

創傷後壓力症候群（PTSD）

給予高濃度催產素的媽媽不僅在某些情況下更平靜，對某些類型的壓力也更敏感。如果在分娩過程中給予媽媽高濃度催產素並承受巨大壓力，會發生什麼情況？也許非常痛苦和困難的分娩，或是某些緊急剖腹產的嚴重長期後果，例如創傷後壓力症候群，就是受到催產素影響而強化了壓力反應的例子。[22]

也許催產素在分娩和月經期間的影響，實際上會增加鎮靜和社交互動以及壓力反應。環境決定方向。環境愈溫暖、愈有利，生產造成負面後果的可能性愈小。相反，寒冷和敵對的環境可能會在產後和經期增加產生負面後果的機會。[23]

重點整理

- 所有哺乳類動物在照顧孩子時都使用不同的保護策略。她們隱藏和築巢，保護子代免受環境危險和入侵者的攻擊。
- 催產素在媽媽攻擊行為的幾個方面起著重要作用。反覆接觸催產素會增加與嬰兒分離以及對新環境的敏感性和反應，也會增加對某些威脅生命的壓力反應。
- 人類媽媽表現出相似的適應性。分娩、肌膚接觸和哺育母乳與催產素釋放有關，因此不僅增加了照護行為的傾向，也增加了保護行為的傾向。當媽媽與嬰兒建立連結時，與嬰兒分離會引起焦慮，這種焦慮在團聚時會得到緩解。
- 當媽媽們在家或待在熟悉或「安全」的環境中，她們會感到平靜。如果處於她們認為不安全的環境，如果覺得有什麼威脅到寶寶，那就會形成相反的反應模式。她們可能會變得謹慎、多疑，有時還會公然好鬥。所有這些由催產素加強的適應性，都是為了保護嬰兒。
- 產後立即進行肌膚接觸就是在初生敏感期刺激媽媽和嬰兒未來的互動，並抑制他們的壓力反應。與分娩有關的壓力可能會導致相反的反應模式，即抑制社交互動、增加焦慮和增加壓力反應。
- 遺傳易感性以及以往的焦慮和壓力經歷，會增加哺乳時出現焦慮和憂鬱的機率。

第 17 章

泌乳對於舒緩壓力的效果：吸吮與催產素的角色

不僅母乳生產和分泌母乳受到吸吮刺激的驅動，母體生理和行為／心理在哺乳期也會發生許多變化，促使適應母性。上一章描述了一些可能會在媽媽身上產生侵略性或防禦性反應的母性保護策略，例如，某些類型的壓力被認為或可能被認為對新生兒有威脅。媽媽也可能對某些事情反應過度。

相較之下，媽媽對某些類型的壓力反應減少，基礎壓力程度也降低了。原因是她應該將注意力集中在新生兒身上，並將精力集中在產奶上。哺乳時釋放的催產素調控了這些適應行為。例如，從下視丘室旁核投射到腦幹區域和下視丘、調控著自律神經功能和下視丘－垂體－腎上腺軸的催產素神經，與這類抗壓效應有關。接下來兩章將專門討論與哺乳相關的催產素釋放在壓力程度調節中的作用。

哺乳期動物的抗壓作用

在哺乳期間增加鎮靜程度並減少壓力程度和壓力反應可能有許多功能。它可能會轉移媽媽對環境中不相干刺激物的興趣，進而幫助媽媽將注意力集中在子代身上。它可以提供更基本的功能：藉由保持冷靜並避免不必要的壓力反應或身體運動，節省能量，將更多的熱量用於產奶，保證子代的熱量需求。減少不必要的能量消耗也可以藉由減少下視丘－垂體－腎上腺軸和交感神經系統某些方面的活性來實現，進而減少不必要的熱量產生或分解代謝過程。這些適應性的表現因物種而異，與不同物種的繁殖方式、如何生活、在什麼環境生活有關。

•平靜

有些哺乳期動物給子代餵奶時必須在不同的時間段內保持靜止。哺乳刺激會活化媽媽體內與平靜相關的機制，進而「幫助」媽媽留在巢穴中。對某些物種，分泌母乳與意識下降有關。老鼠媽媽在哺乳期間表現出慢波腦電圖，除非「部分失去知覺」，否則不會分泌母乳。[1]豬或兔子的情況則非如此，可能是因為牠們餵奶時必須比老鼠媽媽更小心，不像老鼠媽媽哺乳時會躲在黑暗的地方。[2]

•減少體力活動

有些哺乳期動物在哺乳期間減少了體力活動並長時間待在巢中。藉由減少體力活動，將注意力集中在子代身上，並節省大量熱量以用於產奶和孩子的生長。斷奶時，這些動物會離開子代並恢復正常活動。例如，籠內的倉鼠多數時間都在輪子上奔跑，哺乳期則大部分時間都和孩子在一起，避免在輪子上奔跑。一旦子代斷了奶，牠們就會繼續在輪子上奔跑。哺乳期運動減少與紋狀體多巴胺能神經元活動減少有關。

•對某些類型壓力的反應性降低

此外，哺乳期動物對某些類型壓力源的反應性降低。與非哺乳期老鼠相比，老鼠媽媽對於意想不到的噪音或處於光線下這類刺激的反應較小。某些與保護子代無關的壓力源之重要性被下調。[3]前面的章節已描述哺乳的鎮靜作用和對減少壓力作用的反應性降低。

● 交感神經系統和下視丘－垂體－腎上腺軸活動減少

老鼠在哺乳期的血壓低於懷孕或其他時期。血壓的降低是由吸吮刺激驅動的，並由控制血壓的交感神經系統活性降低所調控。儘管如此，流向乳腺的血流量增加了，說明著哺乳期間心血管系統功能的複雜變化。

● 皮質醇濃度

對某些哺乳類動物如老鼠和牛，皮質醇濃度會因為吸吮乳頭而增加。[4] 皮質醇對於為了製造母乳而補充能量很重要，並有助於刺激製造母乳。

相較之下，定期撫摸腹部會降低乳牛的脈搏和皮質醇濃度，吸吮乳頭在某些物種身上也會降低皮質醇濃度。降低皮質醇濃度與節省能量有關。

這個複雜的能量方程式在不同的哺乳類動物身上，有時會以完全相反的方式得到解決，取決於該物種的生活方式、需要餵養多少孩子等等。對某些物種，此時的皮質醇濃度高於一生中其他時期，某些物種則是較低。無論哪一種情形，牠們都是以最佳方式為子代提供能量。

哺乳期間，吸吮乳頭與催產素在抑制交感神經和下視丘－垂體－腎上腺軸的作用

交感神經系統和下視丘－垂體－腎上腺軸的結構和功能、催產素對這些系統的抑制作用，以及催產素如何因為乳頭被吸吮而釋放，已在前面章節詳述，下面將對這些機制做一簡單統整，以便了解吸吮乳頭所誘發的催產素如何調控抗壓作用的機制。

•交感神經系統和下視丘－垂體－腎上腺軸

交感神經系統和下視丘－垂體－腎上腺軸，分別代表壓力系統的兩個獨立系統。神經性的交感神經系統會引起非常快的反應，內分泌性的下視丘－垂體－腎上腺軸反應則較慢，箇中機制已在前面章節詳述，這裡只做簡短總結。

交感神經會支配並活化心血管系統、肺、腸胃道和泌尿生殖器官的功能。正腎上腺素是交感神經系統中的主要神經傳導物質。產生腎上腺素的腎上腺髓質是交感神經系統的一部分。

皮質醇由腎上腺皮質分泌，對所有與活動和壓力相關的反應都非常重要。皮質醇由腦下垂體前葉的促腎上腺皮質激素釋放，促腎上腺皮質激素的分泌則受到促腎上腺皮質激素釋放因子調節，後者在下視丘室旁核的小細胞神經元中產生，其釋放受到海馬體神經元的抑制控制。下視丘－垂體－腎上腺軸受到皮質醇的抑制控制，它藉由反饋（抑制環）抑制了促腎上腺皮質激素釋放因子和促腎

上腺皮質激素的分泌。

交感神經系統和下視丘－垂體－腎上腺軸的活性受到許多大腦區域的影響。藍斑核裡會因壓力而活化的正腎上腺素纖維對這兩個系統都發揮著重要的調節作用。此外，有害或疼痛的感覺刺激可能會活化孤束核中的正腎上腺素纖維，進而刺激下視丘－垂體－腎上腺軸和交感神經系統的活性。

• 腦幹和下視丘壓力系統的相互活化

藍斑核和孤束核的正腎上腺素神經元，對於下視丘促腎上腺皮質激素釋放因子的分泌，以及下視丘－垂體－腎上腺軸的活性，會產生強烈影響。同時，包含促腎上腺皮質激素釋放因子的神經纖維從室旁核投射到腦幹，刺激控制壓力調節的區域，如藍斑核、延髓腹側腹外側、一個重要的血壓調節中心，以及孤束核。這樣一來，下視丘和腦幹壓力系統的功能相互關聯。

催產素抑制交感神經系統和下視丘－垂體－腎上腺軸的作用

• 催產素和血壓

根據實驗條件，催產素的給予可能會增加或降低血壓，方法是作用於控制血壓的不同部位。將催產素注入大腦後，血壓會在一定延遲後下降。重複給予催產素，會導致血壓長期下降。[5]

交感神經活性減少會導致催產素調控的血壓下降，影響交感神經調節心血管系統的功能。室旁核的催產素神經元通往許多參與心血管控制的區域，如孤束核、疑核、藍斑核、迷走神經背側運動核、中縫核、延髓腹外側區和脊髓胸腰段的中間外側細胞柱，因此，這些區域可能與催產素引起的血壓下降有關。[6]

•催產素和下視丘－垂體－腎上腺軸

給予催產素會降低皮質醇濃度。[7]催產素可藉由好幾種對等的機制，減少皮質醇分泌。室旁核內釋放的催產素會減少促腎上腺皮質激素釋放因子分泌。腦下垂體前葉神經釋放的催產素會減少促腎上腺皮質激素的分泌。血液循環中的催產素會直接減少腎上腺皮質醇的分泌。正如將在肌膚接觸章節詳細描述的，催產素還藉由參與控制交感神經活性的腦幹區域的作用，影響皮質醇分泌。

•對血壓和下視丘－垂體－腎上腺軸的長期影響

反覆接觸催產素與持續的抗壓作用有關，例如，降低血壓和皮質醇濃度。反覆接觸催產素引起的長期血壓下降似乎由某特定類型的α2腎上腺素受體的活化所調控，它對大腦中的正腎上腺素傳遞發揮抑制作用。催產素的這種作用已藉由神經生理學、免疫組織化學、藥理學和生理學技術得到證實。[8]

皮質醇濃度的持續降低可能涉及上文討論的α2受體功能的增強，以及調節大腦下視丘－垂體－腎上腺軸機制的功能變化。例如，反覆接觸催產素後，海馬體中糖皮質激素受體與鹽皮質激素受體的功能會發生變化。[9]

●藍斑核正腎上腺素神經元的活性降低

已證明使用催產素可誘發抗焦慮作用。[10]杏仁核發揮抗焦慮作用，減少對壓力的反應。由於壓力反應性降低，藍斑核中正腎上腺素神經的活性降低，交感神經系統和下視丘－垂體－腎上腺軸的活性也因此降低，因為這兩個系統的活性都受到正腎上腺素的刺激。

哺乳藉由活化體感神經，刺激催產素釋放

催產素會從視上核和室旁核的大細胞神經元釋放到血液循環中，以因應乳頭被吸吮而誘發的分泌母乳反射。催產素也會從室旁核小細胞神經元通往不同腦區的催產素神經中釋放。有些催產素神經投射到下視丘和腦幹中控制下視丘－垂體－腎上腺軸和交感神經系統的區域，對於由催產素調控的、與吸吮乳頭相關的抗壓作用相當重要。

• 母乳釋放催產素的神經性途徑

哺乳期間，源於乳頭並藉由脊髓進入中樞神經系統的體感神經，以及略過脊髓並直接投射到孤束核的感覺神經——迷走神經傳入纖維——都會被活化。[11]

前往下視丘的途中，由吸吮引起的神經性衝動在孤束核中傳遞。在這個區域，與下視丘的視上核和室旁核相連的傳入神經路徑被活化。當含有催產素的大細胞神經元被活化，催產素被釋放進入血液循環；當含有催產素的小細胞神經元被活化，催產素被釋放到大腦。

• 哺乳誘發投射到下視丘和腦幹的小細胞神經元釋放催產素

哺乳引起的某些抗壓作用，例如哺乳老鼠的血壓降低，是因為室旁核小細胞神經元釋放催產素，投射到控制腦活動的腦幹區域交感神經系統，如束核、疑核、藍斑核、迷走神經背側運動核、延髓腹外側核和胸腰椎節段的中間外側細胞柱脊髓。[12]

因為乳頭被吸吮而從室旁核的小細胞神經元的催產素纖維所釋放的催產素，也可能控制下視丘－垂體－腎上腺軸。含催產素的纖維會進入控制下視丘－垂體－腎上腺軸的下視丘與腦下垂體前葉。[13]

• 降低壓力程度和壓力緩衝

由於藍斑核中的正腎上腺素基礎濃度會因吸吮乳頭而降低，因此對某些類型壓力的反應也會減弱。藉由這種方式，因吸吮乳頭而釋放的催產素，不僅會對下視丘－垂體－腎上腺軸和交感神經系統產生直接的抗壓作用，還抑制了壓力對藍斑核的作用，因此也可能發揮紓壓的作用。

• 長期影響

在哺乳期間反覆給予藍斑核、孤束核和控制自律神經活性的鄰近區域催產素，α2受體的功能會逐漸增強。結果，中樞正腎上腺素系統和交感神經系統的活性長期減少，其他遞質系統的功能也可能增加。[14]

重點整理

- 哺乳使哺乳期動物平靜下來。
- 哺乳可能會減少哺乳期動物的體力活動。
- 哺乳降低了對不會活化子代保護之壓力源的反應。
- 哺乳減少基礎能量消耗。
- 所有這些適應都有助於媽媽將注意力集中在子代身上，並將能量用於產奶。
- 這些影響是由吸吮乳頭所誘發的催產素在大腦釋放而引起。
- 投射到壓力反應和控制交感神經活性的腦幹區域的催產素纖維，以及下視丘內的催產素纖維，在這些抗壓反應中起主要作用。

第 18 章

哺育母乳對於媽媽舒緩壓力的效果

正如上一章所述，處於哺乳期的動物會變得更加平靜，減少體力活動，對某些類型的壓力反應不那麼強烈。此外，哺乳與血壓下降有關，有時還與下視丘－垂體－腎上腺軸的活性減少有關。如先前所述，無論從短期或長期來看，哺育母乳的媽媽都比非哺育母乳的媽媽更不容易焦慮，也更平靜。

本章重點關注哺乳媽媽被孩子吸吮乳頭時，對血壓和下視丘－垂體－腎上腺軸的影響——因為吸吮乳頭會促使催產素釋放到下視丘，最重要的是，釋放到控制自律神經活性的腦幹區域。

• 臨床研究

為了表現哺乳期女性與吸吮乳頭相關的抗壓作用，Nissen 和 Jonas 等研究者從短期和長期角度研究了哺育母乳對血壓和皮質醇濃度的影響。

1. 十七名緊急剖腹產媽媽和二十名自然產媽媽參加了這項研究。經過一段時間的分離後，孩子們被直接放在媽媽的乳房上，並由助產師幫忙開始哺育母乳。在哺乳之前、期間和之後蒐集了二十四份血液樣本。在九個樣本中測量了皮質醇濃度（如前所述，對所有樣本中的催產素和泌乳激素濃度進行了分析），在哺乳前、後，以及哺乳後六十分鐘測量血壓。[1]

2. 七十二名初產婦被納入研究。有些人在分娩過程中使用了硬膜外麻醉和催產素等醫療介入，這將在後面章節詳述。哺乳之前，嬰兒在媽媽胸部進行肌膚接觸，然後就開始自行吸奶。從六十三位媽媽中採集了二十四份血液樣本，測定催產素和泌乳激素濃度。此外還測量了八個樣本的皮質醇濃度和九個樣本的促腎上腺皮質激素濃度。催產素濃度以酵素結合免疫吸附分析法測量。測量哺乳前肌膚接觸的持續時間和哺乳的持續時間。六十六名女性在哺乳前後測量了四次血壓。其中有三十三位媽媽在六個月內於哺乳前後反覆測量血壓。[2]

● 主要結果

- ◆ 哺乳時，血壓會因吸吮而降低。[3]
- ◆ 哺乳時，皮質醇濃度會因為吸吮乳頭而降低。[4]

- 哺乳時，促腎上腺皮質激素濃度會因為吸吮乳頭而降低。[5]
- 促腎上腺皮質激素濃度下降幅度愈大，哺乳時間愈長。[6]
- 促腎上腺皮質激素濃度與催產素濃度呈負相關。[7]
- 血壓和皮質醇濃度會因為哺乳前的肌膚接觸而降低，但促腎上腺皮質激素濃度不會。[8]
- 血壓和皮質醇濃度與肌膚接觸有關，會因為肌膚接觸而降低。[9]
- 基礎血壓在哺乳六周後開始下降，並在哺乳時保持較低的血壓。[10]

吸吮乳頭對血壓、皮質醇和促腎上腺皮質激素濃度的影響

• 血壓

以上兩項研究中，媽媽的血壓會因乳頭被吸吮而降低。更頻繁監測血壓後發現，血壓在哺乳後幾分鐘內會開始下降，並在三十至六十分鐘的觀察期內持續下降。收縮壓和舒張壓均顯著下降約十毫米汞柱。[11]

• 皮質醇和促腎上腺皮質激素濃度

在哺乳的六十分鐘內重複測量皮質醇濃度的兩項研究結果顯示，每次哺乳時，媽媽的皮質醇濃

度都會降低。這兩項研究中，血壓下降前，皮質醇濃度會短暫上升。[12]促腎上腺皮質激素濃度與皮質醇濃度有類似變化，會在皮質醇濃度上升前，稍微上升後接著下降。[13]

• 與哺乳相關的抗壓作用

兩項研究都顯示，哺乳會導致血壓和皮質醇濃度下降，反映出控制血壓的交感神經系統活性減少，以及下視丘－垂體－腎上腺軸活動減少。這些結果與其他作者發表的數據一致，顯示哺乳會導致血壓和皮質醇濃度下降。[14]

• 肌膚接觸可降低血壓和皮質醇分泌

實際哺乳前的肌膚接觸，會導致哺乳時血壓下降和皮質醇濃度下降。[15]哺乳和肌膚接觸引起的抗壓機制部分相同，部分不同。這些機制與其區別將在下面重點介紹。

吸吮乳頭會刺激腦下垂體前葉釋放催產素

• 吸吮乳頭導致促腎上腺皮質激素濃度下降

有趣的是，促腎上腺皮質激素濃度降低與吸吮乳頭的時間有關。吸吮時間愈長，促腎上腺皮質激素的濃度愈低。泌乳激素濃度與哺乳持續時間之間也存在類似但正相關的關係，也已在前一章描述。這些數據顯示，吸吮乳頭會活化腦下垂體前葉的路徑，進而減少促腎上腺皮質激素的分泌，並增加泌乳激素的分泌。[16]

• 催產素與促腎上腺皮質激素的反比關係

促腎上腺皮質激素濃度與催產素濃度呈負相關，也就是催產素濃度愈高，對吸吮乳頭的反應愈低。由於催產素抑制了下視丘中促腎上腺皮質激素釋放素和腦下垂體前葉促腎上腺皮質激素的分泌，這種反比關係可能反映出催產素對下視丘和（或）垂體濃度下視丘－垂體－腎上腺軸的抑制作用。[17]

• 催產素與泌乳激素之間的正比關係

如前一章所述，催產素和泌乳激素濃度對吸吮乳頭的反應呈正相關。[18]由於催產素會刺激垂體中的泌乳激素細胞，進而釋放泌乳激素，此一相關性反映了催產素對泌乳激素釋放的刺激作用。[19]

• 關鍵催產素

催產素抑制促腎上腺皮質激素分泌和刺激泌乳激素分泌的神經路徑可能是相同的。最近的研究結果顯示，有些投射到腦下垂體後葉，並將催產素釋放到血液循環中的催產素神經元，將軸突側支伸入腦下垂體前葉。[20]這種解剖結構解釋了血液循環中催產素濃度的變化為什麼與催產素在腦下垂體前葉中引起的作用相似，因為催產素會藉由腦下垂體前葉的神經活性，引起促腎上腺皮質激素的一同減少與泌乳激素濃度增加。另一種可能性是，室旁核的催產素纖維投射到腦下垂體前葉，降低了促腎上腺皮質激素濃度並刺激泌乳激素分泌，催產素也同時從腦下垂體後葉釋放進入血液循環。不論是哪種情況，催產素釋放到血液循環，也就表示腦下垂體前葉中的催產素會一同釋放，後者則會影響促腎上腺皮質激素和泌乳激素的釋放。

• 催產素抑制下視丘分泌促腎上腺皮質激素釋放素

由於催產素也抑制下視丘中促腎上腺皮質激素釋放素的分泌，因此催產素與促腎上腺皮質激素濃度的反比關係，也可能反映了催產素在下視丘對下視丘－垂體－腎上腺軸的抑制作用。

吸吮乳頭和肌膚接觸會刺激腦下垂體前葉和腦幹釋放催產素

哺育母乳不僅包括吸吮，還包括不同類型的觸覺互動。皮質醇濃度的下降與哺乳時血壓的下降，與哺乳前肌膚接觸的持續時間有關。[21]哺乳前肌膚接觸的持續時間，與促腎上腺皮質激素和催產素濃度之間沒有關係。[22]

●肌膚接觸會在腦幹引起催產素效應

肌膚接觸引起的皮質醇濃度下降與血壓下降密切相關，顯示調節血壓的交感神經活性下降與下視丘－垂體－腎上腺軸活性下降之間存在相關性。[23]

正如前一章所說，下視丘－垂體－腎上腺軸、藍斑核和其他涉及交感神經緊張的區域之活性，以多種方式連結在一起。藍斑核和孤束核的正腎上腺素系統不僅促進交感神經系統的活性，還增強促腎上腺皮質激素釋放因子神經元的活性，進而調節下視丘－垂體－腎上腺軸的活性。這種效應是相互的，室旁核的促腎上腺皮質激素釋放因子神經元亞群，投射到並刺激藍斑核、孤束核和其他壓力反應區域的活性。下視丘和腦幹中壓力系統的功能因此高度整合。

交感神經活性可能以另一種方式影響下視丘－垂體－腎上腺軸。支配腎上腺皮質的交感神經增強了腎上腺皮質中促腎上腺皮質激素受體的功能。藉由這種方式，腎上腺皮質上的促腎上腺皮質激素受體，對於促腎上腺皮質激素的作用變得更加敏感，只需更少的促腎上腺皮質激素就能釋放皮質醇。

● 肌膚接觸時釋放催產素

觸摸或肌膚接觸會導致催產素釋放，催產素並不總是來自大細胞神經元，而是特別來自室旁核投射到腦幹中調節壓力的區域，如藍斑核、延髓腹外側區和孤束核中的神經元。

正如前面章節詳述的，感覺刺激如觸摸和肌膚接觸，藉由作用在調節交感神經功能的腦幹細胞核，直接抑制交感神經活性，而這種效應在催產素纖維（從室旁核投射到腦幹調節區域）的釋放作用下，又會進一步獲得增強。此外，隨著孤束核中感覺神經的活性增加，催產素的釋放也會跟著增加。第三，藉由增加α2腎上腺素受體的功能，釋放到腦幹的催產素深度抑制了正腎上腺素纖維的活性。正腎上腺素纖維來自孤束核、藍斑核和其他腦幹區域，控制著下視丘－垂體－腎上腺軸和交感神經系統。

藉由這些不同的機制，催產素會降低下視丘－垂體－腎上腺軸和交感神經系統的活性。交感神經系統功能下降的後果之一是，腎上腺皮質分泌的皮質醇減少。隨著交感神經系統活性的減少，促腎上腺皮質激素受體變得不那麼敏感，使得促腎上腺皮質激素釋放的皮質醇也減少。[24]此機制解釋了為什麼不是促腎上腺皮質激素濃度，而是皮質醇濃度會受到哺乳時肌膚接觸的影響。

藉由這種網狀效應模式，皮膚感覺刺激顯著降低了催產素對於壓力的調控程度，不需要涉及將催產素分泌到血液循環中的催產素神經元，同時，經由軸突側支影響腦下垂體前葉釋放激素。

• 降低交感神經活性也與促進排乳反射有關

正如乳汁分泌的神經性控制相關章節所述，吸吮刺激不僅藉由釋放催產素誘發排乳，還藉由局部神經性機制（活化軸突反射）和降低交感神經活性促進催產素的作用。事實上，吸吮乳頭會減少乳管和乳腺血管的交感神經活性，反映了促進泌乳的交感神經有更廣泛的影響。

• 皮膚感覺纖維的貢獻

正如分泌母乳的神經性控制相關章節指出的，刺激感覺神經有助於降低交感神經活性，進而促進母乳分泌反射。哺乳的抗壓作用亦然，也就是降低血壓、降低下視丘－垂體－腎上腺軸的活性，以及其他類型的感官刺激，有助於產生這種效果。觸摸和溫暖的溫度會刺激乳腺和胸部皮膚的傳入神經，進而觸發催產素釋放。因此，觸摸引起的效果有助於在哺乳期間觀察到的抗壓效果。

哺育母乳時血壓反常上升

並非所有研究都認為哺育母乳會降低血壓。在一項研究中，血壓實際上會因為吸吮乳頭而上升。該研究在實驗室環境中進行，哺乳女性對該環境並不熟悉，可能認為不安全。釋放催產素與防禦反應的活化有關，後者涉及血壓上升。[25] Nissen、Jonas 與 Handlin 進行的研究都在產後病房，一個非常像家的環境，因此會促進與吸吮乳頭相關的催產素抗壓模式。[26]這種相反類型的反應在第十六章有詳細討論。當媽媽感受到威脅，或只是處於不熟悉的環境，釋放催產素和哺乳的反應就會發生變化，可能與防禦機制的活化有關。血壓上升是這種防禦反應的一部分。

長期抗壓作用

哺育母乳數星期後，基礎血壓下降了約十到十五個毫米汞柱，並在整個哺乳期保持在較低值。儘管如此，每次哺乳時血壓都會繼續下降。[27]

隨著哺乳的進行，基礎血壓會繼續下降。有些研究甚至顯示，哺乳媽媽很難因應體力活動而恢復皮質醇，這是下視丘－垂體－腎上腺軸功能長期受到抑制的跡象。[28]

哺乳期女性交感神經活性長期下降的其他表現

如上所述，哺育母乳和整個哺乳期，血壓的降低是由於交感神經活性降低，對肌膚接觸和吸吮釋放的催產素做出反應。

自律神經系統平衡變化還有其他表現，顯示哺乳期女性的副交感神經活性較高，交感神經活性較低。這些影響前一章已述，此處僅作總結。

• 哺乳與瓶餵

比較哺乳和瓶餵女性，是確定這類影響的方法之一。哺育母乳的女性會因吸吮和觸摸而反覆接觸催產素釋放，瓶餵媽媽只會接觸觸摸和肌膚接觸，因此可以預期，哺育母乳與更顯著的催產素調控的抗壓模式相關。哺育母乳與心臟功能的副交感神經調節增加有關。與瓶餵相比，它還與較低的心率有關，這可能是由於副交感神經活性增加和交感神經活性降低所致。哺乳女性心血管功能交感神經輸入減少的進一步證據是，與瓶餵相比，她們的射血前期更長。[29]與瓶餵女性相比，哺乳的女性皮膚電反應性更高，皮膚電導率更高，這是交感神經活性降低的進一步跡象。[30]哺乳女性血液循環中的兒茶酚胺濃度較低，可能是交感腎上腺活動減少的結果。[31]如前所述，所有這些影響都與哺乳女性頻繁釋放催產素有關。

哺育母乳對一生的影響？

毫無疑問，大多數與哺乳相關的生理適應都會在一段時間後消失。儘管如此，某些影響可能仍然存在，儘管會在很長一段時間內以減弱的形式存在。

研究顯示，與第一次懷孕相比，孕婦第二次懷孕初期的血壓較低。[32]這可能是因為她們的α2腎上腺素受體或自律神經活性相關機制，在第一次懷孕和哺乳時已經變得更加敏感，當第二次懷孕期間雌激素和催產素濃度上升，更容易重新活化。此外，皮質醇分泌和其他功能的長期抑制可能已被誘發，但這點尚未得到證實。

α2腎上腺素受體敏感性的長期增強，包括促進胰島素分泌，可能與體重增加有關，因為更多攝取的卡路里用於儲存和合成代謝，除非同時活化分解代謝機制。一些女性注意到，不僅難以擺脫在懷孕和哺乳期間增加的額外體重，分娩後還可能更容易增加體重。也許體重增加的趨勢是敏感的α2受體的另一個結果。哺育母乳對新陳代謝的影響將在後續章節更詳細討論。

長期健康促進作用

哺育母乳具有長久抗壓作用的另一個現象是，生過孩子並曾哺乳的女性，多年後罹患某些與壓力相關疾病（如心血管疾病）的機率降低了。哺乳的女性罹患高血壓、中風、心臟病和第二型糖尿病的風險以「劑量依賴」的方式降低。生育的孩子愈多，哺育母乳時間愈長，預防作用愈強。也許某些α2受體群體的活性增加或大腦中其他遞質系統活性的長期變化，藉由緩衝哺乳結束後很長時間對壓力經歷的反應來保護它們。

重點整理

- ⇩ 哺育母乳與有效的抗壓作用有關。
- ⇩ 每次哺乳後，血壓、促腎上腺皮質激素和皮質醇濃度都會下降。
- ⇩ 哺育母乳包括吸吮，觸摸或肌膚接觸。
- ⇩ 哺乳的持續時間與促腎上腺皮質激素濃度降低有關。
- ⇩ 血液循環中的催產素會因哺乳而上升，催產素濃度與促腎上腺皮質激素濃度降低相關。這些結果顯示，在哺乳期，催產素會被釋放到腦下垂體前葉以減少促腎上腺皮質激素分泌（並增加泌乳激素分泌），並同時釋放到血液循環中。
- ⇩ 肌膚接觸的持續時間與較低的血壓和皮質醇濃度有關，這些影響的大小密切相關。這些影響主要涉及活化從室旁核投射到腦幹調節中心（如藍斑核和孤束核）的催產素神經元。

- ⇩基礎血壓在整個哺乳期下降。
- ⇩哺育母乳的長期影響是由催產素調控的其他信號和受體系統功能變化所引起，例如α2腎上腺素受體。
- ⇩哺育母乳帶來的抗壓作用可幫助媽媽們集中精力餵養嬰兒並節省體力。
- ⇩抗壓效果在哺乳結束後可能會持續很長時間，可以在很長一段時間內抵禦壓力。這種影響解釋了為什麼哺乳女性患某些類型心血管疾病的風險較低，例如中風、高血壓和心臟病，以及第二型糖尿病。

第 19 章

泌乳對於消化與代謝的效果：催產素與神經機制

需要有效處理營養物質

懷孕和哺乳是需要能量的過程，媽媽需要額外的卡路里才能讓未出生和出生的子代成長。妊娠和哺乳期間，媽媽的食慾可能會增加，可能會吃得更多，以滿足額外的卡路里需求。然而，若沒有足夠的食物供應，媽媽可藉由其他幾種方式更有效地利用自己的能量，透過減少不必要的能量消耗來實現，好比前章所述，藉由降低壓力程度和使用卡路里做為肌肉中的燃料。另一種方法是優化食物的消化、吸收和新陳代謝。接下來的章節將描述這些生理適應，以及它們如何與哺乳期間的吸吮刺激和催產素釋放產生關聯。

腸胃道的內分泌系統

腸胃道的內分泌系統是體內最大的激素分泌腺體。腸胃道的激素如胃泌素、膽囊收縮素和胰泌素，會在腸胃道中促進並優化食物的消化過程，還會強化胰腺釋放胰島素，刺激營養物質的儲存（腸泌素作用）。相反地，胰腺分泌的升糖素會刺激能量蒐集。腸胃道和胰腺中的體抑素會抑制腸胃道和胰腺功能，使生長所需的營養物質減少，進而抑制生長。

有些腸道激素如膽囊收縮素會活化迷走神經傳入纖維，影響大腦功能。藉由這種方式，攝取食物會在小腸中釋放膽囊收縮素，活化迷走神經傳入纖維，並因為此一活化，引發飽腹感和餐後鎮靜，此外還會釋放催產素，並在大腦中誘發催產素相關功能。

胃泌素、膽囊收縮素和胰島素釋放，部分受到迷走神經（副交感神經系統的一部分）的促進，而體抑素主要受迷走神經的抑制。迷走神經會藉由膽鹼的機制，抑制體抑素釋放。相對的，交感神經活性會增加體抑素釋放，與消化和代謝功能變差有關。[2]

受到食物在腸胃道中的局部作用，所有的腸道激素和胰島素會在進食時釋放，並提供血液循環中的營養物質，比如葡萄糖。迷走神經的活性也有助於控制這些激素釋放。[3]

吸吮乳頭所釋放的腸道激素和胰腺激素

腸胃道的內分泌系統不僅會在進食過程中被活化，哺乳類動物吸吮乳頭時也會被活化。這樣一來，腸胃道的功能才能適應哺乳期間食物攝取量的增加，以補償產奶過程中的能量消耗。

在狗、豬和老鼠身上進行的研究同樣顯示，吸吮乳頭和釋放腸胃道和胰腺激素有關。狗、豬和老鼠的胃泌素、膽囊收縮素、胰島素和升糖素濃度會因為吸吮乳頭而上升，體抑素濃度則有可能下降或上升。[4]

• 吸吮乳頭的小豬數量與乳房按摩，有助於降低體抑素濃度

對哺乳中的母豬來說，體抑素濃度降低與泌乳激素濃度上升，都與哺乳小豬的數量、哺乳前後小豬對乳房按摩的持續時間有關。藉由這種方式，腸胃道的功能將適應母豬為了餵養子代所增加的食物量。[5]

吸吮乳頭誘發腸胃道和胰腺激素釋放的機制

Eriksson 等研究者的一系列動物實驗研究了吸吮乳頭誘發腸道激素的機制和途徑。

● 迷走神經的作用

與吸吮乳頭相關的胃泌素、胰島素和膽囊收縮素的釋放，以及體抑素濃度降低，已證明經由迷走神經調控，因為迷走神經被切斷的動物並未出現這些作用。交感神經活性減少同樣會導致體抑素濃度下降。[6]升糖素濃度的上升，則與吸吮乳頭所引起的迷走神經活性增加，以及血液循環中催產素濃度增加直接影響胰腺有關。[7]

● 催產素神經路徑在大腦中的作用

吸吮乳頭會引起胰島素、胃泌素和膽囊收縮素濃度的上升，以及體抑素濃度降低，也涉及大腦催產素路徑的活化。這已在多種類型的實驗中獲得證明。

● 大腦傳入路徑被斷開

許多研究顯示，在大腦中，吸吮乳頭的刺激與分泌母乳連結的路徑已被斷開，意指這類刺激無法活化下視丘中產生催產素的細胞核。在此情況下，沒有膽囊收縮素或胃泌素會因為吸吮乳頭而釋放。[8]

● 催產素在大腦中的作用

實驗結果進一步支持催產素在中樞神經系統調節腸道激素的作用，這表示在大腦注射催產素會影響大鼠釋放腸道激素。胰島素濃度也會隨著催產素進到大腦而增加，降低胃泌素、膽囊收縮素和體抑素的濃度。[9]重複給藥後將發現，腸道激素的基礎濃度會降低，但進食所誘發的腸道激素濃度會上升。[10]

● 支配迷走神經背側運動核和孤束核的催產素神經

迷走傳出神經活性由迷走神經背側運動核控制。以上數據顯示，催產素會在迷走神經背側運動核中發揮作用，而迷走神經背側運動核是迷走傳出神經活性的主要部位。從室旁核投射到迷走神經背側運動核和孤束核的小細胞催產素纖維，不但富含催產素受體，還能調節腸胃道功能。[11]目前也發現，大細胞和小細胞神經元會同時釋放催產素，[12]支持了吸吮乳頭與釋放到血液循環的催產素，和支配腦幹區域的小細胞神經元有關。

某些反覆給予催產素引起的效應，也可能會在迷走神經背側運動核密切相關的孤束核（迷走神經感覺核）中發揮作用。

●催產素拮抗劑的作用

為了進一步支持催產素在哺乳時調控腸道激素的角色，給予催產素拮抗劑，會使哺乳時釋放更多體抑素。[13]此發現代表，催產素拮抗劑阻斷了抑制體抑素釋放的作用。

此外，催產素拮抗劑也會抵銷因哺乳而增加的血糖和升糖素。這可能是藉由胰腺中升糖素細胞上的催產素受體而發揮作用的。[14]

●血清素的作用

藉由給予血清素作用劑（5HT1a）間接誘發內生性催產素時，會發現胰島素濃度上升、膽囊收縮素和體抑素濃度降低。如果用催產素拮抗劑預先處理實驗動物，血清素作用劑促進體抑素釋放的影響就會消失，此發現支持了催產素釋放到中樞神經與體抑素濃度降低間的關聯。[15]

●哺乳會分兩步驟影響腸道激素釋放

哺乳是藉由活化體感神經來調控的，這些神經會經由脊髓到達腦幹，也可能從乳腺直接投射到孤束核的迷走神經傳入纖維來調控。[16]腸道激素的釋放可能受到短腦幹反射環的影響，也就是連接孤束核和迷走神經運動神經核神經元之間的神經路徑。

此外，哺乳也會活化下列神經路徑：以B-抑制素做為神經傳導物質，將孤束核與視上核和室旁核中產生催產素的神經元連接起來。活化此神經路徑，控制腸胃道區域的迷走神經背側運動核和孤束核的小細胞催產素神經元路徑，也會一同活化。這種下視丘的反射，很可能與上述路徑較短的腦幹反射，一同強化對腸道激素釋放的影響。

• 哺乳對腸道激素的作用，是適應變化的一部分

將以上數據合在一起看就能發現，當哺乳促使大細胞神經元將催產素釋放到血液循環時，也刺激了投射到迷走神經背側運動核和孤束核的小細胞神經元釋放催產素。然而，延伸到大腦不同部位的催產素神經元因應哺乳所活化而產生的廣泛適應性變化，以上只是其中的一個面向。

如前幾章所述，腦下垂體前葉和室旁核中催產素神經元釋放的催產素可促進泌乳激素的釋放，並減少促腎上腺皮質激素和促腎上腺皮質激素釋放素的釋放。從室旁核投射到藍斑核、延髓腹外側區和孤束核的催產素神經元所釋放的催產素，會降低血壓和皮質醇濃度。催產素也從投射到杏仁核、海馬體、中縫核、中腦環導水管灰質和伏隔核的神經中釋放出來，以影響社交行為、降低焦慮程度、增加幸福感，並減輕疼痛程度。

哺乳引起的腸胃道功能變化

哺乳是一個需要能量的過程，哺乳期也活化了好幾種生理機制，這些機制可以優化消化和新陳代謝，以節省能量。

增加消化能力

哺乳期間，好幾個物種都已證明了腸胃道的尺寸、容量和功能增加，確定了攝取食物的最佳消化。腸道激素如胃泌素和膽囊收縮素會刺激腸胃道黏膜生長，而與哺乳相關激素的釋放將導致腸胃道肥大，進而優化其功能能力。[17]

節省能量

- **胰島素的作用**

胰島素在各方面都是一種必需的激素，發揮著許多重要作用，能刺激營養物質進入細胞，並促進攝取營養物質的儲存。由於胰島素是藉由哺乳釋放，因此它促進了哺乳期間對營養物質的有效處理。

• **腸泌素作用**

某些腸道激素會增強胰島素的釋放——腸泌素作用——因哺乳釋放的腸道激素會進一步刺激哺乳期的營養同化和合成代謝。[18]

製造母乳能量的動員和轉移

不僅有效節省和使用能量來生產母乳很重要，能從母體儲存的能量中吸收能量，並將之轉移到乳腺來生產母乳，同樣重要。

• **升糖素在營養物質動員和轉移中的作用**

動物實驗已證明，藉由吸乳而釋放的胰腺激素升糖素在能量動員時起著關鍵作用，[19]與吸吮乳頭相關的胰島素釋放和升糖素釋放不同。胰島素釋放主要經由迷走神經調控，升糖素濃度的上升則似乎藉由迷走神經和藉由血液循環到達胰腺的催產素。[20]

催產素以兩種方式促進與吸吮乳頭相關的升糖素釋放：一、藉由從室旁核延伸到該區的神經末梢釋放催產素，影響孤束核中的迷走神經中樞和延髓中的迷走神經背側運動核。二、藉由從腦下垂體後葉釋放催產素進入血液循環，在胰腺中產生局部作用。

釋放升糖素時，如葡萄糖等能量會從其庫存中被徵用，進而將其運送到乳腺以產奶。哺乳期動物身上觀察到的血糖濃度上升可被催產素拮抗劑逆轉，[21]證明了催產素對於控制升糖素分泌和使用能量的重要性。

不僅泌乳動物的葡萄糖濃度增加。非酯化脂肪酸（NEFA）濃度也在哺乳母豬的血液循環中上升。這可能是催產素的作用，因為給予催產素會增加非酯化脂肪酸的濃度已獲得證明。[22]哺乳母豬身上的催產素濃度與非酯化脂肪酸濃度相關。此外，催產素濃度與母豬體重減輕和整窩仔豬體重增加之間的關聯，顯示了催產素能將營養物質從母豬轉移到仔豬的重要性。[23]

●能量儲存和蒐集之間的平衡差異（能量分配）

在母豬中，能量儲存和徵用之間的平衡存在遺傳變異。有些母豬在泌乳初期母乳產量增加，體重減輕很多，以便餵養更多小豬，有些母豬則母乳產量減少，並在更大程度上保持自己的能量儲存。[24]

小豬的生長需要更多母乳、更多能量，因此在哺乳期間，刺激能量儲存和徵用之間的平衡也會發生變化。正如下一章中即將描述的，哺乳引起的催產素濃度在女性哺育母乳時會增加。由於升糖素比胰島素在更大程度上受到血液中催產素濃度的控制，因此哺乳期後期較高的催產素濃度將影響升糖素和胰島素之間的比例，胰島素釋放將發生變化，有利於升糖素。這代表與哺乳期的儲存機制相比，能量的徵用變得更加顯著。這點有其道理，因為子代在成長過程中需要更多的能量。

• 催產素對代謝的直接影響

催產素也可能藉由血液循環直接影響新陳代謝。催產素可以增加肝臟產生的葡萄糖，進而提高葡萄糖濃度，還可以藉由增加脂肪儲存來發揮類胰島素作用。[25]

營養物質轉移到乳腺

• 胰島素的作用

胰島素藉由優先增加該區域的能量儲存，促使能量轉移至乳腺。胰島素還被證明可以藉由增加泌乳細胞上泌乳激素受體的功能，更直接地刺激產奶，進而促進產奶。[26]

體抑素——代謝和生長的中斷

下視丘產生的體抑素會抑制腦下垂體前葉生長激素的釋放，從而抑制生長。然而，體抑素還藉由另一種方式抑制生長，也就是抑制腸胃道和胰腺的功能。

體抑素抑制所有腸胃道和胰腺激素的釋放。體抑素會因為壓力而釋放，壓力會導致腸胃道和胰腺激素濃度低，使腸胃道功能和代謝功能下降，合成代謝和生長也因而受阻。相較之下，體抑素濃度較低時，所有這些功能都會增加。[27]

• 體抑素濃度反映了迷走神經和交感神經活性間的平衡

血液循環中的體抑素濃度多數來自腸胃道的體抑素。體抑素濃度會因為迷走神經活化而降低，因為交感神經活性增強而上升。

從下視丘室旁核投射到迷走神經背側運動核的神經所釋放的催產素，會藉由迷走神經機制減少體抑素的分泌。相較之下，從室旁核釋放的促腎上腺皮質激素釋放因子，會刺激下視丘－垂體－腎上腺軸和交感神經系統的活性。促腎上腺皮質激素釋放因子是透過降低迷走神經的活性、增加支配腸胃道的交感神經纖維的活性，從神經中釋放出來的。顯然，在調控自律神經活性的腦區（如迷走神經背側運動核）中，促腎上腺皮質激素釋放因子和催產素之間的平衡，對於釋放體抑素很重要，對於腸胃道和胰腺內分泌系統的功能也相當重要。[28]

促腎上腺皮質激素釋放因子會因為壓力而釋放，例如疼痛或傷害性的體感刺激；催產素會由不太強烈的體感刺激而釋放，例如哺乳或觸摸。哺乳期間，催產素相關作用會增加，體抑素的濃度會降低，因此會刺激腸胃道（包括胰腺）的功能，並優化消化和代謝過程。

• 體抑素與生產母乳

小豬吸吮母豬乳房和按摩後，體抑素濃度會以劑量依賴的方式降低，並增加泌乳激素的濃度。藉由這種方式，泌乳激素分泌和促進產奶的代謝過程，會根據哺乳小豬的數量和哺乳時間的長短同步變化。[29]

重點整理

- ⇩ 哺乳刺激腸道激素胃泌素和膽囊收縮素的釋放。
- ⇩ 哺乳刺激胰島素和釋放升糖素。
- ⇩ 哺乳抑制體抑素釋放。
- ⇩ 哺乳對所有激素釋放的影響皆藉由迷走神經。
- ⇩ 哺乳藉由血液中催產素濃度刺激升糖素釋放。

⇩從室旁核投射到迷走神經運動核和孤束核的催產素路徑，參與了哺乳引起的腸胃道和胰腺激素的效應。

⇩響應於哺乳而釋放的胃泌素能刺激生長，進而刺激腸胃道功能。

⇩胰島素與腸道激素會一起促進營養物質的儲存。

⇩升糖素有助於從母體儲備中吸收營養。

⇩胰島素和升糖素共同促進營養物質轉向乳腺，進而刺激產奶。

⇩體抑素有抑制腸胃道和胰腺的功能。由哺乳引起的體抑素濃度降低會刺激腸胃道和胰腺功能。這樣一來，乳汁的生產得到了促進和刺激，因為腸胃道和胰腺的內分泌系統功能會適應哺乳期間引起的營養需求。

第 20 章

哺育母乳對媽媽的消化與代謝的影響

為了在子宮中將胎兒養大並哺乳好幾年，媽媽不得不將大量的熱量轉移給胎兒或嬰兒。懷孕期間，媽媽會將大約十五萬卡的卡路里傳遞給胎兒。哺乳時，純哺育母乳的媽媽每天會轉移大約一千卡的卡路里給寶寶。

媽媽必須應付這種額外的能量需求。在我們西方世界，懷孕和哺乳期間對額外卡路里的需求很容易得到補償。食物是可獲得的，而且通常是充足的，孕婦和哺乳期女性可以想吃多少就吃多少，以補償她們轉移給胎兒或嬰兒的卡路里。然而，情況並非總是如此。為了幫助女性在食物供應短缺時生育和餵養孩子，女性和其他哺乳類動物一樣具有多種生理適應性，前面的章節已描述這些適應性如何幫助她們更有效地利用能量。

●臨床研究

有些臨床研究會研究哺乳對於女性腸道內分泌系統的作用，以及腸道激素濃度與哺乳變量間可能存在的連結。此外，還評估了不同腸道激素濃度與哺乳變量之間的關係。

1. 在確定的哺乳期蒐集了六份哺乳相關血液樣本。記錄了媽媽的排乳反射經歷。第三次血液樣本是在排乳反射出現後一分鐘採集的。胃泌素、胰島素和泌乳激素濃度用放射免疫分析法測量。[1]
2. 針對十五名經產女性，於哺乳時蒐集血液樣本，測量了十一份樣本的胃泌素和體抑素濃度。記錄嬰兒攝取的母乳量。[2]
3. 五十二名初產婦參與了這項研究。在產後第四天蒐集了十八個哺乳相關血液樣本。三十六名仍在哺乳的女性於產後三到四個月接受了第二項實驗。記錄了女性的吸菸習慣。體抑素濃度藉由放射免疫分析法測量（如前一章所述，還測量了催產素和泌乳激素濃度），記錄了與哺乳期和哺乳持續時間相關的母乳產量。也記錄了嬰兒出生時的體重與胎盤重量。[3]
4. 在懷孕和哺乳期間重複採集血液樣本。測量了催產素、體抑素、胃泌素和胰島素濃度，並尋找與哺育母乳的關聯性。[4]

• 主要結果

- 胃泌素和胰島素濃度在哺乳開始後幾分鐘內呈峰形上升。[5]
- 體抑素濃度有時上升、有時下降是因為吸吮乳頭的關係。體抑素會隨著產後第四天的乳頭被吸吮而下降，特別是那些體抑素濃度較低的媽媽更明顯，產後四個月，大多會呈現上升的趨勢。在產後第四天，六十分鐘的觀察期內，體抑素濃度中位數會下降。[6]
- 吸菸女性哺乳會導致體抑素濃度上升，她們的哺乳時間也較短。[7]
- 在特定的哺乳時間給嬰兒的母乳愈多，哺乳後母體體抑素濃度下降得愈多。[8]
- 產後第四天的母體體抑素濃度，與嬰兒的出生體重和胎盤重量呈強烈負相關。[9]
- 產後第四天和產後四個月獲得的體抑素濃度彼此密切相關，顯示每位媽媽的體抑素有一定的濃度。[10]
- 產後第四天和產後四個月獲得的體抑素濃度，與催產素濃度呈負相關。[11]
- 懷孕和哺乳期間，體抑素濃度與催產素濃度呈負相關。[12]

哺育母乳時，媽媽的消化能力增加

臨床研究結果顯示，哺乳確實會以和動物研究中觀察到的類似方式，影響人類媽媽的腸道激素濃度。

● 優化消化功能：當嬰兒吃東西時媽媽也「吃」

觀察到的胃泌素釋放顯示，哺乳期女性的迷走神經會因吸吮而活化，與其他哺乳類動物一樣，每次媽媽哺乳時，腸胃道功能都會受到刺激。[13]

回應哺乳而釋放的胃泌素、膽囊收縮素和其他腸道激素愈多，腸胃道黏膜的生長就會受到刺激。這樣一來，腸胃道的大小和功能就適應了哺乳期女性對於消化能力增加的需求。

在哺育母乳時更有效地處理能量

● 增加能量儲存

哺育母乳會誘發胰島素釋放，促進儲存營養物質，強化母體儲存營養物質的能力。[14]如上所述，腸道激素釋放的增加，進一步增強了胰島素的分泌（腸泌素作用），進而有助於刺激胰島素誘發的合成代謝。

• 刺激母乳分泌

胰島素會優先刺激乳腺中的營養物質儲存，並促進由泌乳激素誘發的母乳分泌，因此與吸吮乳頭相關的胰島素釋放，便強化了哺乳女性製造母乳的能力。

• 蒐集更多能量

本研究未測量升糖素濃度，但可能會像其他哺乳類動物一樣在哺乳期間上升。[15]其他哺乳期女性研究已記錄了升糖素和葡萄糖濃度的上升。[16]哺育母乳時，很可能不僅葡萄糖，還有脂肪酸，都從脂肪組織中吸收，儘管此點尚未獲得證實。

• 哺育母乳抵銷了懷孕期間體重增加的影響

長期哺育母乳通常與體重減輕有關，尤其減輕懷孕期間積累的額外體重。事實上，哺育母乳對於使哺乳引起的代謝影響和後果正常化可能很重要。[17]哺乳引起的腸道激素，特別是胰腺激素的釋放，可能有助於從母體儲備中蒐集能量。

• 能量蒐集與能量儲存之間的比率隨時間增加

有趣的是，與產後前幾天相比，哺育母乳三到四個月後，因為乳頭被吸吮，催產素會更明顯地釋放到血液循環中。[18]由於血中催產素濃度對於釋放升糖素很重要，隨著哺乳時釋放更多的升糖素，哺乳期女性的哺乳分解代謝作用可能會逐漸增強。哺乳初期，刺激泌乳激素釋放和母乳產量相對更重要。在此期間，當母乳產量增加時，釋放胰島素和腸道激素，以及隨之而來刺激母體消化和合成代謝能力，可能比補充與轉移母體儲存的能量更重要。

正如上一章討論的，在儲存能量和吸收營養，並將營養物質轉移到乳腺以產奶的能力上，不同品系的母豬之間存在差異。哺乳期女性在儲存營養與補充和轉移營養之間的平衡上，很可能也存在類似的先天差異。這種能量分配的差異解釋了為什麼某些女性哺乳時體重會減輕，某些女性直到停止哺乳體重才減輕。

哺育母乳降低體抑素濃度，破壞新陳代謝和生長

• 體抑素濃度和母乳產量

哺乳後母體體抑素濃度下降的幅度，與哺乳時分泌的母乳量有關；在特定哺乳時間給嬰兒的母乳愈多，體抑素濃度下降愈多。[19]

體抑素濃度降低不太可能與分泌母乳的過程有關，毋寧更像是腸胃道為了促進母乳生產，改善消化和代謝功能的過程。體抑素會抑制腸道激素、胰島素和升糖素的釋放，因此藉由增加消化能力和優化代謝活性（能量儲存和轉移），低濃度體抑素將間接促進母乳產量。

• 與母乳產量相關的體抑素濃度降低和催產素濃度上升

哺育母乳時記錄到血中的催產素高峰數量，與分泌的母乳量有關。[20] 顯然，催產素濃度的上升和體抑素濃度降低，都與產後前幾天哺育母乳的高母乳產量有關。

這些發現顯示，下視丘視上核和室旁核大細胞神經元在血液循環中釋放的催產素，與體抑素濃度降低之間存在連結。如上一章所述，催產素神經元從室旁核投射到迷走神經運動核，從中控制腸胃道功能。此外，在大腦中給予催產素會降低體抑素濃度，而給予催產素拮抗劑會導致更高濃度的體抑素。[21] 這些影響是藉由自律神經系統調控的；刺激迷走神經會降低體抑素濃度，活化交感神經會增加體抑素濃度。[22]

因此，結果顯示，催產素不僅從視上核和室旁核的大細胞神經元釋放進入血液循環，以在哺乳時誘發分泌母乳，同時也從源於室旁核、終止於迷走神經運動核的催產素神經釋放，影響體抑素的分泌。它們也體現了不同的功能。催產素濃度的上升與分泌母乳有關，體抑素濃度降低則讓生長和新陳代謝相關機制能適應母乳產量的需要。

●吸菸女性的體抑素濃度較高

體抑素濃度以另一種方式與哺乳的結果產生關聯。如上所述，與不吸菸的女性相比，吸菸女性的體抑素濃度更高，哺乳後體抑素濃度上升的頻率更高。她們的哺乳時間也比不吸菸者短。[23]

體抑素的濃度會因迷走神經、膽鹼能活動而降低，並因交感神經系統活性而上升，因此結果顯示，吸菸女性比不吸菸女性「壓力更大」，交感神經活性也更高。

如上所述，催產素藉由增加迷走神經活性和減少交感神經活性來降低體抑素濃度，但壓力程度的增加——如由吸菸引起的壓力程度——則會產生相反效果。增加促腎上腺皮質激素釋放因子釋放到調節迷走神經和交感神經活性的大腦中樞，會增加體抑素的濃度。[24]下視丘室旁核減少釋放催產素，以及促腎上腺皮質激素釋放因子釋放增加，可能是吸菸女性體抑素濃度上升的原因。

體抑素濃度愈低，媽媽的能量效率愈高，能夠儲存、調動和轉移更多能量來產奶。吸菸女性體內較高的體抑素濃度會降低她們的能量效率，可能對母乳產量產生不利影響，這很可能是從她們身上觀察到的、哺乳時間縮短的原因。[25]

• 體抑素是一種性狀

經測量，受哺乳影響的體抑素濃度，在產後第四天明顯低於產後四個月。然而，兩項研究中獲得的體抑素濃度彼此密切相關，顯示每位媽媽都有一定的體抑素濃度。[26]

• 嬰兒的體抑素濃度和出生體重

產後第四天獲得的平均母體體抑素濃度，與嬰兒的出生體重和胎盤重量呈強烈負相關。[27] 數據顯示，產後第四天母體體抑素濃度愈低，懷孕期間傳遞給胎兒並儲存在胎兒體內的能量愈多。這與體抑素做為消化、新陳代謝和生長制動器的作用一致。

由於哺乳早期階段所獲得的體抑素濃度與嬰兒的出生體重相關，因此結果顯示，這些女性在懷孕時的新陳代謝，勢必就已經普遍呈現高度的生長潛力。

實際上，懷孕時體抑素濃度較低的女性，哺乳時的體抑素濃度也較低。[28] 這些數據進一步顯示了低體抑素和高體抑素媽媽的存在。體抑素濃度低的媽媽會生出更大的嬰兒，並在哺乳時分泌更多的母乳。

催產素和體抑素濃度之間的負相關

哺乳女性的平均催產素和體抑素濃度呈負相關。[29] Silber 等人的研究發現了這層關係：催產素濃度與體抑素濃度呈負相關。母體催產素濃度愈高，其在懷孕和哺乳期間的體抑素濃度愈低。

如上文所述，哺乳期媽媽的哺乳會導致體抑素濃度下降，而此下降恰逢催產素濃度上升。整個哺乳期與懷孕期間獲得的平均催產素和體抑素濃度之間的負相關性，顯示了催產素在這些時期的體抑素濃度控制中起著更普遍的作用。

兒童的出生體重不僅與體抑素濃度呈負相關，且與催產素濃度呈正相關，此發現也進一步支持了催產素和體抑素功能之間的關係。

研究結果還支持了控制兩種激素的機制之間存在功能關係的假設。如上所述，在哺乳過程中，催產素對體抑素濃度的影響並非藉由血液循環，而是透過從室旁核投射到迷走神經背側運動核的催產素神經來調控，催產素神經與投射到腦下垂體後葉的大細胞催產素神經元同步活化，後者釋放催產素進入血液循環。這些數據顯示，不僅是哺乳相關的體抑素濃度、懷孕和哺乳期的體抑素基礎濃度，都受到了從室旁核到孤束核的催產素神經所調節。

• 其他情況下催產素和體抑素之間的拮抗關係

催產素和體抑素濃度之間的關係，似乎具有普遍的重要性。月經周期和低劑量雌激素（HRT）治療期同樣證實了催產素和體抑素濃度的負相關，代表在這些情況下，體抑素濃度在一定程度上受到大腦中的催產素控制。[30]

• 雌激素促進催產素釋放

有些控制自律神經功能區域的催產素纖維帶有雌激素受體。[31]因此，雌激素可能藉由刺激催產素小細胞神經元的活性來減少體抑素釋放。這種機制在懷孕期間和雌激素治療期間可能特別重要。

迷走神經活性增加和交感神經活性降低的症狀

• 分泌母乳和頭暈

有些媽媽在哺乳時可能會感到飢餓、口渴、頭暈，有時甚至感到虛弱，這與排乳反射有關。這些主觀現象可能與哺乳不僅會刺激母乳產生和分泌，還與迷走神經活化的事實有關。迷走神經是腸胃道內分泌系統的主要調控神經，且與交感神經的減少有關。對隱藏在症狀後的腸胃道活動、對血糖和血壓的影響有關，並可能解釋其他內部的感覺。

• 孕吐

腸道激素的濃度在懷孕前期也會受到影響。研究中，孕期的催產素和胰島素濃度較高，而體抑素濃度較低。[32] 膽囊收縮素的濃度在懷孕期間上升。[33]

女性在懷孕頭幾個月出現的某些孕吐症狀，可能與自律神經系統功能的變化有關。懷孕初期雌激素濃度上升，血液循環中的催產素濃度增加。由於投射到腦幹的催產素神經纖維帶有催產素受體，自律神經系統某些方面的功能發生了變化。胰島素濃度上升和低血糖是懷孕早期各種症狀背後的重要因素，也會改變腸胃道活動和降低血壓。

能量的消耗更低也是此時期體重增加的原因。儘管有些不舒服、食物攝取量減少，但體重增加的情況相當常見。[34]

重點整理

- ⇩ 哺育母乳與多種腸道激素（如胃泌素和胰島素）的釋放和體抑素濃度降低有關，顯示腸胃道功能和新陳代謝適應了產奶的能量需求。
- ⇩ 母體在哺乳時體抑素濃度愈低，哺乳期分泌的母乳愈多。
- ⇩ 孕期母體體抑素濃度愈低，嬰兒出生體重愈重。
- ⇩ 懷孕和哺乳等不同場合測得的體抑素濃度彼此相關，顯示每位媽媽都有一定的體抑素濃度。
- ⇩ 催產素濃度與體抑素濃度呈負相關，即催產素濃度愈高，懷孕期間體抑素濃度愈低，與分泌母乳有關，在整個哺育母乳時也是如此。
- ⇩ 這些數據顯示，催產素降低了體抑素濃度。懷孕期間的雌激素和哺乳時吸吮乳頭，會促使催產素釋放進入血液循環和大腦中。投射到迷走神經背側運動核的催產素神經會降低體抑素濃度。

第 21 章

哺育母乳對於子代的消化、代謝和生長的影響

如前一章所述，哺乳期媽媽的哺乳／吸吮乳頭，與催產素、腸胃道和胰腺激素的釋放有關。哺乳刺激藉由腦幹活化迷走神經，這種作用是由大腦中的小細胞神經元釋放的催產素調控的，那些小細胞神經元會投射到腦幹中的背側迷走神經運動核。這樣一來，母體消化和新陳代謝得以優化，以滿足產奶和新生兒餵養的能量需求。

哺乳刺激引起的影響是相互的，對子代／嬰兒也有類似的影響。吸奶不僅為子代／嬰兒提供食物，還能優化腸胃道功能，調整新陳代謝，促進能量儲存和生長（圖21.1）。

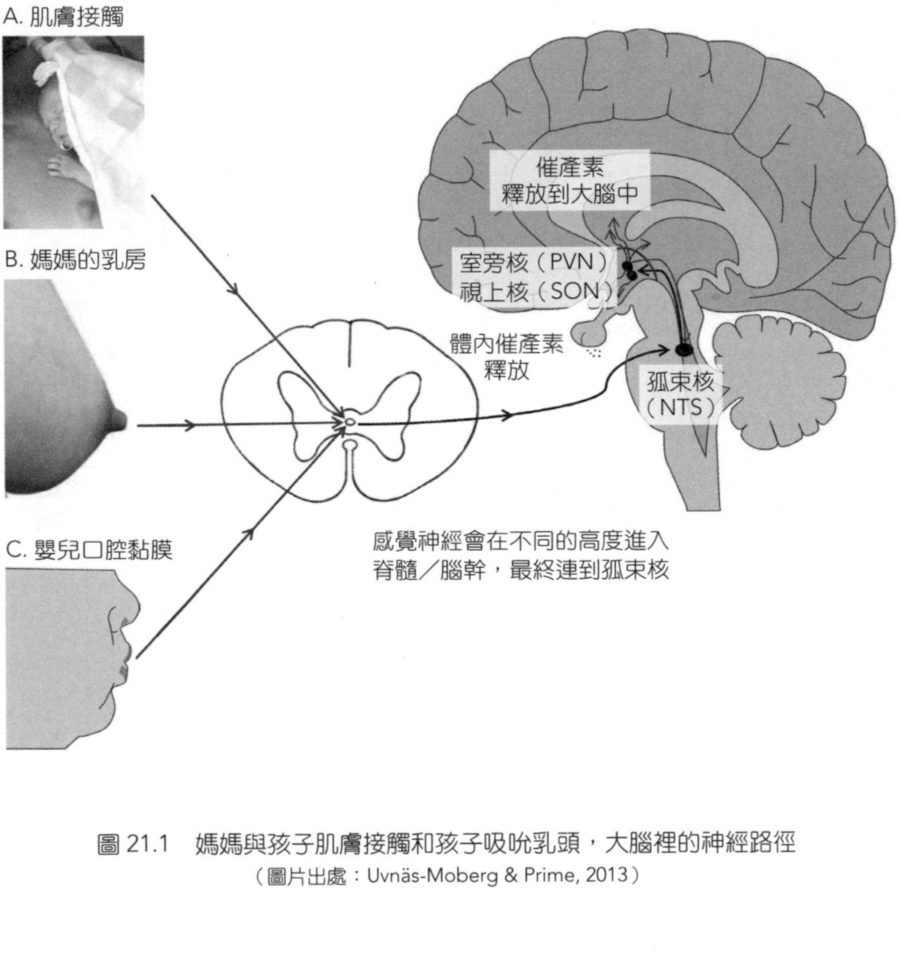

圖 21.1　媽媽與孩子肌膚接觸和孩子吸吮乳頭，大腦裡的神經路徑
（圖片出處：Uvnäs-Moberg & Prime, 2013）

吸奶對催產素濃度的影響

在幾種物種身上，如豬、狗和乳牛，餵食已被證明可以誘發催產素釋放到血液循環中。這種效應是受到腸胃道中食物和口腔黏膜中感覺神經的刺激，這些感覺神經會投射到腦幹中的孤束核中心。[1]

吸奶小牛的催產素濃度增加，證明了子代在吸奶時會釋放催產素。比較親餵和桶餵如何影響小牛的實驗中，吸吮乳頭會刺激催產素釋放，代表吸奶不僅是攝取營養物質的方式，對於釋放催產素也很重要。[2]吸吮乳頭不一定會在所有物種中致使循環中的催產素濃度上升。然而，這並不排除催產素從下視丘小細胞神經元釋放出來的可能性，因為小細胞元的活化不一定與視上核和室旁核大細胞神經元的活化有關，大細胞元會導致血液中的催產素濃度升高。

吸奶對腸道激素的影響

以上實驗中，小牛藉由吸吮乳頭或從桶中喝奶獲得奶水，並測量了小牛血漿中的胃泌素、胰島素和膽囊收縮素濃度。無論是吸奶或桶餵，所有激素的濃度都會隨著哺餵而上升，但吸奶小牛的膽囊收縮素濃度明顯更高。此外，吸奶後皮質醇濃度明顯低於桶餵。[3]這些結果顯示，與桶餵相比，吸奶由於引起了口腔黏膜內更強烈的觸覺刺激，更加強了因食物攝取而引起的膽囊收縮素濃度增加和皮質醇濃度降低。

• 吸奶相關的催產素釋放與腸道激素之間的連結

實驗觀察到，催產素的量與因吸奶而釋放的胰島素之間存在著很強的相關性，顯示催產素活性可能影響了胰島素的分泌。[4]當催產素進入大腦，會釋放胰島素，而從投射到大腦中迷走神經背側運動核的小細胞神經元釋放的催產素，與從大細胞神經元進入血液循環中的催產素同時引發，可能觸發了小牛的胰島素分泌。某種類似的催產素調控機制可能參與了膽囊收縮素濃度的上升，因為膽囊收縮素濃度也受到腦幹中催產素機制的影響。[5]

與用桶子餵養的小牛相比，吸奶小牛的皮質醇濃度較低，顯示室旁核或腦下垂體前葉神經因為吸奶而誘發的催產素，能夠減少下視丘中促腎上腺皮質激素釋放因子或腦下垂體前葉的促腎上腺皮質激素釋放，以抑制下視丘－垂體－腎上腺軸。

• 刺激生長

數據顯示，吸奶小牛比桶餵小牛長得更快。吸奶之所以能促進小牛生長，可能是因為吸吮使小牛接受了更多催產素、腸道激素和胰島素，因此刺激了合成代謝和生長。[6]

• 催產素刺激生長的綜合作用

就像媽媽一樣，子代因吸奶而釋放的催產素，可能藉由刺激迷走神經的活性，對生長過程發揮綜合促進作用。胃泌素、膽囊收縮素和胰島素等激素的釋放增加，抑制新陳代謝和生長的體抑素濃度降低，如此一來便刺激了促進生長的過程，例如優化的消化和新陳代謝。

如果反覆給予新生老鼠催產素，其生長速度會比給予生理鹽水的老鼠更快，成年後的血壓和皮質醇濃度也較低，痛覺閾值更高，表現出更多α2腎上腺素受體，顯示了催產素誘發的生長和抗壓作用成為永久性的。[7]因為吸奶而受到強烈刺激的催產素，和重複給予催產素治療的效果相近，也能解釋吸奶為何可以促進生長。

對媽媽與孩子，哺乳刺激腸道激素分泌的連鎖反應

• 媽媽

對媽媽來說，乳頭被吮能活化乳頭上的受體，進而活化投射到腦幹孤束核的感覺神經。

• 迷走神經反射或腦幹反射

如前一章所述，源於乳腺區域的感覺神經——特別是迷走神經傳入纖維——直接投射到迷走神經感覺核（孤束核），可能會誘發迷走神經傳出纖維的「反射」，活化迷走神經運動區（迷走神經背側運動核）。這種「迷走神經反射」作用於腦幹，可能影響腸胃道功能的分泌。[8]

• 下視丘催產素反射

孤束核和產生催產素的細胞核（即視上核和室旁核），藉由神經路徑連接，這些神經路徑由哺乳活化。催產素不僅會因媽媽的哺乳而釋放到血液循環中，也來自於室旁核的催產素神經，這些神經投射到大腦中許多重要調節區域，比如控制自律神經系統的區域。從迷走神經背側運動核和孤束核的神經釋放的催產素，會影響迷走神經運動神經元的功能，進而影響腸胃道。[9]

投射到孤束核和迷走神經背側運動核的神經所釋放的催產素，增加了迷走神經的活性，同時加強了在腦幹施加的迷走神經反射作用。[10]

如前面章節描述的，催產素會藉由腦幹中的迷走神經背側運動核，影響腸道激素的釋放。事實上，當催產素系統的功能被阻斷，也消除了哺乳對母體腸道激素的影響。[11]

•子代

子代藉由吸奶釋放催產素和腸道激素的機制，以及催產素在這方面的可能作用，尚未像媽媽那樣獲得廣泛研究。儘管如此，吸奶會刺激子代釋放催產素、腸胃道和胰腺激素此一事實顯示，類似機制在子代中同樣會被活化。

在子代中，吸奶會活化口腔黏膜中的受體，並藉由活化感覺神經投射到孤束核。[12]神經路徑連接了孤束核與迷走神經背側運動核，在迷走神經背側運動核中，傳導到腸胃道的迷走神經傳入纖維被活化。此外，神經路徑連接了孤束核與室旁核中的小細胞神經元（有時也包括室旁核和視上核中的大細胞神經元），刺激催產素神經纖維對迷走神經背側運動核和孤束核的投射，促使了催產素的釋放。催產素可能刺激迷走神經傳出神經元的活性，進而促進吸奶經由迷走神經背側運動核對腸胃道功能的直接影響。

●大細胞和小細胞神經元並不總是同時釋放催產素

哺乳會導致母羊體內催產素濃度上升，進入血液循環和大腦。[13] 釋放到血液循環中的催產素會導致母乳分泌減少，釋放到大腦中的催產素會引起母性行為和生理適應。

小牛吸奶也會引起血中催產素增加，但並不是所有物種都會因為吸奶而導致催產素增加。事實上，在哺乳的過程裡，血液循環中的催產素對子代而言，可能不像對媽媽那樣具有重要作用；對媽媽來說，催產素將刺激母乳分泌。功能上的差異，解釋了為什麼子代吸奶不一定會造成血中催產素濃度上升。儘管如此，催產素仍然有可能從子代的小細胞催產素神經元釋放，以在其大腦中誘發催產素相關效應。

吸奶對人類新生兒的影響

透過測量血液樣本中腸道激素的濃度，一系列針對人類新生兒的實驗，研究了吸奶對於腸道激素釋放的影響。由於有些腸道激素不僅會釋放到血液循環，還會釋放到腸胃道腔內，因此也能藉由記錄胃抽吸物中的激素濃度，記錄腸道激素的釋放。[14]

• 臨床研究

對親餵寶寶來說，吸奶和攝取食物都會刺激腸胃道和胰腺激素的釋放。為了研究吸奶如何影響腸道激素釋放，避免攝取食物的刺激作用，也對吸吮奶嘴的嬰兒進行了研究。

1. 從二十五名剛出生的新生兒身上蒐集胃抽吸物，分析內容物的量和pH值，也分析了抽吸物中的胃泌素和體抑素濃度。[15]
2. 八名早產兒管灌兩次母乳，一組不吸奶嘴，一組在管灌前、管灌時和管灌後各吸吮奶嘴十五分鐘。最後從胃中取得抽吸物，並測量抽吸物的量和pH值，以及胃泌素和體抑素濃度。[16]
3. 從吸吮奶嘴的早產兒和足月新生兒的臍導管蒐集血液樣本，並用放射免疫測定法測量胰島素、胃泌素和體抑素濃度。[17]
4. 採集五十八名新生兒的血液樣本。每個孩子都貢獻了一份在吸奶之前、之後或十分鐘、三十分鐘和六十分鐘後採集的血液樣本。血液中的膽囊收縮素濃度以高效能液相層析法（HPLC）和放射免疫測定法量測。[18]

• 主要結果

◆ 新生兒抽取到的胃抽吸物容積平均為四毫升，介於零～十一毫升之間；胃抽吸物的pH值平均為7.0，介於2.8到9.6之間。胃抽吸物容積和pH值之間存在關係，胃抽吸物容積愈小，pH值愈低。[19]

- 胃泌素和體抑素的濃度可透過放射免疫分析法從胃抽吸物中檢測，它們的化學特性是藉由高效能液相層析法和凝膠過濾色譜法確定的。[20]
- 胃液中的體抑素濃度受到胃內容物的pH值影響。當胃抽吸物的pH值較低，會發現更多的體抑素。[21]
- 管灌母乳的嬰兒中，能夠吸吮奶嘴的嬰兒，體抑素濃度比未吸奶嘴的來得低、胃泌素濃度則較高。[22]
- 吸吮安撫奶嘴後，胰島素濃度會在幾分鐘內上升。此特定實驗中沒有觀察到對胃泌素或體抑素濃度的影響。[23]
- 母乳寶寶的膽囊收縮素濃度上升。有趣的是，發現膽囊收縮素的釋放是雙相的，最初幾乎立即達到峰值，然後是較晚、更長久的釋放。[24]

子宮內的喝羊水周期

在抽吸物中發現低pH值，顯示胎兒產生了胃酸。研究發現，pH值與胃液容積之間存在連結，pH

值愈高，體積愈大；pH值愈低，體積愈小，顯示胎兒已經建立了子宮內的喝羊水周期。胃幾乎排空時，胃中含有胃酸，因此pH值較低，但當胎兒喝下羊水，胃中的酸含量逐漸被稀釋，pH值上升。當胃內容物的容積達到十毫升時，胃內容物被排空。[25]

• 子宮內胃酸和激素的分泌

在低pH值的胃抽吸物中發現較高的體抑素濃度，與胃中產生的體抑素由低pH值釋放的事實一致。[26]結果清楚地顯示，胎兒的喝羊水周期與胃外分泌（HCL）和內分泌（胃泌素和體抑素）分泌物相關，類似於餵養引發的分泌物。[27]

吸吮奶嘴會活化迷走神經

• 縮短進食時間

嬰兒接受安撫奶嘴、減少餵養時間的實驗顯示，當批式灌食與吮吸安撫奶嘴並用時，胃部更有效地放鬆以接收攝取的母乳。這種「胃鬆弛」藉由迷走神經中的特定神經纖維調控。[28]

- **體抑素濃度降低和腸胃道功能增強**

吸吮奶嘴引起的體抑素濃度下降，是因為吸吮誘發的迷走神經活化抑制了體抑素的釋放。[29]如上所述，迷走神經的活性和胃內pH值會影響胃中的體抑素釋放。當吸奶活化了迷走神經，低pH值會導致體抑素減少釋放，進而減弱了體抑素的pH值依賴性抑制作用。

由於體抑素抑制胃泌素的釋放，在迷走神經刺激下抑制了「體抑素阻斷」，胃泌素濃度會上升。[30]

- **吸吮會增加胰島素和膽囊收縮素的釋放**

吸吮奶嘴與胰島素和膽囊收縮素立即上升進入血液循環有關。膽囊收縮素濃度表現出第二個更長久的峰值。胰島素濃度的上升和膽囊收縮素的初始上升，可能是由吸吮誘發的迷走傳出神經的活化所調控。更長久的膽囊收縮素釋放可能是由胃中食物的存在來調控。[31]

吸奶刺激迷走神經活性

如第七章詳細描述的，哺乳期女性的哺乳與迷走神經的活化有關。目前的數據顯示，哺乳的影響是相互的，會在吸奶的嬰兒中誘發相互影響。乳頭與口腔黏膜接觸時，會活化對觸覺和壓力有反應的感受器，感覺神經也隨之活化。這些感覺神經會先連接到孤束核（迷走神經感覺神經核），再連接到迷走神經背側運動核，以活化迷走神經的活性。迷走神經活性增強後，會反過來影響腸道激素和胰島素的釋放。[32]

• 催產素的作用

吸奶時，嬰兒血液循環中的催產素濃度不會隨之上升。[33] 催產素為了回應吸奶刺激，而從投射到孤束核和迷走神經背側運動核的小細胞神經元釋放出來，是否幫助活化了迷走神經，尚未在人類新生兒身上得到證實，但有鑑於不同哺乳類物種在迷走神經功能控制方面的相似性，這很可能是成立的。在大細胞神經元被活化後，小細胞催產素神經元也可能被啟動，但不會同時釋放催產素到血液循環中。[34]

吸奶促進腸胃道黏膜的生長

胎兒在子宮內的喝羊水行為可能有助於腸胃道的成熟。胃泌素、膽囊收縮素和其他激素會釋放到腸胃道腔內，沿著腸胃道運輸，因而與腸胃道黏膜接觸並刺激生長。腸胃道內容物這種促進生長的作用，已在動物和人類胎兒中得到證實。[35]

吸吮促進合成代謝並增加體重

事實證明，即使未攝取更多母乳，批式灌食期間能夠吸吮奶嘴的嬰兒，比僅用管餵的嬰兒更有效地增加體重，研究發現，前者能以更有效的方式處理能量。[36]

吸吮乳頭對腸胃道和胰腺激素濃度的影響，可能是幫助有效利用能量和促進體重。體抑素的濃度降低與強化迷走神經活性、增強消化和代謝功能一致。體抑素會抑制腸胃道和胰腺激素的分泌，濃度一降低，其他激素的濃度就會上升。[37]

由於胰島素能刺激合成代謝並發揮促進生長的作用，「吸吮乳頭便可透過迷走神經調控胰島素釋放」的發現，可能對吸吮乳頭可以節省能量消耗的效果有著重要意義。[38]其他腸道激素，如藉由吸奶和哺育母乳釋放的胃泌素和膽囊收縮素，可能對此有所貢獻，因為腸道激素能促進胰島素的釋放，並以這種方式強化胰島素的作用。[39]

吸吮帶來平靜

吸奶不僅令人滿意，而且令人平靜。其中有些影響是繼發於攝取食物，但吸吮刺激本身也發揮著一定的作用，也是安撫奶嘴能讓小嬰兒平靜下來的原因。這些影響可能涉及中樞效應和催產素從小細胞神經元釋放到大腦區域，但也可能涉及迷走神經的活化。

正如隨後針對食物攝取如何影響催產素相關機制的章節即將詳細描述的，回應食物攝取而釋放的膽囊收縮素，已被證明藉由活化迷走神經傳入纖維，在大腦中發揮鎮靜作用。[40]此外，小腸中膽囊收縮素的存在產生的迷走神經衝動會活化催產素釋放，進而誘發催產素相關效應。

新生兒的膽囊收縮素基礎濃度在出生後不久特別高。高濃度膽囊收縮素可能與新生兒保持安靜和鎮定有關，儘管在生命最初幾天他們接受的食物很少。[41]

親餵與瓶餵

以上結果可明顯看出，吸奶過程是活躍的，並發揮著重要的生理和行為作用。當然，這引發了一些關於瓶餵的短期和長期後果的問題。很難從嬰兒的角度比較親餵和瓶餵，畢竟配方奶粉的成分不同於母乳。儘管如此，一些研究顯示，用擠出來的母乳瓶餵可能不同於親餵。

近來研究顯示，無論是否接受配方奶粉或擠出的母乳，瓶餵的嬰兒成年後罹患肥胖症的風險都會增加。[42]鑑於吸奶對迷走神經活性的強烈影響，進而影響腸胃道功能，很明顯，吸奶刺激不僅對生長和新陳代謝很重要，對調節食物攝取也很重要。下一章將介紹的膽囊收縮素是一種重要的飽腹感激素，長遠來看，由吸奶刺激引起的膽囊收縮素反覆釋放，可能導致食物攝取的平衡。

哺育母乳時腸胃道的相互調節

總結本章和上一章，媽媽和嬰兒以相互影響的方式影響著彼此的腸胃道功能。這種相互調節適應了母嬰消化系統和代謝系統的生理機能，以及製造母乳和嬰兒生長所需的熱量。媽媽的哺乳與營養物質的儲存、營養物質從母體儲存到乳腺的補充和轉移有關；嬰兒的吸奶則與營養物質的儲存和生長有關。

重點整理

- ⇩胎兒有喝羊水和胃排空的周期，伴隨著胃酸和腸道激素的分泌。
- ⇩吸奶會增加胃泌素釋放並減少體抑素釋放到胃腔中。胃腔內的pH值愈低，釋放的體抑素愈多。
- ⇩吸吮縮短餵養時間。
- ⇩與吸奶相關的腸道激素釋放到腸胃道腔內，藉由腸胃道腔促進腸胃道生長。
- ⇩吸奶誘發的腸道激素和胰島素釋放到血液循環中，很可能促進消化和合成代謝功能，進而促進生長。
- ⇩吸奶引起的催產素釋放和刺激迷走神經活性，是由吸奶對口腔黏膜的觸摸和壓力引起的。
- ⇩吸奶誘發的膽囊收縮素釋放可能與餐後鎮靜有關。
- ⇩哺乳刺激催產素的釋放，並活化媽媽和嬰兒的迷走神經活性。哺乳引起的催產素釋放刺激迷走神經的活性。哺乳引起的腸道激素釋放促進了營養物質的有效處理，進而促進了媽媽和嬰兒的新陳代謝和生長。

第22章

母乳哺育：增加食物攝取與食物如何影響催產素的相關作用

食物是生長和繁殖所必需的

為子代提供足量母乳對所有哺乳類動物的生存都很重要。產奶對媽媽來說是消耗能量的。第十九章和第二十章描述了媽媽在吸吮刺激下，增加迷走神經傳出纖維的活性，以及減少下視丘－垂體－腎上腺軸和交感神經系統的活性，強化消化能力、儲存和轉移營養到乳腺以優化能量使用，同時降低壓力程度以節省能量。催產素在哺乳調控的自律神經系統活動中，發揮了綜合作用。

彌補製造母乳的能量消耗更直接的機制是增加食物的攝取量。除非像海豹或鯨魚能儲存大量脂肪，再把脂肪動員起來產奶，大多數哺乳類動物媽媽哺乳期的能量需求會增加。哺乳期間食物攝取量的增加與哺乳刺激釋放的催產素有關，本章將描述這個過程。

此外，攝取食物會影響母乳產量和媽媽與嬰兒的互動。腸胃道中食物的存在會透過活化迷走神經感覺或傳入神經元刺激催產素釋放，如此一來，食物存在與否將適應母乳產量以及與子代的互動，以獲取卡路里。本章也將介紹食物在腸胃道中如何促進與影響催產素的釋放。

催產素在食物攝取中的作用

泌乳期受催產素影響，食物攝取量增加

催產素可能以多種方式影響食物攝取，這些影響在泌乳期和非泌乳期的動物身上表現不同。泌乳期老鼠比非泌乳期吃得更多。食物攝取量的增加是由吸吮刺激引起的，並涉及大腦中調控母乳反射的路徑。中腦外側的損傷會破壞哺乳活化的催產素釋放和分泌母乳，隨後泌乳期老鼠的食物攝取量減少五十％，體重減輕。[1]

另一項支持催產素導致在泌乳期增加食物攝取量的佐證是，已證明將催產素注入非泌乳期母鼠的大腦會增加食物攝取量。然而，這種效應並未在所有老鼠品系中觀察到。[2]

因為給予催產素而增加食物攝取量的老鼠，體重也增加了。體重的增加很可能是由於熱量攝取

增加和合成代謝儲存代謝增加的共同作用。在不增加食物攝取量的情況下，使用催產素可增加某些品系老鼠的體重。[3]如前所述，使用催產素可能導致胰島素濃度上升，膽囊收縮素和體抑素濃度降低，這是一種與體重增加一致的內分泌模式，即使在未增加食物攝取量的情況下亦然。[4]第十九章和第二十章已詳細討論過催產素的代謝作用。

女性性類固醇的作用

某些品系的老鼠之所以對注射的催產素有反應——食物攝取量增加、體重增加，其他品系則沒有，可能與生理潛力有關。有反應的老鼠白發生長率較低，而這可能是先天或壓力誘發的。此外，這種影響僅在母鼠觀察到。因此，女性性類固醇的存在可能對體重增加很重要。在對催產素的反應中，與具有完整卵巢的母鼠相比，被切除卵巢因而無法產生雌激素和黃體激素的母鼠體重會下降。[5]

催產素做為飽腹感激素的作用

催產素做為一種攝食激素的作用，與目前認為催產素是一種飽腹感激素的觀點，形成了鮮明對比。已證明在公鼠大腦給藥後數小時內，催產素會減少食物攝取量。[6]這種效應是藉由一個反射環引起的，其中，從腸胃道釋放的膽囊收縮素在攝取食物後被活化，進而活化了迷走神經傳入纖維。迷走神經的感覺核——孤束核，是這種反射的重要中繼站。從孤束核投射到迷走神經背側運動核的神經元會活化抑制胃排空的迷走傳出神經元，此外，孤束核的神經衝動到達下視丘，會使視上核和室旁核的大細胞和小細胞神經元釋放催產素。[7]催產素藉由多種機制減少食物攝取。從小細胞神經元釋放的催產素經由釋放促腎上腺皮質激素釋放因子來降低食慾，作用在控制攝食的下視丘以減少食物攝取。透過回傳到腦幹的小細胞催產素纖維，催產素加強了膽囊收縮素誘發的胃排空抑制作用。催產素還藉由腦幹的作用，促進瘦素誘導的胃排空減少。[8]下面將更詳細地描述食物攝取造成催產素釋放的機制，以及進食誘發的催產素釋放的其他功能。

●催產素可能在泌乳期間引起長期飲食過度

催產素在泌乳期會造成兩種對立的食物攝取效應：由胃中存在食物引發的短期抑制，以及由吸吮刺激驅動、貫穿整個泌乳期的長期刺激。這些影響可能由不同的途徑調控。泌乳期老鼠因攝食而釋放的膽囊收縮素減少，顯示膽囊收縮素在餐後由迷走神經調控的攝食抑制作用，在泌乳期不太明顯。[9]

食物誘發的催產素釋放對排乳和產奶、母性行為和依附的作用

如前段所述，食物攝取與釋放催產素有關，催產素與餐後飽腹感和減少食物攝取有關。同時，進餐後釋放催產素會影響其他生理和行為效應，例如餐後鎮靜，泌乳期則會促進母乳的排出和製造。正如催產素對食物攝取的影響與攝取的卡路里量有關，催產素引起的其他影響也與攝取的食物量有關，因為迷走神經傳入纖維會將腸胃道中營養狀態這個重要訊息，傳遞給大腦中的催產素系統。

食物攝取後催產素釋放的機制

許多哺乳類動物如乳牛、豬和狗，因食物攝取與子代的吸奶，催產素會被釋放到血液循環中。[10]食物攝取後釋放催產素可能由兩種不同的機制調控。

‧口腔黏膜接觸導致催產素釋放

在某些物種身上，當口腔的感覺纖維被活化時，會引起催產素的快速高峰釋放，那些感覺纖維投射到孤束核，然後抵達下視丘中產生催產素的神經元。從功能的角度來看，這種機制類似於嬰兒

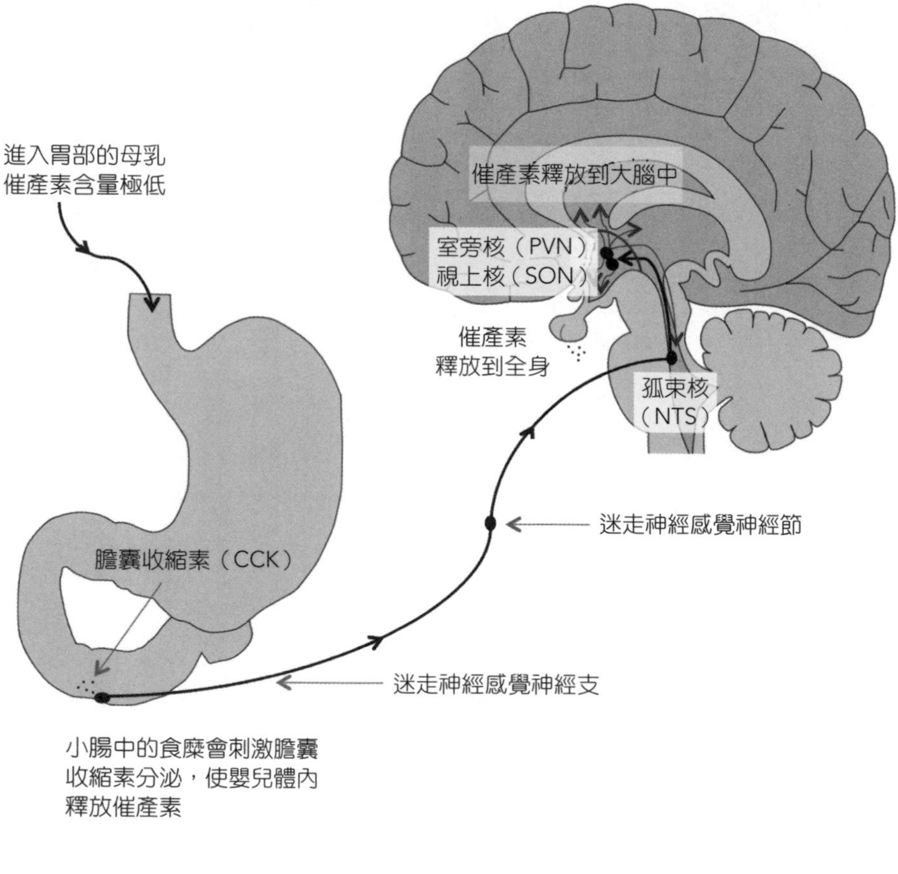

圖 22.1　胃－大腦連結（圖片出處：Uvnäs-Moberg & Prime, 2013）

吸奶引起的機制，第二十一章已經詳述。

- **膽囊收縮素從腸胃道釋放，活化迷走神經並誘發催產素釋放**

攝取食物後會釋放腸道激素以刺激消化和代謝過程。腸胃道中存在食物（特別是蛋白質和脂肪）會釋放激素膽囊收縮素，並刺激胰腺功能、收縮膽囊並阻止胃排空。此外，膽囊收縮素會活化迷走神經傳入纖維，如上所述，將導致飽腹感和餐後鎮靜。[11] 注射膽囊收縮素後，催產素會從大細胞神經元釋放到血液循環中，並從大腦中的小細胞催產素神經元釋放出來，誘發多種效應。[12] 其他腸道激素如胰泌素，可能有助於食物攝取後由迷走神經所調控的催產素釋放。[13]

- **腸胃道釋放的催產素**

值得一提的是，腸胃道內會產生大量催產素；因此，食物攝取也可能與腸胃道釋放催產素有關。[14] 來自腸胃道的催產素可能有助於食物攝取後催產素濃度的上升。

說明食物攝取與催產素和泌乳激素釋放之間連結的實驗

食物的作用和膽囊收縮素的釋放

• 擠奶期間的食物攝取增加乳牛的催產素濃度和牛奶產量

腸胃道中的食物會刺激催產素釋放，進而誘發排乳並可能刺激母乳製造，此一事實具有實際意義。例如，如果乳牛在擠奶機擠奶前或期間被餵食，會釋放更多的催產素並增加牛奶產量。[15]

• 缺乏食物會減少催產素和泌乳激素的釋放

如果媽媽沒有得到食物，根本不可能產奶。在缺乏食物或大量脂肪儲存的情況下，產奶遲早會停止。

如果不提供泌乳期母牛或母豬食物，催產素和泌乳激素的基礎濃度和吸奶能誘發的程度都會降低，就會停止產奶。一旦再次攝取食物則恢復產奶。[16]

這種影響不僅僅是由於循環中缺乏營養，而是因為腸胃道中缺乏食物，迷走神經傳入纖維的訊息減少。

迷走神經的作用

支持迷走神經在催產素釋放控制中的重要作用的證據是，對泌乳期動物的迷走傳入神經進行電刺激，不僅會導致催產素進入血液循環，還會導致分泌母乳。[17]

• 切斷迷走神經的影響

針對腸胃道的迷走神經被切斷的泌乳老鼠，實驗研究了食物攝取如何藉由迷走神經影響催產素和泌乳激素的濃度，以及影響排乳和產奶。[18]

切斷術後的老鼠逐漸停止釋放催產素和泌乳激素，並在幾天內停止排乳和產奶，不太關心孩子，卻像正常泌乳期老鼠一樣暴飲暴食。抑制釋放催產素和泌乳激素、抑制排乳和產奶的原因不是食物不足，而是腸道向大腦傳遞的訊息——通常發生在攝取食物時——不足。該訊息藉由迷走神經傳入纖維傳遞，以回應食物攝取所釋放的膽囊收縮素。如果連接腸道和大腦的迷走神經被切斷，即使攝取了足量的食物，此類訊息也不會傳輸到大腦。

沒了通常由迷走神經傳遞的「胃裡有食物」訊息，從大細胞神經元釋放的催產素隨之減少。這種效果在一周內逐漸出現，導致母乳分泌受到抑制。

迷走神經切斷後，泌乳激素濃度也會下降，泌乳激素通常由吸吮刺激，並由腦下垂體前葉多巴胺的減少來調控。然而，催產素從大細胞或小細胞催產素神經元釋放到腦下垂體前葉也有助於刺激泌乳激素的釋放。在沒有催產素的情況下，其他刺激無法釋放泌乳激素，因此切斷迷走神經後看到的泌乳激素濃度下降，很可能是因為催產素釋放到腦下垂體前葉的減少所致。總結來說，由於缺乏通常因食物攝取而發生的、來自腸胃道的感覺訊息，不僅排乳減少，產奶也減少。這些結果進一步支持了催產素對於控制排乳和產奶的綜合作用。

• 食物攝取的持續刺激和母體體重增加

儘管催產素和泌乳激素受到抑制，但哺乳刺激繼續推動鼠媽媽的食慾。接受迷走神經切斷術的泌乳期老鼠仍然暴飲暴食，與迷走神經完整的泌乳期老鼠相比，體重甚至略有增加。[20]新陳代謝方面，牠們停止釋放能量，在缺乏「腸胃道已攝取卡路里」訊息的情況下為自己保留能量。牠們變得更加自我中心，而不是以他人為優先。[21]

• 不同類型的催產素機制調節與能量消耗和節能相關的過程

典型的子宮型催產素受體存在於大腦中。催產素拮抗劑不僅會阻斷催產素影響的子宮收縮和排乳，還包括母性行為和連結，也進而阻斷了子宮催產素受體的活性。[22]這類催產素相關效應會導致能量損失。

一旦催產素發揮抗壓作用並刺激合成代謝，將結合並活化另一種類型的受體，這種受體無法被針對典型催產素受體的拮抗劑所阻斷。相較於誘發排乳和影響社交互動行為所需的劑量，催產素需要更高的劑量才不會被針對子宮型催產素受體的催產素拮抗劑完全阻斷。[23]這種其他類型的催產素受體似乎對應於或與α2腎上腺素受體密切相關，後者抑制大腦中正腎上腺素系統的活性以誘發抗壓作用。[24]刺激α2腎上腺素受體會導致如血壓和皮質醇濃度降低，並使胰島素因進食和能量儲存而更顯著地釋放。[25]

總之，活化α2腎上腺素受體調控的功能可以節省能量消耗。事實上，大腦中的α2腎上腺素受體系統已被視為一種節省能量的系統。

●腸胃道中的食物，選擇性地活化催產素調控與提供能量相關的作用

切斷迷走神經會阻斷催產素與友好互動和釋放能量（排乳、母性行為）相關的作用，但不會阻斷與節省能量（合成代謝過程、營養物質儲存和增加食物攝取量）相關的作用，老鼠繼續暴飲暴食，體重增加。似乎，因食物攝取和膽囊收縮素釋放所活化的迷走神經傳入纖維，會優先促進與互動和給予相關的催產素機制，也就是注射低量催產素所誘發的催產素效應，該效應被子宮型催產素

受體的拮抗劑阻斷了。從生物學角度來看，在沒有食物時停止釋放能量，並增加食慾和儲存能量，合情合理。

- **注射膽囊收縮素會誘發母性行為**

因食物攝取或膽囊收縮素給藥而釋放的催產素不僅刺激排乳和產奶，還從小細胞催產素神經元釋放以誘發生理和行為適應。

膽囊收縮素的給藥已證明能刺激老鼠的母性行為，且通常歸因於催產素的中樞作用，[26]支持了食物與膽囊收縮素和催產素有某種連結的論點。雖然膽囊收縮素對排乳的影響是由大細胞神經元釋放到血液循環中的催產素而產生，但對母性行為的影響必須由大腦中小細胞神經元釋放的催產素調控。[27]

- **膽囊收縮素參與小羊的依附發展**

在小羊哺乳期，尤其是初次哺乳階段，對母羊的認知和依附發展極為重要。如果小羊出生後最初二十四至四十八小時內無法吸吮乳頭，將無法辨認母羊。[28]透過吸吮而從腸道釋放膽囊收縮素，以及腸胃道中存在初乳，已被證實對於小羊發展出對母羊的依附相當重要，給予膽囊收縮素拮抗劑可以阻斷依附也已獲得證實。[29] 膽囊收縮素的作用一定是由大腦中小細胞神經元釋放的催產素誘發的，催產素已被證明在依附過程中相當重要，可推測子代與媽媽間的連結也存在類似機制。[30]

回應感官刺激，而釋放膽囊收縮素

● 體感—迷走神經反射

無害體感刺激的作用之一是增加腸道激素胃泌素和膽囊收縮素的釋放。施行迷走神經切斷術後會阻斷這些影響，因此必須藉由迷走神經背側運動核的神經元來調控。很顯然，皮膚的體感神經元與控制腸胃道功能的迷走神經之間存在神經連結，孤束核則是神經衝動傳輸到迷走神經背側運動核之前的中繼站。[31]

孩子和媽媽之間的密切接觸會導致膽囊收縮素的釋放。當幼犬與母犬分開一陣子再團聚時，釋放出來的膽囊收縮素與吸奶時一樣多。[32]

如上文詳細討論的，腸道激素膽囊收縮素對於活化腸胃道的迷走神經傳入纖維有其重要性。因食物攝取而釋放的膽囊收縮素不僅影響消化和代謝功能（刺激胰酶分泌、膽囊排空、抑制胃運動和排空），還會誘發中樞效應如飽腹感、鎮靜和平靜，且有可能刺激催產素釋放、排乳和產奶、母性行為，以及新生兒與媽媽間依附關係的發展。[33]

自然地，由感覺刺激如親密相處所釋放的膽囊收縮素，也會導致迷走神經傳入纖維的活化。腸胃道中食物的存在或不存在，可能會加強或抑制傳入大腦中央區域的神經衝動。給予膽囊收縮素拮抗劑的新生幼鼠在哺乳後未能變得鎮靜和平靜。[34]一旦來自腸胃道的膽囊收縮素相關訊號被拮抗劑阻斷，哺乳和親近皆無法誘發鎮靜和平靜作用。

人類媽媽呢？

人類媽媽每天需要額外攝取五百到一千卡路里的熱量才能為嬰兒提供足量母乳。通常情況下，哺育母乳的媽媽胃口很好，以補償產奶造成的能量消耗。哺乳期的營養狀況對人類媽媽來說同樣重要，但即使食物供應不足，她們依然能夠長時間持續哺育母乳，哺乳活化的節能機制會在一段時間內彌補食物的損失。然而，在沒有食物的情況下，母乳產量最終會下降。由於每個嬰兒都需要投入大量能量，因此會盡一切努力延續乳汁的生產，以供應嬰兒所需。

• 食物攝取量和正面的情緒和信任

哺育母乳時的食物攝取量是否會影響媽媽尚未得到證實，但這類影響的確可能存在，或許形式有所改變。

催產素是在攝取食物或注射膽囊收縮素後釋放的，顯示其調控作用可藉由進食誘發或增強。[35]由於催產素會刺激泌乳激素的釋放，因此也可能促進排乳。進食可能會導致大腦釋放催產素，進而改善情緒並增加社交互動。眾所周知，攝取食物確實能夠改善情緒，並讓人更容易進行社交互動，也能增加個體之間的信任。

● 排乳與社交互動的關係

在哺乳媽媽被吸吮的前十分鐘觀察到的催產素高峰數量，與排乳量相關。卡羅林斯卡人格量表也確定了催產素高峰的數量與社交互動能力程度有關。[36]媽媽排乳量愈大，她就愈善於社交和互動。數據顯示，催產素釋放到血液循環中以引起排乳，和催產素進入杏仁核以提高社交技能，兩者是並行的。從視上核和室旁核投射到腦下垂體後葉的神經不僅將軸突反射發送到腦下垂體前葉，以同步釋放催產素和泌乳激素，還發送到杏仁核，讓催產素釋放與母性心理適應（如增加社交技能）和排乳同步。從腸道釋放的膽囊收縮素可能藉由迷走神經促進這種「慷慨迴路」。

• 壓力抑制

眾所周知，與哺乳相關的催產素釋放和排乳很容易受到壓力的抑制。[37]由於相同的機制調節社交互動行為，因此壓力可能也會抑制母性心理。吃得太少肯定是哺乳期的壓力源，母乳產量和心理適應都會因此受到一定程度的影響。

• 不僅是壓力，還有飲食失調

一個需要探索的重要問題是，如果哺育母乳的媽媽吃得太少，是否會因為抑制催產素釋放而減少心理適應（比如焦慮程度降低、社交互動和照護行為傾向增加）。這種變化可能發生在遠早於停止製造母乳時。這些問題不僅與普遍存在飢荒的國家有關，也與西方社會相關，許多女性選擇吃得很少以變苗條，尤其是懷孕後。神經性厭食症女性的催產素濃度低卻很難確定箇中因果，因為食慾不振和胃裡食物太少，都可能與催產素濃度低有關。[38]

重點整理

- 哺乳刺激食物攝取和新陳代謝的合成代謝儲存。哺乳刺激在大腦中釋放的催產素促進了這兩種作用。
- 除了從長遠來看刺激食物攝取外，進食後釋放的催產素可能會藉由減緩胃排空和降低食慾來減少短期食物攝取。這些作用是由終止於腦幹（迷走神經運動核）和控制食物攝取腦區的小細胞催產素纖維引起的。
- 食物攝取以兩種不同的方式刺激催產素釋放——當食物接觸口腔黏膜，以及從腸道釋放膽囊收縮素。這兩種作用均經由迷走神經傳入纖維。哺乳若與進食相結合會釋放更多的催產素，排出更多母乳。
- 食物進入腸胃道時，膽囊收縮素就會被釋放。這會活化迷走神經傳入纖維，誘使催產素從視上核和室旁核大細胞神經元釋放到循環中，以及從小細胞神經元釋放到大腦中。
- 如果切斷泌乳老鼠的迷走神經，催產素和泌乳激素釋放、母乳的排出和製造，皆會在幾天內受阻，食物在腸胃道中產生的訊息也不會傳送到大腦。這種訊息的缺乏會被大腦誤解為飢餓，不會刺激與排乳和產奶有關的催產素相關機制。這可能也抑制了與催產素相關的社交互動行為。

- ⇩催產素系統中與節能相關的部分，很可能是標記為節能系統的α2腎上腺素受體系統，不受切斷迷走神經影響。顯然，只有與能量輸出相關的催產素作用，才能藉由迷走神經傳入纖維接受卡路里攝取的刺激。
- ⇩人類媽媽攝取食物後會釋放催產素。食物攝取量、母乳產量和母性行為適應之間的關係，在人類媽媽中尚未得到很好的研究，但哺乳造成的催產素濃度反映了排乳量與社交互動的程度。
- ⇩無論是糧食不足還是飲食習慣而導致的低食物攝取量，都可能會影響催產素釋放，進而影響母乳產量和互動行為。

第 23 章

肌膚接觸有益於母乳哺育

嬰兒不僅吸吮母乳，還與媽媽進行肌膚接觸。

吸奶前可能有一段時間的肌膚接觸，吸吮後可能躺在媽媽胸膛上一段時間。這代表在哺育母乳時觀察到的某些影響，可能是由肌膚接觸而誘發或促進的。事實上，吸吮母乳和肌膚接觸的效果在一定程度上無法區分，兩者都會引起催產素機制，這些機制對兩種刺激個別引起的效應模式發揮主要的整合作用。

肌膚接觸有助於哺育母乳時的吸吮

肌膚接觸促進媽媽排乳

• 軸突反射的活化

哺乳前的肌膚接觸時，媽媽的乳房和胸部血管會開始擴張，導致體表溫度上升。同時，乳頭上乳管開口周圍的肌肉也開始擴張。這些作用由局部神經性反射而產生，當反射被活化時，鬆弛平滑肌的胜肽會在乳頭和乳腺上方的皮膚局部釋放。

• 交感神經纖維活動減少

此外，肌膚接觸會降低交感神經系統的活性。肌膚接觸引起的交感神經活性降低，與促進排乳和體表溫度上升有關係，因為乳管周圍肌肉和血管的壓力所引起的收縮被抵銷了。交感神經活性的降低是由於乳腺區域和胸部皮膚的感覺神經被活化而引起，這導致了控制交感神經活性的腦幹中樞活動減少。

•催產素在腦幹中的作用

肌膚接觸引起的感覺刺激，也會藉由連接孤束核和產生催產素的視上核和室旁核的神經路徑，繼續刺激催產素釋放。例如，催產素從投射到調節自律神經活性的腦幹區域的神經中釋放出來，加強了由以上的短腦幹反射所引起的交感神經活性降低。

•杏仁核中釋放的催產素可降低焦慮程度

杏仁核中也會釋放催產素，進而降低媽媽的焦慮程度。由於杏仁核和腦幹中控制交感神經活性的正腎上腺素中樞之間存在連結，當焦慮程度降低，交感神經活性也會隨之降低，於是，血管和乳管周圍肌肉的鬆弛受到加強，進一步使體表溫度上升並打開了乳管。

•多個作用點的多重效應

當肌膚接觸刺激感覺神經時，會影響神經系統和大腦不同高度的多個部位，進而促進哺乳。以下是效果總結。

- 當局部神經（透過軸突反射）釋放胜肽類物質時，皮膚的血液循環增加，乳管開始打開。
- 神經衝動藉由調節自主神經活性的腦幹基底區域（如孤束核）的作用，降低交感神經活性，進而促使皮膚溫度升高和乳管打開。乳腺區域和胸部的感覺神經對此效果起著貢獻。

- 肌膚接觸引起的神經衝動直達下視丘室旁核和視上核中產生催產素的神經元。藉由活化孤束核的催產素神經，可利用多種方式促進哺乳。
- 催產素釋放到孤束核和鄰近區域，會進一步降低交感神經的活性。
- 催產素作用在杏仁核會降低焦慮程度，這反過來又導致交感神經的活性進一步降低。
- 杏仁核和其他調控社交互動區域的作用，刺激了母性互動行為。
- 通往腦下垂體前葉的催產素纖維會影響製造泌乳激素的細胞，進而促進產奶。

吸吮乳頭會刺激排乳與產奶

● 排乳

哺乳期間，催產素藉由更強烈的吸吮刺激釋放到血液循環中。與哺乳相關的催產素曲線以脈衝為特徵，在產後兩天的研究中，脈衝以九十秒的間隔出現。[1]當催產素高峰抵達乳腺時，乳腺泡周圍的肌上皮細胞會收縮，以九十秒為間隔擠出母乳。[2]

單獨的肌膚接觸會產生持續時間較長且間隔不規則的催產素脈衝。[3]產後新生兒立即按摩媽媽乳房時，可能會誘發催產素高峰。按摩愈強烈，誘發的催產素脈衝愈多，[4]這種刺激本身不足以引起短的催產素高峰和排乳，卻能促進由吸吮引起的排乳。

● 泌乳激素釋放

吸吮會誘發泌乳激素釋放，進而促使母乳分泌。泌乳激素釋放多寡取決於哺乳的持續時間。腦下垂體前葉神經釋放的催產素會促進泌乳激素釋放。與吸吮乳頭有關的催產素和泌乳激素之間的相關性，可能反映了這種連結。[5]

相反地，由肌膚接觸引起的神經刺激不會立即引起泌乳激素釋放，因此也不會引起與泌乳激素相關的母乳分泌刺激。然而，肌膚接觸引起的催產素釋放仍然有助於因為乳頭被吸吮而釋放的泌乳激素，進而促進產奶。

● 與肌膚接觸重疊的影響

除了需要更強烈吸吮刺激才能誘發的、以九十秒間隔為特徵的催產素脈衝模式所引起的乳腺泡收縮和排乳，吸吮可以引起肌膚接觸的所有效果，肌膚接觸也可以引起吸吮的所有效果。泌乳激素不是藉由肌膚接觸釋放，而是藉由吸吮釋放。

肌膚接觸促進嬰兒吸吮

肌膚接觸還能讓嬰兒為吸奶做好準備，皮膚的感覺神經會在肌膚接觸過程中被活化。媽媽體表溫度的上升與肌膚接觸引起的觸覺刺激會刺激嬰兒的尋乳行為。[6]母體皮膚血管擴張時，乳房釋放的費洛蒙可能會吸引嬰兒對乳房的注意力，並刺激吸奶的願望。

肌膚接觸可能會藉由活化大腦中的催產素機制來誘發這些影響。肌膚接觸引起的鎮靜和減輕壓力的作用，也可能幫助嬰兒開始吸奶。

• 哺乳前的肌膚接觸對媽媽和嬰兒都有好處

總結來說，這些數據顯示，哺育母乳前的肌膚接觸必不可少，能讓媽媽和嬰兒都做好準備。媽媽們變得更加願意互動和身體溫暖，中央和局部機制都促進了排乳。嬰兒變得更平靜、更放鬆，與生俱來的尋找母乳行為亦被活化。

肌膚接觸引起的進一步適應

除了促進排乳和產奶，哺乳前的肌膚接觸整體而言能讓媽媽和嬰兒適應哺乳，可以刺激母嬰之間的互動，降低壓力，並促進與生長相關的消化和代謝過程。

• 社交互動、焦慮和疼痛

哺乳和肌膚接觸都會增加媽媽與孩子互動的願望和能力，並降低焦慮程度。這些影響可能是由催產素在杏仁核和其他調控社交行為腦區中的釋放所引起。

疼痛感在哺乳和肌膚接觸期間會降低。[7]從孤束核通往控制痛閾的區域（如中腦環導水管灰質和脊髓背柱）的催產素纖維，可能參與此效應。

抗壓效果

• 血壓

哺乳媽媽的血壓會因乳頭被吸吮與肌膚接觸而下降。[8]此影響的強度與控制心血管功能的交感神經系統活性受到多少抑制有關，這兩種感覺刺激可能會出現不同結果。調節這些效應時，從室旁核投射到孤束核的神經所釋放的催產素有著重要作用。

• 促進排乳與降低血壓之間的連結

如上所述，促進排乳的機制之一是交感神經活性降低，血壓下降也是因為交感神經活性降低，這兩種效應互有關聯，顯示了交感神經活性降低（會導致乳管打開和乳腺上方皮膚的血管鬆弛），只是自律神經活性廣泛變化的其中一種，也就是從交感神經主導轉變為由副交感神經主導。

● 皮質醇濃度

皮質醇濃度會隨著肌膚接觸和哺乳而降低。[9]這種效應涉及到催產素以多種方式抑制下視丘－垂體－腎上腺軸的活性。催產素會抑制孤束核的促腎上腺皮質激素釋放因子分泌，以及腦下垂體前葉中促腎上腺皮質激素的分泌，也抑制腎上腺皮質中皮質醇的分泌。所有這些作用加總起來，使催產素對皮質醇的釋放產生非常強的抑制作用。

● 不同機制的部分抗壓作用

肌膚接觸誘導的抗壓效應與吸吮引起的抗壓效應不同，前者在更大程度上涉及「較低或更接近腦幹」的機制，後者則涉及下視丘－垂體－腎上腺軸。

促生長作用

肌膚接觸和吸吮乳頭都會增加腸胃道內分泌系統的活性，進而改善母體消化並刺激合成代謝。

無論是媽媽或嬰兒，腸道激素濃度都會因肌膚接觸引起的較弱刺激而降低，因較強烈的哺乳刺激而上升。[10]透過降低腸道激素的濃度，肌膚接觸增加了哺乳刺激提高濃度的可能性，從而影響消化和合成代謝。這些效應是由室旁核神經元所釋放的催產素調控的，這些神經元投射到迷走神經核、迷走神經背側運動核和孤束核。

嬰幼兒

肌膚接觸在嬰兒身上產生的效果與在媽媽身上產生的效果相同，如社交互動增加，焦慮和疼痛感減少。皮質醇濃度降低和皮膚血管擴張引起的體表溫度上升，證明了壓力程度降低也是交感神經活性受到抑制的結果。嬰兒腸道激素的基礎濃度下降方式與媽媽相同。嬰兒在吸奶時會產生相同的效果，但效果可能表現得更強烈。此外，吸奶會刺激腸道激素的釋放，進而刺激消化、代謝和合成代謝過程。

表23.1 肌膚接觸與吸吮乳頭誘發的作用（同與不同）

	肌膚接觸	吸吮乳頭
催產素釋放模式	時間不固定、拖延較久的脈衝	大約九十秒一次的脈衝
排乳	與排乳較無關*	與排乳有關
製造母乳	與泌乳激素和母乳製造無關*	刺激泌乳激素和母乳製造
母嬰互動與連結和依附	刺激母嬰互動和增加連結／依附	刺激母嬰互動和增加連結／依附
焦慮程度	降低焦慮程度	降低焦慮程度
疼痛	降低媽媽與嬰兒對痛的感受	降低媽媽與嬰兒對痛的感受
抗壓作用	增強抗壓作用——降低血壓與皮質醇的濃度，增加表皮血流	增強抗壓作用——降低血壓與皮質醇的濃度，增加表皮血流
消化與合成代謝過程	刺激消化與合成代謝過程；降低腸道激素的基礎濃度	刺激消化與合成代謝過程；提升腸道激素的基礎濃度

*肌膚接觸可能會藉由活化乳腺的感覺反射，間接刺激排乳與產奶；並藉由催產素調控的機制，抑制焦慮與交感神經活性。由於催產素會刺激泌乳激素的濃度，因此也可能會刺激長期製造母乳的能力。

重點整理

- ⇩ 吸吮乳頭會誘發催產素以短暫衝高濃度的脈衝模式進入血液循環。肌膚接觸會導致母體血液循環中的催產素濃度持續上升。
- ⇩ 吸吮乳頭與排乳和泌乳激素釋放有關，肌膚接觸則沒有。
- ⇩ 哺乳前的肌膚接觸促進了排乳反射和母性照護行為。
- ⇩ 肌膚接觸會刺激嬰兒尋找乳房的行為並促進吸吮。
- ⇩ 哺乳和肌膚接觸都會導致皮質醇濃度降低和血壓降低。肌膚接觸對皮質醇濃度的影響主要作用在腦幹較低矮的部分。在媽媽和嬰兒身上都會產生類似的效果。
- ⇩ 肌膚接觸和吸吮乳頭都會影響腸胃道內分泌系統的活性，但吸吮的作用更強，類似食物攝取。效果在媽媽和嬰兒身上都類似。

第 24 章

影響母乳哺育是否成功的要素

哺乳模式改變

隨著時代的推移，哺乳模式發生了巨大的變化。我們這個時代觀察到的哺乳模式，應該反映了幾十萬年前狩獵採集社會第一批進化人類的生活。這些社會實行非常高強度的母乳哺育，即媽媽每小時短暫哺乳好幾次，也經常在夜間哺乳。在產後持續哺乳三到四年的社會中，哺乳問題很少見。[1]在這些文化中，高強度哺乳在節育中起著重要作用，因為強烈和頻繁的哺乳模式引起的高濃度泌乳激素會抑制排卵，進而抑制受孕能力。[2]

●「哺育母乳的消失」

二十世紀初，在西方世界，分娩從家庭轉移到醫院，哺育母乳成為「醫療規畫」。媽媽和嬰兒產後就分開，引入了每四個小時哺乳一次而非依照需求餵養的嚴格規定。這種不自然的做法使哺育母乳變得非常困難。隨著配方奶粉成為一種餵養新生兒的簡單替代法，某些文化幾乎完全將哺育母乳換成了瓶餵。其他文化也會使用吸乳法，用奶瓶瓶餵母乳。

哺育母乳再次流行

由於科學數據顯示母乳優於配方奶，哺育母乳獲得提倡，在瑞典等國家幾乎再次成為常態，在一些國家變得愈來愈流行。

哺育母乳可能很重要，不僅能為新生兒提供完美的營養和抵抗某些疾病的抗體，還可以刺激媽媽和嬰兒建立連結和社交互動行為——催產素會在哺乳期間被釋放到大腦中，誘發各種由催產素調控的作用。此外，哺育母乳也會促進媽媽的長期健康。

為了提高哺乳率，優化分娩時與產後病房內的做法，並為媽媽提供最佳支持變得很重要，比如愛嬰醫院理念、建議產後一小時內開始哺育母乳、純母乳哺育、母嬰同室、按需餵養等。今天，幾乎九十％瑞典女性離開產後病房後哺育母乳，六十％女性在六個月後仍哺育純母乳。

哺乳成功不僅僅取決於分娩前後的做法，獲得足夠食物的能力、生產後不久就必須工作等基本條件，統統都會影響哺乳率。哺乳的文化規範和態度也很重要，比如歐洲上流社會的女性不一定親自哺育，而是把這個任務交給奶媽。

分娩和產房常規對產奶的影響

與在狩獵採集社會中生活的媽媽相比，哺育母乳對西方文化中的媽媽來說並不總是那麼容易。即使社會支持哺乳是餵養嬰兒的最佳方式，媽媽們也想哺乳，產奶和排乳往往成為難題。因此，重要的是確定有科學依據的做法，或其他增加成功哺乳機會的因素。

很明顯，因為吸吮乳頭而釋放的泌乳激素和催產素，對於哺乳女性產奶和排乳相當重要，為了促進哺乳，應該盡可能增強與其相關的泌乳激素和催產素之釋放的條件。目前已知，在哺育初期——此時已穩定產奶——頻繁哺乳，能帶來更多的母乳產量和更長的母乳餵養總時間。[3]母嬰親善的做法可提高至少六周的哺乳率。[4]然而，出生時的肌膚接觸對開始哺育母乳和持續哺育時間的正面作用，則受到質疑。[5]

以下幾種客觀方式能衡量哺育母乳是否成功。可以在哺乳前後測量嬰兒體重，以此量測母乳產量。體重的差異對應於嬰兒攝取的母乳量，通常被視為衡量母乳產量的指標。藉由測量一段時間內嬰兒的體重增加多少，能推斷嬰兒的母乳攝取量是否充足。部分或純母乳哺育的持續時間通常用於描述哺育母乳的成功。

• 俄羅斯的臨床研究

Bystrova 等研究者在俄羅斯聖彼得堡進行的大型隨機對照實驗，研究了分娩和產後病房常規對哺乳結果的影響。[6]該研究有一百七十六名媽媽及其嬰兒參與。媽媽們被隨機分配：與嬰兒肌膚接觸（第一組）、抱著穿衣服的嬰兒（第二組），或與嬰兒分開，嬰兒被安置在育嬰室嬰兒床二十五至一百二十分鐘（第三組和第四組）。然後，第一、第二與第四組在產後病房內母嬰同室四天，第三組的嬰兒待在育嬰室。也就是說，第四組的母嬰僅在產後二十五至一百二十分鐘內分開，第三組無論是在產房或產後病房，媽媽均與嬰兒分開。

產後四天之內，無論是和媽媽一起待在產後病房還是育嬰室，嬰兒們都按照俄羅斯傳統，或穿衣服，或被襁褓包裹。記錄哺乳次數和持續時間、嬰兒在第四天攝取的母乳量，以及幾乎完全哺育母乳的持續時間。記錄實驗中觀察到的盡早吸吮乳頭情況。[7]

• 主要結果

- 產房常規不會影響產後第四天的母乳量。[8]
- 在能夠肌膚接觸和盡早吸吮乳頭的組中，盡早吸吮乳頭與產後第四天母乳產量更多有關，但無法肌膚接觸和盡早吸吮乳頭的組別之間則不然。[9]
- 與住在育嬰室相比，在產後病房同室同床，產後第四天母乳產量更高。[10]
- 第四天的母乳產量預測了哺乳持續時間。[11]

• 產房的例行處置不會影響母乳產量

本研究中，產房的例行處置對四天後的母乳產量沒有影響。平均而言，第一、第二、第三與第四組媽媽製造了兩百四十九、兩百六十三、一百六十二與兩百五十四毫升母乳。[12]值得注意的是，產房內母嬰的短期分離（產後二十五到一百二十分鐘）並不會影響四天後的母乳量。如前所述，產後的短期分離確實會影響母嬰之間未來的互動，以及嬰兒調節壓力程度的能力。[13]另一方面，這種差異也顯示了母乳產量和行為影響受到不同機制的調節。

• 盡早吸吮乳頭不會影響母乳產量

在母嬰於產後保持肌膚接觸（第一組），以及媽媽抱著穿衣服孩子（第二組）的研究中，嬰兒有可能在產後立即吸吮，但並非所有嬰兒都這樣做。以第一組和第二組來說，產後最初兩小時內的哺乳與產後第四天的母乳攝取量／產量增加有關，因為盡早吸吮乳頭的嬰兒攝取了更多母乳。此外，與沒有吸吮乳頭的嬰兒相比，有吸吮的新生兒體重減輕現象復元更快。[14]

雖然看起來似乎是盡早嘗試吸吮乳頭能刺激母乳產量，但產後被分開二十五至一百二十分鐘、不能立即吸吮乳頭的嬰兒（第四組）之平均攝取奶量，與能和媽媽非常親近且能吸吮乳頭的第一和第二組，攝取量相同。這數據使得盡早吸吮乳頭如何影響母乳產量變得更難解釋，代表了盡早吸吮乳頭不會增加母乳產量。反之，這表示在組內觀察到的母乳攝取量差異，只可能和組內嬰兒間的差異有關。事實上，第一組和第二組中未吸吮的嬰兒，不如有盡早吸吮乳頭的嬰兒來得成熟，出生時體重明顯較輕。[15]有些孩子可能是因為「分娩創傷」而無法立即吸吮乳頭。在產後病房休息的四天期間，那些尚未吸吮的嬰兒可能會繼續吸吮，儘管效果不是那麼好，仍有可能導致四天後泌乳激素分泌減少與製造母乳的刺激不足。

由於研究的隨機設計，四個組內應該都會有未能盡早吸吮乳頭的嬰兒。第三組和第四組裡頭沒有發現無法盡早吸吮乳頭的孩子，是因為根本沒有機會。

盡早吸吮乳頭不會刺激母乳產量的說法，已經得到另一項隨機研究的證實，在該研究中，盡早吸吮乳頭與產後第四天更多的母乳產量無關。[16]然而，其他研究確實顯示，盡早吸吮乳頭會以其他正面方式影響母乳產量，可是由於研究設計的關係，通常很難辨別盡早吸吮乳頭、盡早肌膚接觸和母嬰同室的影響之間的差異，也是這些研究的一部分。[17]這些研究觀察到，母親能夠持續哺育母乳的背後，可能是盡早肌膚接觸／吸吮乳頭所引發的母嬰連結或互動增加，而不僅僅是因為產乳量的增加。[18]

與在產後病房接受護理相比，同室後產奶更多

唯一提高媽媽母乳產量的醫院做法是母嬰同室。第三組托兒組（在產房和產後病房中彼此分開的媽媽和嬰兒）的所有變量均顯著低於肌膚接觸組。[19]分配到產後同室的第一、第二與第四組之間，母乳產量沒有差異，第四天的哺乳次數或哺乳持續時間也沒有差異。

托兒組和肌膚接觸組之間母乳產量／攝食量的差異，可能來自於留在育嬰室的負面影響和母嬰同室帶來的正面影響，好幾個因素都可能導致寶寶留在育嬰室的媽媽，母乳產量較低。

• 限制哺育母乳

嬰兒留在育嬰室的媽媽每二十四小時只能哺育母乳七次，母嬰同室的媽媽則可依照需求哺乳，

且頻率明顯更高，時間更長。觀察發現，前者的哺乳頻率和持續時間較低，可能是母乳產量較低的原因。其他研究發現，哺育母乳的頻率和持續時間，尤其是產後第一周，會對母乳產量產生正面影響。[20]這與刺激母乳產量的泌乳激素之釋放，取決於哺乳時間的事實一致。[21]

• 使用配方奶

托兒組媽媽母乳產量較低的另一個原因，可能是與母嬰同室組相比，工作人員餵給托兒組嬰兒的配方奶粉或葡萄糖水通常要多得多（有些同室組嬰兒也吃配方奶，因母奶量較少）。這些數據與先前的研究一致：嬰兒在產後病房接受的任何輔食都可能導致奶量減少。[22]此外，第一天到第五天餵的輔食愈多，純母乳哺育的時間愈短。[23]限制在產後病房使用輔食，能降低早期哺乳的失敗率。[24]綜上所述，這些數據顯示，給予輔食可能會影響產後病房的母乳產量，以及純母乳哺育的持續時間。

接受配方奶嬰兒的媽媽母乳產量減少，另一種可能的解釋是，嬰兒不那麼餓，因此不像未接受配方奶的嬰兒那般吸吮。如此一來，釋放的泌乳激素較少，母乳的製造就不像未接受任何補充輔食的嬰兒那樣有效地接受刺激。[25]

•同室期間的親密關係和釋放催產素

母嬰同室的做法可能與母乳產量增加有關，因為母嬰之間頻繁的哺乳和持續的親密相處可能會增加母體的催產素濃度。如前所述，哺乳和肌膚接觸都與催產素濃度上升有關。頻繁的哺育會釋放出更多泌乳激素，而頻繁的分泌母乳會降低泌乳回饋性抑制物（FIL）的作用。哺乳期間，腦下垂體前葉釋放的催產素會促進泌乳激素的分泌。所有這些因素加在一起，解釋了為什麼母乳產量能藉由母嬰同室而增加，進而有助於成功長期哺育母乳。

哺乳持續時間的預測因素

針對幾近純母乳哺育的持續時間，俄羅斯研究中的醫療介入措施均未產生任何正面的長期影響。該研究中的產後肌膚接觸、盡早吸吮乳頭或母嬰同室，也無法預測哺乳持續時間。總而言之，這些數據確實顯示，改變出生前後的常規不會影響產奶過程，輕微的壓力源或產後母嬰短期分離預料也不會影響母乳產量。從演化的角度來看，穩定的母乳產量對於嬰兒的生存相當重要，從更長遠的角度來看，對於人類也是如此。

• 產後第四天的母乳產量

儘管如此，媽媽分泌的母乳量和嬰兒在產後第四天攝取的母乳量，仍與哺乳總時長相關。[26]這可能是因為不管產後常規和做法如何，有些媽媽就是比其他人製造更多的母乳，箇中原因可能是新生兒的吸吮能力很好，或媽媽的奶水很好。媽媽分泌的奶水愈多，愈容易長時間持續哺乳。

• 高催產素濃度

無論做為一種特質還是一種狀態，有些長期哺乳的媽媽可能具有高催產素濃度。幾項研究顯示，高催產素濃度與長時間哺育母乳有關。[27]高催產素濃度會促進泌乳激素分泌和產奶，並刺激排乳和母體與嬰兒的連結。

支持

除非女性所處的社會和文化支持哺育母乳是一種自然而重要的餵養方式，否則哺乳不會實施。來自家庭成員的正面和支持態度、伴侶或朋友在分娩時的存在，以及工作人員的友好和支持態度，都是哺育母乳取得正面成果的重要因素。[28]

信任和自信

成功哺育母乳一個非常重要的因素是媽媽相信自己的哺乳能力，有信心自己絕對可以做到。

• 再泌乳

吸吮乳頭甚至可以促使未生孩子的女性，準備分泌母乳。「再泌乳」現象常發生於某些非洲國家，當媽媽出於某種原因無法哺乳時，做為替代，某位女性親屬承擔了哺乳的角色。通常在哺乳後一周內，頻繁哺乳並為（替代）媽媽提供充足的水和食物，對於刺激產奶很重要。[28]有趣的是，再泌乳女性的母乳產量穩定以前，他們會讓嬰兒少量進食，這表示除了吸吮，其他因素對於分泌母乳也很重要。另一方面，對哺乳保持正面態度、沒有消極想法和擔憂，對於哺乳媽媽來說極為重要。目前還不清楚心理活動如何影響西方文化中的哺乳能力，也許消極的想法、擔憂和缺乏自信，對哺育媽媽的影響比以前認為的更嚴重。

重點整理

- 產後病房常規——包括盡早吸吮乳頭——對於媽媽的母乳產量影響較小。
- 與將嬰兒留在育嬰室相比，母嬰同室會讓產後第四天的母乳產量更多。這種差異背後可能存在多種因素。事實上，工作人員經常給育嬰室裡的嬰兒餵奶粉，這對母乳產量有負面影響。
- 同室同房，與更頻繁的哺育母乳、母嬰之間持續的親密關係有關，將刺激母乳分泌。
- 產後第四天的母乳產量、母體催產素濃度高，與長期哺育母乳呈正相關；母嬰連結也可能與長期哺育母乳有關。
- 家庭、成員和社會的支持對於成功哺育母乳相當重要。也許最重要的因素是媽媽對哺乳的正面看法，以及她自己對自身能力無可置疑的信念。

第 25 章

生產時的醫療介入：剖腹產

在分娩過程中引入不同的技術和醫療介入措施已變得愈來愈流行。剖腹產可以避免陰道分娩。分娩過程中的疼痛可藉由服用止痛藥如哌替啶（meperidine）或舒芬太尼（sufentanil），或藉由局部麻醉劑阻斷神經傳遞而獲得緩解，比如脊柱阻斷、硬膜外麻醉或陰部神經阻斷中的麻卡因。分娩可藉由輸注外生性催產素來啟動，可能用於分娩緩慢或僅僅因為媽媽或醫生想控制分娩時間；也可以讓緩慢進行的分娩加快速度。給予催產素時，子宮收縮通常會變得非常疼痛，為了減輕疼痛，多半會施以硬膜外麻醉。由於硬膜外麻醉本身大多伴隨著收縮減弱，因此常用催產素加以彌補。也就是說，催產素輸注和硬膜外麻醉幾乎總是同時進行。此外，催產素通常在產後以靜脈或肌肉注射的形式給予，或剖腹產時以輸液的形式給予，以加強子宮收縮來防止在此期間失血。

對於避免難產、減輕分娩疼痛、縮短分娩時間和減少出血，這些技術和醫療介入措施非常正面和有效。然而，重要的心理和生理適應除了於分娩時發生，也仰賴媽媽自身催產素釋放到血液循環和大腦中，因此讓人不免要問：剖腹產或不同類型的止痛是否會干擾催產素釋放？是否干擾分娩和月經期間誘發的催產素效應？而在分娩或月經期間輸注外生性催產素，對於母體催產素釋放和催產素相關適應會發生什麼變化，也是另一個需要探索的重要問題。

我們將在接下來三個章節中討論，在剖腹產或陰道分娩時接受止痛和外生性催產素給藥的媽媽們，醫療介入對於體內催產素濃度和相關效應的影響。

分娩時釋放的催產素

影響分娩的催產素今已獲得充分研究。催產素會控制所有哺乳類動物（包括人類）的分娩過程，也對所有哺乳類動物物種的母性行為極為重要，人類媽媽同樣會表現出某些前文提到的、與催產素相關的行為和生理上的母性適應行為。

分娩時，胎兒從子宮中「排出」。子宮壁的收縮有助於將胎兒帶到產道，但子宮頸的鬆弛同樣重要。

催產素會在分娩時釋放，以刺激子宮收縮，並幫助子宮頸和產道放鬆。若沒有伴隨而來的放鬆，收縮是無效的。這種情況類似排乳，催產素會收縮肌上皮細胞以誘發排乳，但也會幫助放鬆乳管的括約肌。

• 催產素在分娩過程中與自律神經系統共同作用

自律神經系統同樣會幫助子宮收縮。子宮由交感神經和副交感神經支配，副交感神經纖維刺激子宮收縮和子宮血流，交感神經也會引起子宮收縮，但比副交感神經刺激引起的收縮更長久，並缺乏伴隨的血流刺激。[1]副交感神經薦神經叢受到從室旁核發出的長催產素纖維支配。[2]正如之前詳細討論的，催產素纖維也支配著迷走神經副交感神經核的迷走神經背側運動核。

• 弗格森反射

目前尚不清楚究竟是什麼啟動分娩和釋放催產素。分娩第一階段，催產素以不規則的間隔脈衝釋放。分娩第二階段，催產素脈衝更頻繁，可能每隔九十秒發生一次。[3]分娩過程中，子宮內往下移動的胎兒頭部（最常見）壓在子宮頸上，活化了下腹神經和骨盆神經中的感覺纖維，此訊息經由脊髓和孤束核傳播，會刺激視上核和室旁核釋放催產素。這樣一來，更多的催產素被釋放出來，子宮頸的壓力增加得更多，導致更多催產素被釋放進入血液循環，依此類推。[4]

• 延長弗格森反射

一旦刺激了催產素釋放進入血液循環，例如回應弗格森反射的活化，室旁核通往其他腦區的催產素纖維也隨之活化。藉由這種方式，催產素可藉由中腦環導水管灰質和脊髓中的作用，增加疼痛閾值。催產素會影響杏仁核等區域以減少焦慮，增加社交互動等母性適應行為。自律神經系統受到催產素的影響，副交感神經纖維至薦神經叢的功能增強。藉由這種方式，參與副交感神

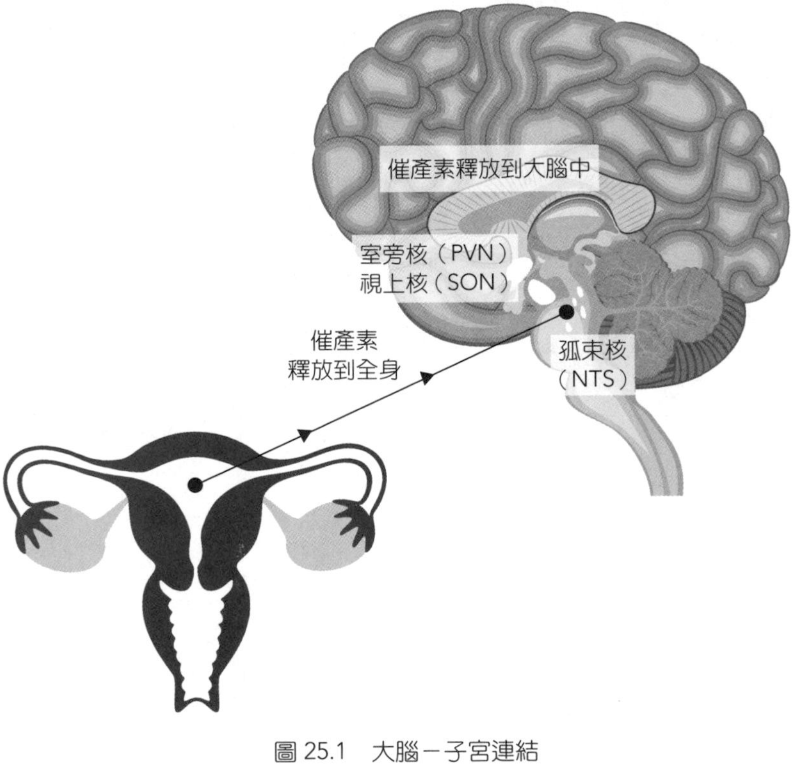

圖 25.1　大腦－子宮連結

經功能的催產素神經，增強了血中催產素對分娩的影響。

這種延伸功能類似於哺育母乳時：催產素不僅被釋放到血液循環中以誘發排乳，還被釋放到大腦中以誘發各種行為和生理適應。前已詳述。

剖腹產

• 剖腹產頻率增加

由於各種原因，剖腹產變成愈來愈普遍的分娩方式。最初，緊急剖腹產是在分娩進展不順利，或者媽媽和嬰兒的生命處於危險時進行。如今，緊急剖腹產的執行頻率更高，如果媽媽和（或）產科醫生決定，也可以擇期剖腹產。根據瑞典國家衛生和福利委員會，過去十年內，瑞典的剖腹產率從十二%增加到十八%且仍在增加。其他國家的剖腹產頻率更高。

隨著技術的發展和完善，剖腹產媽媽的手術介入措施風險已大大降低。[5]另一方面，根據一些研究，剖腹產媽媽在哺乳和與嬰兒的親密關係方面比陰道分娩媽媽有更多問題。[6]

也有愈來愈多文獻顯示，剖腹產的孩子患哮喘等疾病的風險增加。這類影響背後的重要因素之一是嬰兒出生時的無菌環境——通常情況下，從媽媽轉移到新生兒的細菌會在其腸道內繁殖，並活化免疫系統。[7]

●臨床研究

已進行的研究探討了剖腹產對催產素濃度的影響，以及一些與催產素相關的行為。

1. 三十七名初產婦在產後第二天進行哺乳，從她們身上蒐集二十四份血液樣本；二十名剖腹產、十七名陰道分娩。記錄與哺乳相關的排乳量和哺乳持續時間。測量了催產素和泌乳激素濃度，並將其與其他哺乳變量相連結。催產素濃度用放射免疫分析法測量。這些女性填寫了卡羅林斯卡人格量表。量表公式的結果與催產素濃度相關。[8]

2. 四十二名藉由剖腹產出生的嬰兒，被隨機分配到產後與媽媽或爸爸進行二十五分鐘肌膚接觸。父母和嬰兒在產後兩個小時內的互動行為被觀察並以錄影帶記錄，以便記錄聲音。也記錄了嬰兒尋找母乳和吸奶行為。

五十%媽媽在觀察期間接受了催產素輸注。九十分鐘期間內，以五分鐘或十五分鐘的間隔，從媽媽和爸爸身上採集了十七份血液樣本。以放射免疫分析法分析催產素濃度。探討了輸注外生性催產素對內生性催產素濃度的影響。卡羅林斯卡人格量表由媽媽們在產後第二天填寫。研究了肌膚接觸和（或）給予催產素，對量表分數的影響。[9]

• 主要結果

◆ 在擇期剖腹產的媽媽身上，沒有觀察到催產素濃度因肌膚接觸和產後立即哺乳而上升。[10]

◆ 產後第二天，剖腹產媽媽由哺乳引起的催產素高峰數量顯著減少。[11]

◆ 剖腹產與產後第二天哺乳時的排乳量減少有關。[12]

◆ 產後第二天，即使吸吮乳頭，也無法讓經由剖腹產分娩的女性釋放泌乳激素。[13]

◆ 與自然產新生兒的尋乳行為相比，剖腹產新生兒的接近行為和開始吸吮時間有所延遲。[14]

◆ 哺乳媽媽通常在產後第二天出現焦慮程度降低和社交技能提高的情形，但在剖腹產組中發展較少。[15]

◆ 根據卡羅林斯卡人格量表，[16] 哺育母乳引起的催產素高峰數量與社會化程度有關。

剖腹產與缺乏催產素

• 分娩時催產素較少或完全缺乏

擇期剖腹產的女性可能完全沒有釋放與分娩相關的催產素，緊急剖腹產的女性可能會釋放一些，取決於手術介入措施前宮縮的時間長短。沒有陰道分娩可能足以說明以下眾所皆知的事實：剖腹產後，媽媽和嬰兒的催產素濃度都低於陰道分娩後的，與沒有釋放催產素就沒有子宮收縮的事實一致。[17]

● 剖腹產後，肌膚接觸與吸吮乳頭都無法刺激催產素釋放

在剖腹產產後的兩個小時內，肌膚接觸和吸吮乳頭都無法釋放催產素。因肌膚接觸或吸吮誘發的感覺刺激未能釋放催產素的原因，可能是分娩時催產素分泌不足或分泌量較低。如前所述，透過促進體感神經的傳遞，催產素增加了皮膚和乳頭的敏感性，那些體感神經與孤束核中的催產素釋放有關。孤束核中的催產素濃度愈高，感覺刺激對催產素釋放的影響就愈好。

● 未充分刺激新生兒的尋乳行為

此外，新生兒的尋乳行為和第一次吸吮在剖腹產後會延遲。[18]產婦在分娩過程中缺乏催產素釋放，使得肌膚接觸和哺乳時催產素釋放不足，可能導致嬰兒接近和吸奶延遲。[19]由於催產素釋放減少，媽媽對嬰兒的撫摸減少了，[20]媽媽的暗示，例如給予溫暖和分泌費洛蒙，可能因此未能完全發展。

●嬰兒催產素濃度降低

當然，剖腹產的嬰兒也可能比自然產的嬰兒更不活躍。假設催產素同樣促進新生兒的接近行為，較低的催產素濃度可能是新生兒延遲接近行為的原因。

剖腹產嬰兒產後催產素濃度較低的原因，可能是子宮收縮也藉由活化體感神經刺激，促使嬰兒體內催產素的釋放，剖腹產出生的嬰兒沒有受到這種刺激，所以催產素濃度較低。

●脊髓麻醉的作用

媽媽和嬰兒體內催產素濃度低的另一個重要因素，可能是剖腹產時給予媽媽的脊髓麻醉。脊髓麻醉的局部麻醉藥和鴉片類藥物成分均會擴散到母體血液循環中，並藉由胎盤屏障抵達胎兒的血液循環。麻卡因不僅會減少媽媽脊髓中的催產素釋放，還會透過抑制體感神經傳遞和鴉片類藥物，直接抑制催產素從產生催產素的神經元釋放出來。剖腹產並接受脊髓止痛的媽媽，乳房皮膚的敏感性在產後第一個小時內極低，證實了此一假設。此外，嬰兒皮膚的敏感性同樣可能因麻卡因而降低，進而降低了催產素的釋放。

• 產後第二天，哺乳引起的催產素高峰數量減少

剖腹產女性產後第二天的哺乳模式與陰道分娩女性不同，催產素脈衝減少。數據統計分析顯示，沒有第二產程和產後肌膚接觸延遲，是剖腹產女性沒有催產素高峰的原因。[21]哺乳期間催產素高峰數量的減少，可能與分娩過程中催產素釋放不完全、分娩時缺乏催產素或催產素濃度過低有關。由於發生在初生敏感期，這種影響可能會延續。

對感官刺激的不敏感也許不僅在產後立即出現，產後幾天也會出現。

• 痛苦的貢獻

正如前文詳述，某些壓力會抑制催產素的釋放，術後疼痛和壓力同樣可能導致剖腹產媽媽催產素釋放減少。[22]

產後盡早肌膚接觸，可造成剖腹產媽媽出現較多的催產素脈衝，原因可能是降低她們的壓力程度，有助於兩天後哺乳時的催產素釋放正常化。[23]但不能排除的是，產後第二天出現更多催產素脈衝的媽媽，其實在分娩時已有相對較高的催產素濃度，因而較早就與嬰兒進行肌膚接觸。

催產素和泌乳激素濃度低與哺乳問題之間的關聯

從剖腹產女性觀察到，與哺乳相關的催產素脈衝減少，和哺乳時的排乳量減少有關。產後第二天哺乳時分泌的排乳量，與催產素高峰的數量相關。這一發現與排乳是由血液中催產素濃度上升所引起的事實一致。由於剖腹產女性哺乳時的催產素高峰數量減少，因此媽媽分泌和嬰兒攝取的母乳也較少。[24]

剖腹產女性的催產素釋放受損和排乳量減少，可能是她們有時會有哺育問題的原因。沒有釋放與哺育母乳相關的泌乳激素，或許是她們母乳產量減少／哺乳問題背後的另一因素。[25]由於催產素會促進泌乳激素釋放，分娩過程中、產後與產後兩天哺乳期間缺乏催產素，可能是泌乳激素濃度低的原因。[26]

大腦中減少釋放催產素可能解釋了量表缺乏變化

哺乳時，催產素會同時釋放到血液循環和大腦中。[27]剖腹產女性分娩時，大腦會減少釋放（或完全不釋放）催產素，而這極可能解釋了為什麼在產後第二天女性身上通常會觀察到的、心理上的母性適應現象，在她們身上並沒有類似發現。卡羅林斯卡人格量表的結果顯示，接受剖腹產的女性，降低焦慮與提高社會化程度等特徵變化，發展得並不順利。[28]

之前的研究顯示，催產素濃度與卡羅林斯卡人格量表的分數之間存在相關性。[29]媽媽的催產素基礎濃度與焦慮得分呈負相關，催產素脈衝數量與對社交互動感興趣的項目得分呈正相關。總之，這些結果證實了催產素在降低焦慮程度和提高社交互動行為的作用。[30]

顯然，哺乳女性通常會出現的行為適應，在剖腹產後都沒有出現，顯示了在剖腹產後頭幾天，不僅依賴催產素的分娩與分泌母乳，與催產素相關的母性行為適應，統統都未能妥善發展。

重點整理

- ⇩藉由擇期剖腹產分娩的女性，產後立即進行肌膚接觸和哺乳，催產素釋放沒有反應。
- ⇩剖腹產後，產後第二天因哺乳引起的催產素高峰數量減少，排乳量因此減少。
- ⇩剖腹產後第二天哺乳時沒有釋放泌乳激素。
- ⇩剖腹產後，新生兒的吸奶行為有所延遲。
- ⇩與剖腹產相關的催產素釋放缺失，可能是產後肌膚接觸和哺乳時催產素釋放缺失的原因，因為催產素釋放會促進皮膚的感覺輸入，進而導致催產素釋放。
- ⇩剖腹產嬰兒的延遲接近行為，可能與嬰兒缺乏催產素有關。
- ⇩除了沒有陰道產之外，脊髓麻醉使用的局部麻醉劑麻卡因也可能導致產後媽媽和嬰兒的皮膚不敏感，進而導致催產素濃度低。
- ⇩卡羅林斯卡人格量表通常在產後第二天就會朝著減少焦慮和增加社交的方向適應，但剖腹產媽媽卻沒有往這個方向發展。
- ⇩產後第二天的卡羅林斯卡人格量表概況中，泌乳激素釋放和母性適應行為的缺乏，可能與分娩和此期間大腦釋放的催產素不足有關。

第26章

生產時的醫療介入：硬膜外麻醉與其他止痛方式

分娩時的極度疼痛不僅是一種主觀的、消極的體驗，還與恐懼和壓力激素增加的濃度有關。此外，它可能會減少催產素的分泌或拮抗催產素的作用，所以延長了產程。因此，分娩時有時需要減輕疼痛。在瑞典，法律保證每個女性在分娩時都可以減輕疼痛，如果她願意的話。

哌替啶與陰部神經阻斷

哌替啶或阻斷子宮頸痛覺的局部麻醉劑這類止痛物質，幾十年來一直被用來減輕分娩時的疼痛。

分娩時給予減輕疼痛的藥物可能會影響產後母嬰的相互作用，因為藉由被動擴散穿過胎盤，嬰兒和媽媽體內的藥物濃度將達到平衡。[1]在子宮內就接觸到哌替啶的嬰兒吸吮延遲，分娩時接觸哌替啶的嬰兒尋乳和吸吮行為延遲，尤其是分娩前不久施用藥物的話。[2]哌替啶對哺乳行為的影響很可能在大腦中發揮作用。[3]局部麻醉藥如布比卡因（bupivacaine）會干擾和減少母嬰產後的互動。[4]這些影響背後的機制將在本章描述。

硬膜外麻醉

如今，硬膜外麻醉已成為預防分娩疼痛最常見的醫療介入措施，使用量不斷增加。二〇〇三年，瑞典五十%初產婦在分娩時接受了硬膜外麻醉以緩解疼痛（瑞典國家衛生和福利委員會）。其他國家也有類似的數字。

- **減輕疼痛，但也會延長分娩時間和延遲哺乳**

硬膜外麻醉除了緩解疼痛，還可以減少恐懼，並降低皮質醇和兒茶酚胺等壓力激素的濃度。[5]但它也會造成負面後果，如分娩時間延長（尤其是第二產程）、器械陰道分娩風險增加、催產素增加。[6]

有些（但非全部）研究認為，硬膜外麻醉可能與哺育母乳問題有關。好比有一項研究認為，如果媽媽接受硬膜外麻醉，新生兒在產後最初幾個小時內開始吸奶的可能性較小，哺乳時間也比較短。[7]

• 臨床研究

藉由比較使用止痛和不使用止痛的產婦，研究止痛對母嬰互動中發展尋乳行為的影響。此外，也研究了硬膜外麻醉對哺乳相關變量的影響如何反映在產後第二天的哺乳情形上。探討了醫療介入措施對於催產素釋放和催產素相關效應模式的作用。

1. 二十八名女性及其新生兒參與了這項研究，並在產後進行肌膚接觸。其中十名女性分娩時沒有使用任何止痛措施，其餘女性則得到了止痛措施，例如輸注哌替啶、硬膜外麻醉或陰部神經阻斷。每隔十五分鐘就蒐集一次血液樣本，並測量催產素濃度。對媽媽／嬰兒的互動錄影和分析。行為評分和催產素濃度與不同的治療有關聯。[8]
2. 六十九名哺育母乳的初產婦參與了這項研究。所有嬰兒均經陰道分娩並在產後進行肌膚接觸，全部為純母乳哺育。有些人在分娩時接受不同的醫療介入，如硬膜外麻醉、催產素輸注、硬膜外麻醉和催產素輸注，或產後在肌肉內給予催產素。於產後第二天哺乳時蒐集了二十四份血液樣本，並測量血中的催產素、泌乳激素、促腎上腺皮質激素和皮質醇濃度。用酵素結合免疫吸附分析法測量催產素濃度。

在產後第二天哺乳前後測量血壓，並持續測量其中一組媽媽的血壓六個月之久。

卡羅林斯卡人格量表分別在產後第二天、兩個月和六個月填寫。

在產後第二天哺乳時測量新生兒的體表溫度。[9]

● 主要結果

- 局部麻醉劑麻卡因單獨使用或與哌替啶一起使用，會干擾產後新生兒的尋乳行為。[10]
- 分娩時接受哌替啶和（或）麻卡因的媽媽，所生嬰兒產後的手部按摩較少，媽媽釋放的催產素也較少。[11]
- 媽媽釋放催產素的能力受到影響。給予麻卡因和哌替啶的媽媽，嬰兒需要給予更多按摩，才能誘發和未接受任何止痛的媽媽相同數量的催產素釋放。[12]
- 硬膜外麻醉不會影響產後第二天哺乳時的催產素正常模式。[13]
- 接受硬膜外麻醉的媽媽，產後第二天沒有觀察到針對哺乳釋放泌乳激素的反應。[14]

◆ 接受硬膜外麻醉的女性中，基礎血壓有所降低，特別是舒張壓，產後第二天哺育母乳後則沒有觀察到血壓降低。[15]

◆ 硬膜外麻醉減弱了卡羅林斯卡人格量表曲線的變化——陰道分娩後第二天通常會觀察到焦慮減少、社會化程度增加。然而，這種效果在純母乳哺育六周到六個月後就會恢復。[16]

◆ 如果媽媽在分娩時進行了硬膜外麻醉，嬰兒因吸奶而出現的體表溫度上升會在產後第二天被阻斷。[17]

麻卡因和哌替啶的作用

• 分娩時局部麻醉劑和哌替啶對新生兒尋乳行為的干擾

局部麻醉劑麻卡因單獨使用或與哌替啶一起使用，會干擾嬰兒產後的尋乳行為。相比於沒有接受過止痛藥物的媽媽之嬰兒，接受過哌替啶、局部麻醉藥或兩者一起用藥的媽媽之嬰兒，手對嘴的動作較少、接觸乳暈和乳頭的次數較少、用手按摩乳房的次數較少、吸吮次數也較少。[18]

• 減少催產素釋放

產後若能進行肌膚接觸，嬰兒會按摩媽媽的乳房，以劑量依賴的方式刺激媽媽的催產素釋放。[19]分娩時接受哌替啶和（或）麻卡因的媽媽之嬰兒，產後的手部按摩較少，媽媽釋放的催產素因此也較少。[20]有趣的是，媽媽釋放催產素的能力同樣會受影響。給予麻卡因和哌替啶的媽媽，她們的嬰兒需要給予更多按摩，才能誘發和未接受任何止痛的媽媽相同數量的催產素釋放。[21]

● 催產素的作用

以被新生兒按摩的反應來說，與未接受醫療介入措施的媽媽相比，接受過麻卡因或哌替啶的媽媽釋放到血液循環中的催產素較少，對刺激也不太敏感。無法釋放催產素是不是因為後者乳房中觸覺感受器的敏感性降低，目前尚不清楚，但很可能是因為麻卡因是一種局部麻醉劑。

事實上，由於血液循環中的麻卡因濃度上升，催產素的釋放可能在分娩時就已受到抑制，而這可能降低了骨盆、下腹神經與體感神經的活性。已經很低的催產素濃度可能導致媽媽對嬰兒的手部按摩不敏感。

如前幾章所述，從下視丘室旁核投射到孤束核的催產素神經元所釋放的催產素，對於肌膚接觸和哺乳誘發催產素釋放的能力很重要，換句話說，催產素使得皮膚對釋放催產素的刺激更加敏感。因此，催產素分泌到孤束核的減少，一定會導致媽媽對嬰兒乳房按摩的敏感度降低。

由於鴉片類藥物會抑制催產素釋放，施用哌替啶可能會減少媽媽的催產素分泌。

●新生兒身上類似的催產素相關機制

麻卡因和哌替啶都能藉由胎盤屏障抵達胎兒的血液循環，[22]類似機制可能因此在新生兒和媽媽身上都發揮作用。他們的催產素濃度都可能會因分娩時的醫療介入而降低。由於麻卡因使皮膚不敏感，分娩引起的體感刺激可能不會導致任何催產素的釋放。產後，由於麻卡因和低催產素濃度，皮膚仍然不敏感。如前所述，催產素會增加對感覺刺激的敏感性，因此促進了感覺刺激引發催產素釋放的回應。這或許解釋了為什麼接受麻卡因的媽媽所生嬰兒對觸摸和哺乳不敏感。

嬰兒催產素濃度低也可能是嬰兒手部按摩減少、吸吮能力下降，以及產後初次吸奶延遲的原因，因為所有這些行為都是新生兒接近媽媽的表現。正如之前反覆提到的，催產素會刺激各種類型的社交行為。[23]

硬膜外麻醉的作用

硬膜外麻醉是為了抑制或減輕分娩疼痛，被注入硬膜外腔的混合物，包含了局部麻醉劑（如麻卡因）和止痛鴉片類藥物（如舒芬太尼）。藉由這種方式，阻斷從子宮頸旁區域調控疼痛的神經纖維傳輸，以及由骨盆和下腹神經調控的神經纖維傳輸。[24]

• 抑制弗格森反射

我們應了解，在此一層級進入脊髓傳遞訊息給中樞神經系統的，不僅是傳遞疼痛的感覺神經，還有其他類型的神經纖維。骨盆和下腹神經同樣包含了調控弗格森反射的神經纖維。

胎兒在子宮收縮期間擠壓子宮頸時，子宮頸的肌肉會擴張，子宮頸的感覺神經則會活化。這些神經的活化，藉由脊髓的傳遞，導致下視丘的室旁核和視上核釋放催產素，從而引發弗格森反射。隨著催產素被釋放進入血液循環，子宮收縮頻率增加，胎兒頭部對子宮頸的壓力因之變得更強。調節弗格森反射的感覺神經變得更加活躍，釋放出更多催產素……正向循環繼續，形成前饋過程。[25]

如果從子宮頸前往脊髓的神經衝動之傳遞被阻斷，比如硬膜外麻醉，弗格森反射的功能可能會被阻斷或至少會減弱。已顯示，接受硬膜外麻醉的女性，血液循環中的催產素濃度降低。[26]

如前所述，觸發催產素釋放的刺激強度，通常低於引起疼痛的刺激強度。由此得出結論，含有麻卡因的硬膜外麻醉劑會以較低的濃度，阻斷與催產素釋放相關的神經傳導，而不需要達到阻斷疼痛刺激的濃度。因此，在弗格森反射中，與傳遞疼痛的神經纖維相比，傳導催產素釋放的神經纖維可能會更早被阻斷。

• 抑制子宮收縮

弗格森反射功能減弱和隨之而來的血中催產素濃度降低，會導致第二產程子宮收縮頻率的降低。接受硬膜外麻醉的產婦，第二產程會延長。這種延長可能是弗格森反射活動受抑制、催產素濃度降低和子宮收縮減少的結果，也解釋了通常需要給予接受硬膜外麻醉女性合成催產素以增強子宮收縮的原因。[27]同時使用硬膜外麻醉和給予催產素的效果將在下一章討論。

• 抑制副交感神經刺激

上一章描述了自律神經系統的作用，尤其是副交感神經在控制子宮收縮中的作用。對於接受硬膜外麻醉的女性來說，投射到薦神經叢的催產素神經功能降低，必然會抑制子宮的收縮。

• 延遲哺育母乳

由於硬膜外麻醉會降低分娩時的催產素濃度，產後催產素濃度也可能因此而較低。低催產素濃度可能是延遲哺乳的因素之一，有時在分娩中接受硬膜外麻醉的女性會出現這類情況，因為催產素會刺激母嬰之間的互動。

對於接受硬膜外麻醉的女性，哺育母乳未能在產後第二天讓泌乳激素釋放到血液循環中。[28]泌乳激素對於刺激母乳產量很重要，尤其是哺乳初期。根據一些研究，低濃度的泌乳激素可能部分解釋了為什麼接受硬膜外麻醉的女性有哺乳問題。[29]由於催產素會刺激泌乳激素的釋放，因此與分娩相關的低濃度催產素，可能是產後第二天與哺乳相關的泌乳激素濃度降低的原因。

●母性適應發展較慢

硬膜外麻醉抑制了分娩時催產素的釋放，可能某程度解釋了為什麼接受麻醉的媽媽不像陰道分娩的媽媽一樣，在心理上發展出適應行為。[30]根據卡羅林斯卡人格量表，與未懷孕或未哺乳女性相比，哺乳媽媽在嬰兒出生兩到四天後焦慮程度較低，社交能力更強。很顯然，在這些研究中觀察到的變化，不僅與哺乳時釋放到大腦中的催產素有關，還與分娩時催產素充滿大腦有關。這與母羊分娩時給予硬膜外麻醉，和抑制母性行為、抑制與小羊的連結有關的發現一致，並可藉由給予催產素恢復。[31]

由於出生後第二天催產素對哺乳的反應濃度似乎是正常的，接受硬膜外麻醉對於母性心理適應的影響因此並不明顯，而這必然是因為分娩和產後催產素的濃度偏低所導致的結果。

• 痛苦的記憶沒有減輕

透過在中腦環導水管灰質和脊髓背柱發揮作用來緩解疼痛，是催產素調控的效應之一。接受硬膜外麻醉的女性由於催產素系統的活性降低，內生性催產素抑制疼痛的能力因此未能完全活化。有趣的是，接受硬膜外麻醉的女性在三個月後對分娩疼痛的記憶更加強烈。[32]也許硬膜外麻醉後，催產素的遺忘作用同樣會消失。

哺乳媽媽的嬰兒同樣受硬膜外麻醉影響

令人驚訝的是，接受硬膜外麻醉的媽媽所生嬰兒，產後第二天吸奶也會受影響。通常情況，當嬰兒與媽媽進行肌膚接觸或哺乳時，嬰兒的體表溫度會上升。[33]但在分娩時接受硬膜外麻醉的媽媽所生嬰兒身上，沒有觀察到體表溫度的上升，可是沒有接受硬膜外麻醉的媽媽所生嬰兒，溫度確實上升了。[34]

缺乏溫度反應是分娩時的硬膜外麻醉導致嬰兒皮膚溫度調節變化的結果，還是由於母嬰互動的改變而產生的次要效應，目前尚不清楚。

研究顯示，分娩時接受硬膜外麻醉的媽媽在哺乳時未能釋放泌乳激素，心理上的母性適應在產後並未立即完全發展。[35]嬰兒沒有反應，很可能是因為沒有從媽媽那裡得到適當的信號。

• 嬰兒催產素系統活動減少？

如上研究所示，分娩時給媽媽服用麻卡因會減少新生兒的自發尋乳行為，顯示了新生兒出生後由於接觸麻卡因，會導致他們體內催產素的濃度下降。同樣如上文，低催產素濃度與皮膚對進一步釋放催產素不敏感有關，嬰兒的催產素系統在出生兩天後仍為低功能，很可能導致他們的皮膚對與媽媽的接觸不敏感。皮膚敏感性是在出生前後的敏感期形成的，還是因為出生兩天後的低濃度引起，仍有待確定。

剖腹產和硬膜外麻醉都與出生時催產素濃度低有關

剖腹產和硬膜外麻醉都會導致產後第二天哺乳時產婦的心理適應和泌乳激素釋放較差，原因是分娩期間催產素濃度過低。剖腹產和硬膜外麻醉都會減少分娩過程中催產素的釋放，但方式不同。如果在分娩開始前進行選擇性剖腹產，與分娩相關的催產素就不會釋放；若是緊急剖腹產，第二產程中釋放催產素通常會減少。接受硬膜外麻醉的女性釋放的催產素同樣會減少，因為麻醉阻斷了弗格森反射的活性，導致分娩期間催產素在大腦和循環系統中的釋放量減少。

• 剖腹產會引起壓力，硬膜外麻醉會減輕壓力

剖腹產手術本身會對身體造成嚴重的壓力。剖腹產女性因哺乳而引起的催產素釋放脈衝較小。催產素脈衝較少，與媽媽社交互動能力的降低，以及哺乳時的排乳量減少有關。由於催產素的釋放對於壓力非常敏感，其高峰數量的減少，很可能反映了分娩時手術介入對於身體造成壓力的後果，而且這種壓力在產後第二天仍然存在。

更可能的解釋是，這些對於催產素釋放、母乳製造和心理適應的持續影響，實際上是因為分娩時催產素沒有分泌。催產素釋放長期受阻，很可能是因為催產素系統的功能沒有獲得充分刺激。催產素還能刺激對感官刺激的敏感性，進而增加對釋放催產素的刺激反應的敏感性。皮膚敏感性的持續下降也可能導致催產素釋放錯誤，以及產後第二天哺乳時泌乳激素釋放不足。

• 硬膜外麻醉抑制疼痛和催產素釋放的影響

由於分娩過程中缺乏催產素，接受硬膜外麻醉的媽媽未能表現出陰道分娩女性社交互動增加和焦慮程度降低的發展，也不會在產後第二天因哺育母乳而釋放泌乳激素。儘管如此，分娩後兩天，她們仍然正常脈衝式釋放與分娩相關的催產素。事實上，使用硬膜外麻醉的媽媽在分娩中經歷的恐懼和疼痛較少，過程中皮質醇和兒茶酚胺的濃度較低。[36]這些影響與產後第二天接受硬膜外麻醉的

媽媽血壓較低的發現一致。這種「雙重」效應可能是因為，硬膜外麻醉藉由作用於脊髓，阻斷了與催產素釋放相關和與疼痛相關的神經纖維，進而減少了交感神經系統和下視丘－垂體－腎上腺軸的活化。

重點整理

⇩分娩時使用麻卡因或哌替啶來緩解疼痛，與新生兒的尋乳行為、手部按摩和吸奶行為受到干擾和延遲有關。

⇩ 給予母體麻卡因和哌替啶，與媽媽乳房被按摩後催產素減少釋放同樣有關係，是由於嬰兒手部按摩減少，以及對嬰兒手部按摩不敏感所致。

⇩ 麻卡因和哌替啶可能會減少嬰兒和媽媽體內催產素的分泌，進而降低嬰兒自發的尋乳行為和媽媽對乳房按摩的敏感度。

⇩ 由於催產素濃度低，媽媽和嬰兒對感覺輸入的敏感性降低，進一步抑制了針對感覺刺激的催產素釋放反應。

⇩ 硬膜外麻醉減少了分娩時的疼痛感，也削弱了壓力反應，交感神經系統和下視丘－垂體－腎上腺軸的活性降低，證明了這一點。

⇩ 硬膜外麻醉阻斷弗格森反射，進而減少催產素釋放。由於減少了催產素釋放和子宮收縮的刺激，硬膜外麻醉可能導致分娩時間延長。

⇩ 硬膜外麻醉與產後第二天泌乳激素的釋放減少有關，也和卡羅林斯卡人格量表記錄的母性心理適應沒有變化有關。這些影響可能繼發於大腦中與分娩有關的催產素神經減少釋放催產素。

⇩ 嬰兒的體表溫度在產後第二天哺乳時未能上升，可能是因為分娩期間使用麻卡因引起的低催產素濃度，導致了皮膚持續的不敏感。

第27章

生產時的醫療介入：額外給予催產素

催產素是第一種被分離、測序和合成的激素，自一九五〇年代以來，已在臨床上用於刺激分娩、分泌母乳，以及減少產後出血。[1]

分娩時給予催產素

許多媽媽會在產程遲滯或是與產科醫生因某些原因決定開始引產時，以靜脈注射方式給予催產素。長時間分娩時，也會給予靜脈輸注催產素以促進子宮收縮。如今，在瑞典大多數診所，大約五十%初產婦分娩時接受了額外的催產素，使用比例也正在增加。

延長分娩需要催產素

比起沒有接受催產素的女性，需要催產素刺激宮縮的女性，產程更久。[2]

●催產素輸注引起疼痛性宮縮和隨後使用硬膜外麻醉

外生性催產素引起的收縮通常非常強烈、持續時間又長，且伴隨著難以忍受的劇烈疼痛。出於此因，通常會給予接受催產素的媽媽硬膜外麻醉以減輕疼痛。也就是說，使用外生性催產素輸注增加了硬膜外麻醉的需要。

●硬膜外麻醉導致分娩時間延長和隨後需要給予催產素

正如上一章討論的，許多產婦會在分娩時接受止痛，如硬膜外麻醉。由於硬膜外麻醉會抑制弗格森反射，進而減少內生性催產素的釋放，子宮收縮減少成為必然結果，也經常導致分娩進程緩慢。[3]

這些情況會輸注外生性催產素，試圖增加宮縮並使分娩正常化。隨著硬膜外麻醉的使用增加，對輸注外生性催產素以刺激子宮收縮的需求隨之增加。

由於給予催產素增加了對硬膜外麻醉的需求，硬膜外麻醉又會增加對催產素輸注的需求，這兩種醫療介入措施經常同時使用。

在分娩時接受催產素刺激的女性，更有可能進行器械分娩，如剖腹產和（或）使用產鉗。[4]

• 對胎兒的影響

如果草率使用催產素，有可能過度刺激子宮收縮，可能導致胎兒窒息和代謝性酸中毒，臍帶中的pH值較低。[5]

內生性與外生性催產素

當催產素以靜脈輸注、肌肉注射或鼻腔噴霧形式給藥時，使用的是由九個胺基酸組成的催產素分子。外生性催產素是將單個胺基酸連接在一起，以化學方式合成的。一般認為，合成（外生性）催產素與天然（內生性）催產素有所不同，但兩者的化學結構完全相同，都包含相同的九個胺基酸，以相同的順序相互連接。

儘管如此，外生性催產素的給予與內生性催產素釋放，仍然存在些許差異：

◆ 當內生性催產素從腦下垂體釋放出來時，除了九個胺基酸的催產素分子，腦下垂體後葉也會釋放出幾種延長形式或更長形式的催產素。催產素是從較長的前驅分子逐漸分解而產生的，降解的一部分也發生在循環中。[6]這類較長的催產素分子即使有某部分和九個胺基酸的催產素分子不同，仍能作用。給予合成催產素的效果，可能與腦下垂體後葉釋放的混合物所誘發的效果不同，因為與較短的催產素前驅分子相比，較長的催產素前驅分子對生長的刺激更強。

◆ 釋放內生性催產素和輸注合成催產素的第二個重要差異是，內生性催產素在分娩時會以脈衝方式釋放，[7]催產素輸注則以平穩的濃度給予。這種模式上的不同，可能與內生性和外生性催產素誘發的效應之重大差異有關。脈衝通常比穩定的激素濃度更能刺激特定生理過程，也是許多激素，特別是催產素等胜肽以脈衝模式釋放的原因。

◆ 第三，內生性催產素通常會同時釋放到血液循環和大腦中，以在周邊和中樞發揮作用。相較之下，靜脈輸注的催產素只有很小的部分會滲透進入大腦，因為血腦屏障會阻止催產素進入大腦。[8]與其他肽（由胺基酸鏈構成的分子）一樣，催產素是帶電物質，很難穿透像是血腦屏障等生物膜，而不帶電或親脂性物質，如固醇類激素和皮質醇，則可輕易穿過生物膜。不到一%的靜脈注射催產素會穿過血腦屏障進入大腦。[9]由於輸注外生性催產素而獲得的催產素濃度相對較低，不應該特別期待靜脈輸注催產素會導致腦內催產素濃度上升。

儘管如此，在一定程度上，外生性催產素可能會間接影響大腦中的催產素濃度，因為血液循環中的催產素夠活化周邊感覺神經元（如骨盆和下腹神經，以及體感神經如ＣＴ纖維）上的催產素受體，導致視上核和室旁核中的催產素神經元增加催產素的分泌。[10]

- 子宮收縮與推進產程的能力不僅受到血液循環中催產素的刺激，如前幾章所述，弗格森反射還涉及了支配子宮的副交感神經之活化。[11]透過投射到副交感神經薦神經叢，催產素神經元會刺激子宮收縮並放鬆子宮頸，進而促進循環中催產素的作用。[12]這些神經在催產素釋放到血液循環時會被活化，因為它們也來自室旁核，是催產素釋放到循環中的主要來源之一。外生性催產素進入血液循環固然可以增加循環中的催產素濃度，但無法取代由催產素調控的副交感神經刺激，促進循環中催產素對子宮收縮的作用。

因為輸注外生性催產素而在血液循環中增加的催產素，也可能負向影響自律神經系統的活性，導致原本從副交感神經支配，轉向由交感神經支配。由於交感神經引起的收縮時間更長，並與子宮血流量減少有關，當交感神經的活性增加，便解釋了為什麼外生性催產素引起的收縮比未給予時更長久且疼痛。這可能是輸注外生性催產素後，催產素濃度缺乏脈衝性的負面結果。

•催產素的量可以用國際單位（IU）或微克表示

令人困惑的事實是，合成催產素的量通常以國際單位而非重量單位表示。這是過往從死亡動物垂體中萃取並生產催產素時的殘存慣習，畢竟不同動物的腦下垂體內含催產素數量不同，評估不同動物的腦下垂體實際產生了多少催產素非常重要。因此，未知樣本的生物活性，會藉由其收縮子宮肌肉的能力來評估，並與已用國際單位表示、已知活性的標準樣本做比較。如今，催產素已能利用不同的胺基酸在機器中相互連接，進行人工合成，形成胺基酸和多肽鏈。以這種方式產生的催產素的量，可用正常重量單位表示，如微克或毫克。一·六七微克催產素相對應的量就是一個國際單位（IU）。

外生性催產素對內生性催產素和催產素相關效應的影響

外生性催產素對內生性催產素釋放的影響，以及對催產素調控的影響，人們目前所知甚少。我們已在前幾章討論過一些臨床研究，探討分娩時從肌肉注射或靜脈輸注外生性催產素，或是產後靜脈輸注外生性催產素，對於產後第二天哺乳和其他哺乳相關變量的影響。此外，還研究同時給予催產素和硬膜外麻醉的作用。

• 主要結果

- 輸注外生性催產素不會影響或增加產後第二天哺乳時的催產素濃度。[13]
- 產後第二天哺乳時，外生性催產素的輸注加強了泌乳激素的釋放。[14]
- 輸注催產素增強了產後卡羅林斯卡人格量表關於情緒特徵的改變，焦慮變少和社會化增加。[15]
- 如果媽媽分娩時接受了催產素輸注，嬰兒在吸奶時的體表溫度上升更多。[16]
- 與只接受硬膜外麻醉或單單輸注催產素的女性相比，同時接受硬膜外麻醉和催產素的女性產後第二天哺乳時，催產素濃度顯著降低。給予外生性催產素後，內生性催產素平均濃度呈劑量依賴性降低。[17]
- 產後第二天哺乳時，同時接受催產素和硬膜外麻醉女性的舒張壓，高於單單輸注催產素的女性。[18]
- 產後第二天哺乳時，同時接受硬膜外麻醉和催產素輸注的組別，皮質醇濃度明顯高於僅接受硬膜外麻醉的組別。[19]
- 接受硬膜外麻醉的女性，哺乳時的泌乳激素釋放不足，輸注外生性催產素就能恢復。
- 接受硬膜外麻醉的女性，產後第二天的卡羅林斯卡人格量表評分沒有變化，給予催產素也會有某種程度的恢復。[20]

◆擇期剖腹產分娩的女性在產後肌膚接觸和哺乳時並不會釋放催產素，輸注外生性催產素能夠恢復這些功能。

◆擇期剖腹產分娩女性的卡羅林斯卡人格量表曲線變化較少，輸注外生性催產素能夠恢復。

僅在分娩時給予催產素不影響內生性催產素釋放，但同時使用催產素和硬膜外麻醉會影響

僅在分娩時輸注催產素，不會影響或增加產後第二天哺乳時的內生性催產素濃度。不過，如果在輸注催產素的同時給予硬膜外麻醉，內生性催產素濃度會顯著降低。事實上，催產素的濃度會呈現劑量依賴性降低。[21]

•輸注外生性催產素可刺激內生性催產素釋放

如上所述，僅輸注外生性催產素（如果有的話）會在產後第二天增加內生性催產素濃度。此效應可能是催產素調控與弗格森反射活化增加的結果，可能是子宮收縮增強所誘發的弗格森反射活動增加而間接引起，也可能是骨盆或下腹神經甚至其他體感神經上的催產素受體受到刺激而直接引起。

當內生性催產素受到刺激時，催產素不僅會釋放到血液循環中，還會從大腦內的神經中釋放。一旦孤束核中的催產素濃度較高，也會加強與催產素釋放有關的感覺神經的傳遞。這樣一來，就增加了催產素釋放相關的神經機制之敏感性，感覺刺激導致催產素釋放得更多。

●硬膜外麻醉抑制催產素釋放

外生性催產素輸注和硬膜外麻醉同時使用，會讓內生性催產素的濃度以劑量依賴的方式降低，乍看之下可能暗示在這種情況下，外生性催產素活化了抑制反饋機制。

然而，對於分娩時同時接受外生性催產素和硬膜外麻醉的媽媽來說，內生性催產素濃度下降的更合理解釋是，硬膜外麻醉透過干擾脊髓中的傳遞，[22]阻斷了由輸注催產素所引起的內生性催產素釋放之刺激。

事實上，給予產婦的催產素和硬膜外麻醉用量往往同時增加——催產素輸注持續時間愈長，硬膜外麻醉持續時間愈長。因此，產後第一天催產素輸注時的劑量依賴性抑制作用，其實反映了硬膜外麻醉對催產素的劑量依賴性抑制作用。催產素的用量與硬膜外麻醉之間的相關性可說非常高。[23]

這種解釋與前一章的數據結果吻合，硬膜外麻醉或其他給予麻卡因的方法，已證實會減少分娩時母體內的催產素釋放。

如上所述，輸注催產素使催產素濃度不再以脈衝的形式上升，同時也改變了子宮收縮的模式。冗長且痛苦的宮縮可能與交感神經緊張有關。與調控疼痛的神經機制相比，藉由活化弗格森反射所誘發的催產素釋放，更容易被硬膜外麻醉抵銷。這種催產素釋放和疼痛傳遞的不平衡，可能有助於解釋長時間或大量給予硬膜外麻醉後所出現的較低的催產素濃度。

總結：

- 輸注外生性催產素會強化弗格森反射，刺激內生性催產素釋放到血液循環和大腦中。
- 輸注硬膜外麻醉會以劑量依賴性的方式，抵銷因為弗格森反射活化所釋放的催產素。

分娩時給予外生性催產素，增加催產素濃度的其他表現

● 增加泌乳激素濃度

與未接受外生性催產素的媽媽相比，輸注外生性催產素的媽媽產後第二天哺乳時，泌乳激素濃度顯著增加。由於催產素藉由腦下垂體前葉的神經性作用促進泌乳激素的釋放，分娩時輸注催產素，可能會增加刺激泌乳激素釋放的催產素神經元之活性。24

• 強化母性適應

分娩時接受催產素輸注的女性，產後第二天在卡羅林斯卡人格量表中獲得的社交互動和焦慮分數會受到劑量依賴性的影響。媽媽在分娩過程中接受的催產素愈多，反映社交互動技能的項目得分愈高，反映焦慮的項目得分愈低。分娩時額外輸注的催產素，強化了通常在分娩過程中發生的心理適應。[25]

長期影響

• 初生敏感期

生產後立即進行肌膚接觸，對媽媽和嬰兒的社交互動和壓力緩衝能力將產生長久的正面影響。[26] 這些影響很可能是因為肌膚接觸和哺乳活化了感覺神經，進而導致大腦釋放內生性催產素來調控。

由於給予催產素會引起一些變化，因此輸注外生性催產素一定在大腦中產生了類似的影響。胜肽既然無法通過血腦屏障，輸注的催產素不會滲透到大腦中，對於母體適應行為和泌乳激素釋放的影響，肯定主要是在大腦外誘發的。如上所述，外生性催產素可能藉由強化弗格森反射中感覺神經的活性，間接導致大腦中內生性催產素的短暫釋放。透過這種方式，在初生敏感期，腦下垂體前葉和母體適應行為為腦區所釋放的催產素可能會增加，初生敏感期可能包括了分娩本身與產後那幾個小時。額外的催產素輸注也將催產素釋放到孤束核中，進而增加了皮膚對產後肌膚接觸和哺乳刺激的敏感性。正如前幾章所述，催產素如何釋放以回應這些刺激，取決於催產素的濃度。

吸吮乳頭的嬰兒體表溫度上升

產後第二天哺乳時所觀察到的孩子體表溫度上升現象，在媽媽於產後接受催產素輸注的嬰兒身上表現得更明顯。這些數據顯示，分娩時接受催產素輸注的媽媽可能更具母性，卡羅林斯卡人格量表的分數也較高（即社交互動更多，焦慮更少），且以某種方式將這一點傳遞給了她們的嬰兒。也許是因為她們的胸部溫度更高；或是嬰兒在哺乳時表現得更好，使得交感神經活性降低、體表溫度上升；[27]或者是額外的催產素輸注，刺激了接受輸注的母親的嬰兒體內的催產素釋放。

分娩時給予催產素可抵銷硬膜外麻醉的某些負面影響

某些硬膜外麻醉的負面後果，至少能藉由在分娩時同時輸注外生性催產素來部分抵銷。在分娩時接受硬膜外麻醉的媽媽身上，輸注催產素在一定程度上抵銷了硬膜外麻醉對於泌乳激素釋放和母體適應的抑制效應。催產素輸注似乎加強了與哺乳相關的母體適應。

• **催產素與硬膜外麻醉的抑制作用競爭**

這些發現與硬膜外麻醉減少內生性催產素分泌的事實一致。在一定程度上，給予催產素可補償分娩時單純因硬膜外麻醉引起的內生性催產素分泌減少。

• **給予催產素藉由弗格森反射影響大腦功能**

催產素的正面作用是藉由增加子宮肌肉的收縮和嬰兒頭部對子宮頸的壓力，或是活化弗格森反射涉及的神經路徑（如骨盆或下腹神經）上的催產素受體來發揮，因此，輸注催產素可能在一定程度上可以克服分娩過程中因為硬膜外麻醉而引起的神經傳導阻斷，進而活化大腦中催產素神經調控的社交行為、焦慮和母乳產量。[28]

• **與哺乳相關的催產素釋放，可恢復催產素的作用**

此外，接受催產素和硬膜外麻醉的媽媽在哺乳六星期後，與分娩時未接受任何醫療介入的媽媽不再有任何差異。這些結果表示，哺乳時重複接觸催產素，可以彌補分娩時的刺激不足。

壓力程度增加

分娩時給予催產素與硬膜外麻醉，除了在產後第二天會降低催產素濃度，還與基礎血壓和皮質醇濃度上升有關。數據表示，產後第二天血液循環中的催產素濃度偏低，與交感神經活性上升和下視丘－垂體－腎上腺軸功能增強有關。交感神經活性上升會導致血壓上升，也將提高皮質醇濃度，因為交感神經會增加促腎上腺皮質激素的敏感性，而促腎上腺皮質激素是一種會刺激腎上腺皮質分泌皮質醇的激素。因此，分娩時接受催產素輸注的媽媽產後第二天的皮質醇濃度上升，可能與交感神經活性增加有關。[29]

由於交感神經的活性會因大腦中的催產素活性增加而降低，因此在產後第二天觀察到，血液循環中因哺乳誘發的催產素濃度降低，代表催產素神經活性下降，這些催產素神經負責調控大腦中的交感神經活性與下視丘－垂體－腎上腺軸。

社交互動和降低焦慮程度的催產素神經元，和抗壓作用的催產素神經元之不同差異

目前的數據顯示，與硬膜外麻醉同時使用的催產素輸注所誘發的效應，既刺激了一些與催產素相關的效應，又抑制了其他效應，其中涉及好幾種不同的機制。給予催產素可促進催產素神經元的

活性，這些神經元可增加社交互動、降低焦慮程度和刺激泌乳激素。催產素神經元也與抗壓作用相關，好比降低皮質醇濃度和降低血壓，但與抗壓效應有關的催產素神經元活性，則受到分娩時的催產素輸注所抵銷。這些似乎相反的效應取決於啟動時機，以及受到哪個腦區啟動。

催產素對泌乳激素濃度和產婦的心理影響，很可能會在分娩過程中或產後立即進行肌膚接觸時被誘發。由於是在初生敏感期被誘發，因此這類影響會持續下去，且能在產後第二天被記錄。

隨著給予產婦的硬膜外麻醉量增加，催產素分泌將愈來愈少。催產素一開始會因為給予外生性催產素而增加分泌，但隨著硬膜外麻醉持續時間和止痛量的增加，輸注外生性催產素所誘發的內生性催產素被抵銷，一段時間後，弗格森反射誘發的催產素釋放也受到抑制。由於催產素釋放的效應發生在初生敏感期，因此效應會持續。

由於接受硬膜外麻醉的產婦血液循環中的催產素濃度降低，因此大腦中的催產素濃度也降低，導致了參與壓力調節的催產素神經元的抑制效應減弱，進而導致產後第二天哺乳時血壓和皮質醇濃度的升高。

但是，不能排除輸注外生性催產素以更直接的方式影響自律神經平衡的可能性。紊亂的子宮收縮、更長和更痛的收縮，都表示分娩過程中交感神經活性增加。這種交感神經活性的增加，可能會反映在接受輸注的產婦產後第二天哺乳時，較高的血壓和皮質醇濃度上。

產後催產素的作用

產後，催產素可用靜脈注射或肌肉注射的方式，使子宮收縮以止血。在瑞典，所有女性產後都會立即使用十IU的催產素，若是剖腹產，會以靜脈輸注的方式給予更高劑量的催產素。[30]做為剖腹產女性的產後靜脈推注給藥，催產素可能會誘發心血管的副作用，如心跳過快、低血壓和心肌缺血。較低劑量或較低的給藥速率可以減少這類副作用。[31]此外，產後給予催產素可能與產後四十八小時較低的哺乳率有關。[32]

產後肌肉注射外生性催產素的作用

對於外生性催產素對內生性催產素系統的影響，我們知之甚少。用肌肉注射給予催產素的效果是本章開頭所提研究的一部分，其中也研究了分娩時各種醫療介入的效果。

產後以肌肉注射或靜脈推注催產素，和在分娩時輸注催產素，觀察到的效果模式並不一樣。沒有觀察到對催產素或泌乳激素濃度的影響，藉由卡羅林斯卡人格量表測量的母體適應行為如社交互動和焦慮，也沒有受到影響。

相較之下，產後若能以單次推注的方式給予催產素，似乎有助於降低產後第二天哺乳時肌膚接觸的血壓與皮質醇濃度。催產素降低血壓和皮質醇的作用，與活化位於下視丘和孤束核中的α2腎上腺素受體有關。為了產生這種效果，催產素必須穿透血腦屏障。[33]

推注十IU催產素就能在短時間內獲得非常高濃度的催產素。如此高濃度的催產素可使催產素穿透血腦屏障，讓我們能夠在產後藉由單次推注催產素，影響血壓和皮質醇濃度。

產後靜脈給予催產素的影響

在擇期剖腹產分娩的女性身上，研究了產後從靜脈給予催產素的效果。剖腹產媽媽產後被給予催產素（在大約兩個小時內輸注五十IU）時，催產素濃度會隨著母嬰之間的肌膚接觸與嬰兒的吸奶而上升。如第二十五章所述，在沒有輸注催產素的情況下，並未觀察到肌膚接觸或哺乳的影響。[34]

結果顯示，在接受輸注的媽媽中，肌膚接觸和哺乳引發了催產素的釋放，代表剖腹產造成的針對觸摸和吸吮反應的抑制，一定程度上被產後輸注的催產素逆轉了。給予催產素可恢復由肌膚接觸和哺乳活化的神經機制之敏感性，此一發現也告訴我們，輸注的催產素會藉由作用於孤束核，促進皮膚的感覺刺激效果。

當然，也有可能是注入的催產素透過促進皮膚的神經傳遞來發揮作用。脊髓麻醉產生的高濃度麻卡因也可能使皮膚中的受體變得不敏感，而此效果可被外生性催產素逆轉。

產後靜脈給予催產素的另一個後果是卡羅林斯卡人格量表的變化，顯示給予催產素能提高社交互動技能、降低媽媽產後第二天的焦慮程度。[35]在分娩時接受催產素的媽媽身上，產後第二天也觀察到類似的效果。[36]

如前所述，外生性催產素輸注對皮膚敏感性和卡羅林斯卡人格量表模式的影響必定發生在大腦中。由於催產素不能穿透血腦屏障，一定是藉由活化周邊感覺神經（如下腹神經、骨盆神經與其他神經）上的催產素受體才能發揮作用，這進而導致下視丘室旁核的神經釋放催產素，並刺激調控皮膚敏感性、焦慮和社交互動的腦區。

在分娩或經期給予催產素會產生長期影響嗎？

剛分娩後（初生敏感期）媽媽和嬰兒之間的肌膚接觸，可能會對嬰兒產生直接影響，還可能對母嬰之間的關係產生長期的正面影響，並使嬰兒更能承受壓力。這種影響可以在出生一年後檢測到。[37]

由於這些影響與催產素釋放有關，而催產素的釋放受剖腹產（減少或完全不存在）和硬膜外麻醉（由於弗格森反射阻斷而減少）的影響，因此有必要詢問剖腹產和硬膜外麻醉也會有長遠影響嗎？我們研究獲得的數據顯示，剖腹產或分娩時接受硬膜外麻醉的產婦，卡羅林斯卡人格量表概況與陰道分娩女性產後第二天的不同，與非哺乳對照組則沒有顯著差異。[38]

事實證明，分娩時和分娩後輸注外生性催產素，會在產後第二天產生與哺乳類似但相反的效果，比如在陰道分娩後女性身上觀察到的母體適應行為會更強化。

總而言之，任何影響分娩時或早期催產素自發釋放的醫療介入措施，都可能導致持續至少兩天的變化。正如初生敏感期的正面介入措施，如肌膚接觸，可能會對媽媽和嬰兒產生一年後仍觀察得到的影響，分娩時或產後立即進行的醫療介入如剖腹產、硬膜外麻醉、輸注催產素，也可能產生類似的長期影響。目前尚未有研究探討這些影響。

分娩時給予媽媽催產素，會影響胎兒或新生兒嗎？

分娩時給予外生性催產素勢必影響胎兒。在極少數情況下，過多的催產素可能導致子宮過度刺激並導致胎兒窒息。

即使是宮縮模式的輕微變化也可能影響胎兒。根據收縮的模式，將誘發疼痛、傷害性刺激或非傷害性刺激。

• 分娩時來自母體的催產素，不太可能進入胎兒的循環系統

有人認為，注入母體血液循環的催產素會藉由胎盤進入胎兒體內。但基於許多理由，這種情況其實不太可能發生。

胎兒體內本來就會產生大量的催產素。出生時，胎兒血液循環中的催產素濃度高於媽媽體內的。[39]這種差異表示，如果催產素在媽媽和嬰兒的循環之間自由擴散，方向將是從胎兒往媽媽擴散。然而，當媽媽接受催產素輸注時，這種平衡便有所不同，母體血液循環中的催產素濃度將顯著上升。已經證明，催產素的輸注會導致男性的催產素濃度劑量依賴性增加。[40]然而，在分娩時輸注正常劑量的催產素，並不會產生非常高的催產素濃度，誘發出來的催產素濃度比起其他情況所誘發的濃度，甚至低了好幾倍。[41]

胎盤屏障有如血腦屏障，對胜肽來說應該是相對不可滲透的，由於如催產素這類帶電胜肽不容易通過生物膜，因此會抑制胜肽在媽媽和胎兒間交換。此外，胎盤中有催產素酶，它們存在於循環中，以及母胎相互作用的區域，部分具有生物活性的胜肽類激素會在此被降解。[42]

• 藉由母乳攝取的催產素不會影響新生兒的循環催產素濃度

如果產後立刻讓寶寶吸奶，合成催產素可能會藉由攝取的母乳到達新生兒體內。正常情況下，

有些催產素會分泌到母乳中，但濃度相對較低。[43]即使產後給予催產素期間讓更多的催產素分泌到母乳中，對於媽媽在產後立即製造的少量初乳／母乳而言，總量也非常小。[44]

令人驚訝的是，雖然出生時腸胃道的內分泌和外分泌功能已開始發揮作用，經由母乳攝入的催產素仍能在新生兒的胃中存活。[45]如果新生兒從腸胃道吸收少量催產素，它會在血液中被稀釋，不足以提高新生兒體內循環中的催產素濃度。儘管如此，攝入的催產素可能會對腸胃道黏膜產生局部影響。

催產素噴霧刺激排乳反射

哺育母乳的女性可用催產素做為鼻腔噴霧劑以促進排乳。哺乳前在鼻內給予五到十ＩＵ催產素，提高的催產素濃度便足以誘發排乳。之所以用鼻腔噴霧劑給藥，原因是鼻黏膜中的血腦屏障相對較弱，催產素可以滲透。催產素穿透鼻黏膜進入血管並藉由血液循環抵達乳腺後，會收縮肌上皮細胞並促進排乳。不過，有些研究質疑使用催產素刺激排乳的效果。[46]

最近已證明，給予男性催產素鼻腔噴劑（劑量略高於哺乳用量）能減少焦慮、增加社交互動和增加信任感。[47]鼻內噴霧對排乳的正面影響很可能部分歸因於透過影響杏仁核減少焦慮。當焦慮程度降低，交感神經系統的活性會減少，可能會打開乳管來促進排乳。

催產素類似物

催產素類藥物（催產素類似物）已被創造出來以替代合成的「天然」催產素。這些藥物經過化學修飾，更長久、更有效，比原來的催產素更容易穿透血腦屏障。卡貝縮宮素（Carbetocin）是一種經過化學修飾的催產素分子，半衰期比催產素長得多，目前在有些國家被用來止血，以及預防剖腹產期間的子宮收縮乏力。[48]

卡貝縮宮素已被證明能減少剖腹產女性的疼痛感並減少止痛藥的使用。[49]數據顯示，卡貝縮宮素會在大腦中產生影響。由於催產素會在大腦中引起不同類型的作用，比如刺激社交互動、減少焦慮和壓力，並在大腦不同位置和不同類型的催產素受體上誘發抗壓作用，探索卡貝縮宮素如何在這類網絡中活動顯得特別重要，畢竟它在初生敏感期給予，很可能引起長期影響。其他催產素激動劑如肽能和非肽能正在開發當中，其中大部分尚未用於臨床。

催產素拮抗劑

催產素既然刺激分娩，應該可用阻斷催產素受體活性的藥物來拮抗分娩。阿托西班（Atosiban）就是一種催產素拮抗劑，臨床上用於抑制早產。[50]對早產的抑制作用與β受體阻斷劑誘發的作用一樣好。有些研究已證明，相比於比β受體阻斷劑，阿托西班用來抑制早產產生的心血管副作用更少。[51]阿托西班是否同樣抑制催產素的其他作用，尚不清楚。

重點整理

⇩ 分娩期間輸注外生性催產素能強化產後第二天媽媽的行為適應與泌乳激素的釋放。

⇩ 這些效應是因為外生性催產素透過直接或間接強化弗格森反射的活性，增加了分娩期間內生性催產素的釋放。

⇩ 同時輸注催產素與硬膜外麻醉，產後第二天催產素濃度會呈劑量依賴性下降。這種看似催產素依賴的效應，很可能是因為生產時使用了硬膜外麻醉，導致催產素的釋放受到了劑量依賴性的抑制。

⇩ 產後以肌肉注射催產素不會有以上效果。

⇩ 剖腹產後以靜脈給予催產素，可恢復由肌膚接觸和吸吮引起的催產素釋放。

⇩ 剖腹產後以靜脈給予催產素，可恢復陰道分娩後產婦的心理適應。

第 28 章

親密與支持：催產素的源頭

生產相關常規正劇烈改變。我們很容易忘記，直到沒多久前，人們才開始轉至醫院分娩。在此之前，嬰兒是在助產師和（或）其他有輔助能力的女性協助之下，在家裡出生。分娩常規仍持續改變，時至今日，在西方文明中，愈來愈多技術和醫療介入分娩。

走向增加技術化和醫療化的生產過程

剖腹產的使用愈來愈頻繁，若按現代技術進行，幾乎已經不會危及媽媽的生命。在瑞典，有將近二十％分娩是剖腹產。在世界某些地區，剖腹產的使用甚至更多。

如果媽媽選擇自然分娩，醫院可能會為她們提供不同種類的止痛藥，因為無痛分娩對女性來說很重要。在瑞典，分娩時給予止痛是法律規定的權利之一，如今瑞典有五十%初產婦會接受硬膜外麻醉以減輕分娩時的疼痛。此外，也可以給予催產素以誘發或加速分娩。由於硬膜外麻醉會減少子宮收縮並減緩分娩進程，輸注催產素會引起宮縮疼痛，因此硬膜外麻醉和給予催產素通常同時進行。

隨著現代人分娩的場景從家中轉移到了醫院，媽媽和新生兒在產後馬上會被分開。新生兒不一定立即被帶到媽媽身邊、在剛出生那幾天不間斷地與媽媽保持親密關係，而是與媽媽分開，送到育嬰室照顧，僅僅哺乳時才被帶回媽媽身邊。通常由育嬰室的護理師負責照顧。

今天，這些醫療常規在世界某些地方正發生質變。在瑞典，大多數女性通常會在產後立即與嬰兒進行肌膚接觸，母嬰同室（或同床）的做法也愈來愈普遍，新生兒在產後留院期間都與媽媽待在同一房間，而非留在育嬰室。

在其他國家，媽媽和嬰兒仍然常常是分開的，也就是母嬰在初生敏感期或同室期間沒有進行肌膚接觸。這衍生了一個新問題：醫療介入可能導致肌膚接觸的正面影響力無法充分發揮。

哺育母乳原本是媽媽餵養嬰兒的必需行為。在捕獵和採集文化生活中的媽媽（即便是現在，仍有某些部落過著採集生活）經常以母乳持續哺育孩子好幾年，她們的哺乳頻率很高，尤其是晚上。如果有任何問題，其他同住女性（如孩子母親的媽媽或姐妹）也能幫忙哺育。

後來，女性發現，牛奶也可以用來餵養嬰兒，在某些文化中，較富有的女性如果不想親餵，會為孩子找一位奶媽。

如今，每位媽媽都能輕易使用高品質的配方奶粉以避免哺育母乳。瑞典的母乳哺育率過去二十年向來很高，但現在開始下降，目前只有六十％瑞典媽媽以純母乳哺育嬰兒持續六個月，大多數西方國家女性的哺乳時間甚至更短。在世界某些地方，女性也會使用擠乳器，再用奶瓶將自己的母乳餵給嬰兒。在某些地方，哺育母乳或多或少已被瓶餵取代。

這真的有什麼大不了的嗎？

我們得捫心自問一些重要的問題：是自然生產還是剖腹產，真的很重要嗎？是否在醫療介入的情況下陰道分娩重要嗎？產後是否與嬰兒肌膚接觸或和孩子分開，重要嗎？是否親餵母乳或以瓶餵的方式餵養孩子，重要嗎？

很顯然，就現代醫學技術而言，剖腹產並不危險。產後與媽媽分開或用瓶餵配方奶粉的孩子，統統都能活下來。

不少剖腹產的確有其必要，如果懷孕或分娩時出現任何狀況，剖腹產甚至能挽救媽媽和嬰兒的生命。很多媽媽則覺得剖腹產更簡單、更實際，因為不用再害怕分娩，也握有更多控制權，可以計畫何時分娩。其他常見理由還有希望避免任何撕裂傷或其他傷口——很可能也是陰道分娩較令人害怕之處。當新生兒待在兒科和產後病房由助產師或護理師照顧，疲憊的媽媽可能會感到如釋重負。哺育母乳通常不是輕鬆的工作，有些媽媽甚至覺得相當原始。瓶餵似乎是一種更簡單、更實用的解決方案。某些媽媽可能認為，瓶餵會讓她們享有更多自由，能將照顧嬰兒的工作交給其他人，爸爸也能以更自然的方式參與照顧過程。

喪失那些與催產素相關的社交互動適應能力

那麼，為什麼還要提倡自然產與哺育母乳呢？因為所有「非自然解決方案」最重要的結果都被人們忽視了。自然分娩、母嬰肌膚接觸和哺育母乳，與母嬰體內的催產素和催產素相關適應機制高度相關，卻逐漸喪失中。

接下來我們將總結在分娩、肌膚接觸和哺育母乳時，誘發催產素釋放的正面影響，以及醫療介入的負面影響。

與陰道分娩相關的催產素釋放和母體適應行為

催產素不僅會在分娩過程中釋放到血液循環裡刺激子宮收縮，還會釋放到大腦中，進而引起母性適應。媽媽在分娩時釋放催產素，能讓自己變得不那麼焦慮，更加願意人際互動或「社交」。上述結論的依據來自卡羅林斯卡人格量表中針對社交意願和焦慮程度的項目評分，自然分娩女性於產後第二天的表現，比起未懷孕或未有哺乳經驗、年齡相仿的女性群體來得明顯較高。此外，催產素在分娩過程中將發揮止痛作用，並將分娩時非常痛苦的記憶轉變為更加正向且療癒的記憶。有些女性若在熟悉的地方比如家裡生產，分娩體驗甚至是愉快的。自然分娩的女性可能會為自己完成這件大事感到非常自豪，分娩對女性來說也是一種賦權的經歷。

● 剖腹產和硬膜外麻醉會透過抑制催產素的釋放，抵銷母性適應行為

藉由剖腹產分娩或自然分娩時接受硬膜外麻醉的女性，都沒有發展出之前提到的母性適應行為。此外，產後第二天哺育母乳時，泌乳激素釋放的量也較少。

剖腹產和硬膜外麻醉對於母體適應行為的負面影響，其背後機制在某程度上相同，因為都反映了分娩過程中缺乏催產素的狀況。剖腹產和硬膜外麻醉都會減少在分娩過程中釋放催產素，只是方式有些不同。如果在分娩開始前進行選擇性剖腹產，分娩相關催產素就不會釋放。如果進行緊急剖

腹產，第二產程釋放的催產素通常會大大減少。至於接受硬膜外麻醉女性釋放的催產素之所以減少，是因為弗格森反射的活性會因為脊髓傳輸的訊號減弱而受到抑制，因此在分娩時，無論是在大腦還是在血液循環中，催產素的釋放量都會減少。

• 分娩時輸注外生性催產素能促進某些母體適應行為，也會抑制某些母體適應行為

輸注外生性催產素會增加血液循環中催產素的濃度，進而加強子宮收縮，也會強化弗格森反射，因之促進大腦釋放催產素，進而加強某些母性適應行為，如社交互動傾向增加、焦慮程度降低。此外，由於乳頭被吸吮，泌乳激素的濃度也會增加。

若同時給予硬膜外麻醉和催產素，產後第二天哺乳時的催產素濃度會降低。催產素給愈多（即給予時間愈長），產後第二天的催產素濃度愈低。箇中關係很可能是間接的，因為硬膜外麻醉的持續時間會同時增加。硬膜外麻醉很可能會抑制因為輸注外生性催產素而對內生性催產素產生的刺激。催產素輸注時間愈長，硬膜外麻醉給藥時間可能愈長。

導樂刺激分娩和自然止痛

分娩從家中轉到醫院對媽媽和嬰兒產生了有益的影響，有時甚至能挽救生命，但也失去了那些在家分娩的正面影響。在自然的家庭環境中，家中女性或其他有經驗的女性分娩時通常在場。僅僅因為她們在場，透過觸摸和情感支持，就能促進整個分娩過程。

在我們的社會中，有一種自然的方式可讓分娩過程更快、痛苦更少且更加正面，那就是分娩時給予支持的女性導樂。多項研究顯示，如果一名女性分娩時得到另一名女性的身心支持，短期好處如分娩時間縮短、疼痛感減少，對醫療介入的需求如剖腹產、給予外生性催產素、使用醫療止痛藥物（如硬膜外麻醉）等都會減少。分娩時的支持也會產生長期影響，媽媽對分娩有更正面的記憶、心情更好、產後幾周媽媽與嬰兒和伴侶的關係也會更好。[1]

• 導樂促進分娩的機制

導樂經由撫摸媽媽和提供精神支持來促進分娩。導樂能夠活化感覺神經並促進催產素釋放，進而促進分娩。此外，刺激感覺神經還能減少壓力反應，同時促進副交感神經的活性，活化子宮的副交感神經支配，促進分娩。導樂給予的支持和溫暖也可以減少產婦的恐懼和焦慮，並藉由心理活動刺激催產素釋放。藉由這類正面行動，就能用更少的外生性催產素刺激分娩，剖腹產等醫療介入的機會也愈少。此外，促進催產素釋放也會刺激腦內啡釋放，減輕媽媽的疼痛。

導樂不僅提升了產婦的分娩體驗，也增加了母嬰之間的互動，從更長遠的角度來看，媽媽的心情將更好。這些作用與催產素能夠強化多巴胺和血清素，以及其他與獎勵和幸福有關的神經傳導系統。

產後立即肌膚接觸所釋放的催產素與母嬰適應

產後立即與新生兒進行肌膚接觸的媽媽（或爸爸），都會釋放催產素進入血液循環與大腦，嬰兒體內的催產素也會跟著增加。肌膚接觸能夠強化和同步媽媽和嬰兒之間的人際互動、觸覺和聲音等多重管道，雙方都會變得更加平靜和放鬆。

肌膚接觸誘發的鎮靜和放鬆效果可能有助於抵銷自然分娩嬰兒出生時的壓力，具有特殊作用。嬰兒出生時的高度壓力，在短時間內具有相當重要的生理意義，好比可以刺激肺功能成熟，但從更長期的角度來看，維持高壓狀態有害。肌膚接觸可降低皮質醇、腎上腺素和正腎上腺素的濃度，並促進生長，進而發揮強大的抗壓作用。「戰鬥或逃跑」系統會受到抑制，冷靜與連結的系統得到強化。

剛分娩後的這段時間稱為初生敏感期。此一期間內，肌膚接觸誘發的催產素相關社交技能，對媽媽和嬰兒的鎮定效果有著更長久的影響。產後立即進行肌膚接觸對社交互動技能和調適壓力的正面影響，產後一年仍然觀察得到。

這類生物效應的維持時間並非永久，肌膚接觸對社交能力與調適壓力的長期正面影響，之後還是有可能完全喪失。初生敏感期之後的親密感也具有類似的正面效果，但需要更多時間才能產生長期效應。

讓媽媽與孩子在產後病房中保持密切接觸的「同室同床」，展示了一些可能與更能持續釋放催產素相關的有趣效應。舉例來說，忽視和虐待兒童的比例會降低。若母嬰同室期間立即進行肌膚接觸和母乳哺育，遺棄嬰兒的情況會大大減少。母嬰同室也會鼓勵和刺激哺乳。

• 因為催產素未能釋放，產後母嬰分離抵銷了母嬰間的適應

人們早就知道，出生後與媽媽分開的新生兒，比沒分開的更常哭鬧，心跳和呼吸頻率更急促，皮質醇濃度也較高。在產後病房接受護理的媽媽，母乳產量會減少，哺乳時間變短。在產房與產後病房分離的新生兒和母親，釋放催產素的刺激與催產素相關的社交互動刺激較少，壓力程度增加。

母嬰之間的互動可能會以更細微的方式受到干擾。例如，嬰兒若穿著衣服，立即肌膚接觸的正面影響就會較差。衣服就像絕緣體，在一定程度上阻礙了肌膚接觸的正面效果。

● 麻卡因擾亂了母嬰的產後互動

分娩過程中接受止痛藥或局部麻醉劑的媽媽，產後的母嬰互動也可能受到干擾。這在產後非常明顯，因為藥物會讓媽媽和嬰兒都比較麻木。嬰兒在分娩時接觸麻卡因和（或）哌替啶會降低尋乳行為（包括按摩乳房），體內的催產素濃度也可能隨之降低。催產素會增加皮膚的敏感性，嬰兒暴露在外的皮膚敏感性因此跟著降低，解釋了產後第二天吸奶時，嬰兒為什麼無法對體表溫度上升做出反應。

哺乳造成催產素釋放與母體適應行為

媽媽每次哺育母乳時，催產素都會釋放到血液循環中，導致母乳分泌，也會同時釋放到大腦中，因此與不哺乳的女性相比，哺乳媽媽更善於社交、壓力更小、更能容忍單調的任務。哺育母乳時催產素濃度愈高的媽媽，愈善於社交、不焦慮、愈能忍受單調的工作。此外，因為哺乳，媽媽的壓力荷爾蒙和血壓下降，腸胃道的活性因而增加。哺乳時交感神經活性降低，副交感神經活性上升。從長遠來看，哺育母乳可促進健康。媽媽哺育愈多孩子、哺乳時間愈長，未來愈能避免心血管疾病。

吸奶的嬰兒從催產素的釋放和催產素調控的效應中獲益，這既是吸吮刺激的結果，也與與之相關的親密接觸有關。吸吮刺激促進了嬰兒的消化和生長過程，此外，社會能力會被激發，壓力反應獲得改善。最近的研究顯示，親餵寶寶超重的比例正在降低，也許反覆吸吮刺激和隨之釋放的催產素，改善了飲食和新陳代謝。

• 瓶餵

很明顯，無法哺育母乳的女性和孩子不會接收到相同強度的催產素相關變化。即使媽媽和嬰兒有很多時間親近，仍不會接收到因哺乳刺激而誘發的催產素釋放和其結果。與哺乳媽媽相比，瓶餵媽媽餵養嬰兒時，較少與寶寶互動和微笑。瓶餵媽媽血壓也會較高，交感神經活性也有增加的趨勢。

在分娩、經期和哺乳時持續接觸催產素

陰道分娩、產後立即肌膚接觸和哺育母乳，皆會透過不同種類的感官刺激引起催產素釋放。在分娩時，胎兒頭部對子宮頸造成的壓力會活化弗格森反射，促進催產素的釋放，子宮收縮也會活化胎兒體內的催產素濃度。在初生敏感期，溫暖、輕壓、撫摸和按摩等對皮膚的感官互動會刺激催產素的釋放。哺乳期間，肌膚接觸和哺乳都會刺激催產素釋放，嬰兒體內的催產素也會因肌膚接觸或

吸吮乳頭而釋放。

隨著催產素在這些不同情況下都會釋放，類似的催產素效應模式會被誘發，刺激平靜和相互連結的反應。當然，不同情境仍有差異，其中肌膚接觸和哺乳涉及觸摸，抗壓效果因此更明顯。此外，分娩時和產後立即產生的效應，影響特別長久。

或許，分娩、產後肌膚接觸和哺育母乳應被視為同一件事，因為它們都會誘發母性適應，對母嬰未來的互動發展非常重要。應避免任何會抵銷這類效應的醫療介入措施。

由於催產素會在分娩中、分娩後進行肌膚接觸和哺乳時釋放，以誘發催產素相關效應，因此還有一個重要的問題是，如果在這些重要階段沒有釋放催產素，是否能藉由給予外生性催產素彌補？聽起來似乎頗為合理，下面會舉一些例子。

• 產後進行肌膚接觸，可能會減輕剖腹產的傷害

催產素在產後可因肌膚接觸而釋放，一定程度彌補了擇期剖腹產女性體內催產素缺乏的現象。根據卡羅林斯卡人格量表，剖腹產女性產後第二天未顯現母性心理適應，哺乳時釋放的催產素較少，原因可能是她們在分娩過程中並沒有釋放催產素（或減少）。產後盡早進行肌膚接觸，一定程度上彌補了剖腹產導致催產素釋放不足的現象，因為產後第二天哺乳時釋放的催產素較多。不過，

我們應謹慎看待這些結果，因為早早吸奶的嬰兒，催產素濃度原本可能更高。

然而，第一種解釋與研究結果一致，該研究認為，與沒有進行肌膚接觸的剖腹產媽媽相比，擇期剖腹產並在產後立即肌膚接觸的媽媽，產後一個月表現出更多母性照護行為。[2]

• 哺乳彌補了因接受硬膜外麻醉而導致母體適應行為不足的現象

根據卡羅林斯卡人格量表，相比於同年齡未懷孕或未哺乳女性，哺育母乳的女性具有不同的性格特徵，在焦慮項目上得分較低，在社交互動項目上得分較高。分娩時接受硬膜外麻醉的媽媽在產後第二天並沒有表現出這種模式。[3]這種偏差很可能是由於抑制了弗格森反射，以及分娩過程中大腦釋放的催產素減少而導致。

相較之下，接受硬膜外麻醉和未接受硬膜外麻醉的媽媽，產後第二個月和第六個月的卡羅林斯卡人格量表分數並沒有差異。一種可能解釋是，哺乳時催產素的反覆釋放彌補了分娩時缺乏催產素的影響，因為參與該研究的女性皆完全哺育母乳。[4]

分娩和哺乳時，釋放催產素的正面長期影響

沒有醫療介入的自然分娩、產後肌膚接觸和哺育母乳，都與媽媽、胎兒或嬰兒體內催產素的釋

放有關。由於催產素能夠刺激互動並減少焦慮，分娩和哺乳時產生的影響因此相互加成，影響深遠。

• 催產素和依附行為

根據文獻記載，在許多哺乳類動物身上，催產素都能用來建立媽媽和孩子之間的連結。嗅覺、聽覺和視覺線索都參與了此一學習過程。催產素已被證明可以促進形成連結。

• 催產素和安全依附感

一個有趣的問題是，在這段時間，催產素是否同樣促進了人類媽媽和嬰兒之間的連結？更進一步說，從更長遠的角度來看，出生時的連結與形成安全依附感是否有關？

肌膚接觸的長期影響會增加社交互動、強化處理壓力的能力，某些安全依附感的類似之處也反映在陌生情況的測試中。因此，一個有趣的問題是，建立安全依附感是否與運作良好的催產素系統有關？

我們可以假設，若在初生階段反覆誘發，肌膚接觸可能是形成安全依附的重要機制。肌膚接觸引起的催產素釋放和正面效應，最初是因為肌膚接觸所誘發的皮膚感覺刺激，但隨著時間，可能會發展成條件反射。過一段時間後，只要看到、聽到或聞到媽媽的氣味，就可能觸發巴甫洛夫反射，使孩子釋放催產素。此外，光是想到媽媽就足以觸發孩子體內釋放催產素。孩子和母親的親近程度愈高，催產素系統就會受到愈多刺激。最後，擁有發達催產素系統的孩子，將以安全可靠的方式與他人互動，處理壓力的能力也會得到優化。

研究指出，比起沒有安全依附感的人，有安全依附感的人體內催產素濃度較高，支持了運作良好的催產素系統能幫助安全依附感的說法。

• 應提倡與催產素釋放相關的日常活動

假設催產素對女性有利，並能幫助她發揮媽媽的作用，她要是未能自然產、產後也沒有機會把孩子放在胸前或哺育母乳，某些先天能力就會喪失，催產素做為母性內在指引的功能就無法發揮作用。這些媽媽會覺得與孩子的互動更難，照顧寶寶更枯燥乏味，焦慮感可能會因此增加。

由於初生敏感期母嬰之間的交流，可能對母嬰未來短期和長期互動產生重要的正面影響，我們應該盡量避免產後例行性的母嬰分離。孩子同樣深受影響。如果盡早肌膚接觸，孩子會更具互動能力，也更能承受壓力。也就是說，這不僅關乎媽媽與孩子的互動，也關乎孩子未來的適應力——與其他人交流、處理壓力的能力，長遠來看甚至是健康議題。

• 健康促進作用

哺育母乳對媽媽健康的正面影響，呈現劑量依賴關係。媽媽罹患中風、高血壓、第二型糖尿病和心肌梗塞等心血管疾病的風險，與某些癌症的風險，統統都會降低。反覆接觸內生性催產素可能是這些長期健康促進效應的背後原因。

此外，嬰兒的健康可能與高濃度催產素和安全依附有關，這可能是媽媽和孩子之間密切互動的結果。與不具備安全依附的人相比，有安全依附的人焦慮和憂鬱情況都較少，疼痛和發炎的症狀也較少。

缺乏催產素會傳染給其他後代嗎？

如果放棄自然分娩與母乳哺育，隨之失去的催產素會帶來更大的問題。在產後第一周給予超感官刺激的老鼠，成年後變得不那麼焦慮，社交互動性更強，也更不容易受到壓力。而老鼠生命的第一周可能對應於人類出生後的第一個小時。

從本章的角度來看，Caldji 等研究者描述的最重要影響是，接受更多感官刺激的雌性幼鼠生下自己的子代後，身為媽媽，也會和孩子有更多互動。某些能力的類似轉變，很可能也會發生在好幾代的子代上。也許人類媽媽在她們小時候若接受了更多的互動，長大後與她們的嬰兒互動也會更多。也許初生時的學習是一種表觀遺傳現象，同樣也存在人類身上。

如果媽媽把她的「催產素力」傳給了孩子，她的孩子也很可能再傳給她的孩子，依此類推。那麼，低落的「催產素力」同樣可能會轉移到下一代。十代、百代或千代之後會發生什麼事？人類愛護他人的能力會減弱嗎？下一代會變得像外星人嗎？

一個社會選擇支持何種分娩時的醫療技術和介入措施、產後病房常規，不僅對媽媽和嬰兒很重要，對子代的溝通技巧和愛的能力也可能產生重要影響，進而影響整個社會。

給予外生性催產素能代替內生性催產素的缺乏嗎？

如果分娩時的技術和醫療介入、母嬰分離的病房常規會減少催產素釋放，有些人可能會爭辯，這些缺陷可藉由給予外生性催產素來恢復。

事實上，分娩時使用催產素會強化媽媽對增加社交互動的適應性，並降低產後第二天哺乳時的焦慮程度。產後給予催產素則會增加剖腹產媽媽產後肌膚接觸和哺乳時的內生性催產素，並增加產後第二天母性心理的適應能力。不論在與嬰兒有肌膚接觸的媽媽或無法肌膚接觸的媽媽身上，這類影響都獲得了促進。這些效應很可能是因為輸注外生性催產素強化了周邊感覺神經的活性，導致內生性催產素的釋放增加，進而進入大腦和血液循環中。

另一方面，同時使用外生性催產素和硬膜外麻醉，也與內生性催產素分泌量減少和壓力反應增加有關，媽媽產後第二天皮質醇濃度和血壓上升證明了這一點。意味著進入血液循環的外生性催產素，由於會誘發催產素釋放的負反饋機制，並不能產生與內生性催產素相同的催產素釋放模式和作用。

我們必須認真看待分娩時給予催產素會影響媽媽的心理和生理反應模式的事實，並進行詳細研究。諸如信任、忠誠、愛情、連結和依附等微妙但重要的反應，都受到催產素的影響，此一事實值得人們更多關注。媽媽們是否願意接觸會影響生命核心的化學物質？還是應該將外生性催產素視為補償內生性催產素的高價值工具，用來給那些因為接受剖腹產或硬膜外麻醉而無法釋放內生性催產素的媽媽？

最近有些國家引入了作用時間更長的類催產素藥物來止血。這些藥物已被證明具有止痛作用，或多或少地模擬中樞誘發的催產素相關效應。所有化學修飾都會改變特定物質的活性模式。服用此類藥物可能會產生意想不到的效果。在初生敏感期引起的功能變化可能會長期改變大腦的功能。因此，將此類物質大量用於女性之前，應對其影響進行非常詳細的研究。

最好的解決辦法是提升媽媽自身的能力

顯然，剖腹產、硬膜外麻醉和催產素輸注，都會影響女性分娩時的心理和生理適應。由於是在初生敏感期誘發，產後第二天效果仍然存在，且可能持續更久。

相關數據得出的結論是，如果不是出於醫學原因，分娩過程中應避免醫療介入。分娩時，應盡可能提供和使用導樂（或丈夫、其他親屬和朋友）的情感和生理支持。產後應允許肌膚接觸，以便利用這一時期加強社交互動技能和抗壓能力的強大潛力。應該鼓勵哺育母乳，因為能夠加強與分娩相關的催產素誘導效應。兩者都應在產後病房和醫療系統中得到支持。

同樣重要的是應該了解到，隨著分娩和瓶餵期間醫療介入措施的增加，很多女性愈來愈意識到自然產和哺育母乳的重要性。許多女性希望在盡可能少的醫療介入下自然分娩，明確希望孩子產後能有肌膚接觸，希望和孩子一起待在產後病房，並盡可能長時間地依照需求哺育母乳。

結論

從媽媽的角度

媽媽有自己的自由意志，必須自行決定想要何種生產方式、產後是否與寶寶進行肌膚接觸，以及是否想哺育母乳。為了能夠自己做出決定，就得了解分娩和哺乳，無論好與壞的各個面向。

所有的媽媽都想為孩子做出最好的選擇，這是母性適應的一部分，也可能是面對醫療機構的建議時輕易放棄自身直覺的原因。若非如此坦率，面對新生兒的深層需求、對於年長女性和親戚的建議抱持開放態度，媽媽們可能永遠不會同意只能以一種非常不自然的方式在醫院分娩。

面對正面訊息的開放態度也可以讓媽媽們了解，自然產、肌膚接觸和哺乳可能有助於她們和寶寶培養催產素的能力。如果女性了解催產素的作用、如何獲得它，以及它如何成為母性的內在指南，很可能會選擇更自然的分娩方式。這些訊息讓媽媽了解，她們可以主動促進催產素的釋放，從而建立更親密的母嬰關係與健康的身心。

從醫生和科學家的角度

包括醫生在內的醫護人員，在分娩過程和哺乳階段參與女性照護時，都應了解催產素的益處。他們應該了解催產素的許多正面作用，以及催產素在生產和哺乳時如何釋放，好在分娩與肌膚接觸期間幫助媽媽和嬰兒。也應向他們傳授關於初生敏感期的知識，以及內生性催產素系統的功能將如何發揮正面影響。

分娩時的醫療介入技術已得到顯著發展，這些技術的應用也獲得顯著發展。初衷當然良善，能夠幫助各種無法自然產的媽媽，以剖腹產安全分娩；或給予止痛藥物，減輕產婦分娩時可怕或難以忍受的疼痛；或在分娩沒有進展時，給予催產素輸注。

引入新藥時往往會經過嚴格的測試，然後才能由醫療機構確認於臨床使用。當然，應注意所有副作用。使用針對重大疾病的藥物時，副作用有時是可以接受的，但小病或預防性藥物開發時，對副作用的接受度就低得多。

剖腹產等醫療介入能挽救生命，減輕疼痛可能也對某些媽媽的心理健康有非常正面的影響，人們當然可以接受這類醫療介入措施的輕微副作用。但是，在沒有這類適應症的情況下，使用剖腹產、硬膜外麻醉和輸注外生性催產素等醫療介入措施真的好嗎？今天，醫療介入的使用急劇增加，連適應症的範圍也擴大了。

正如書中介紹與討論的，某些目前使用的醫療介入措施似乎會影響內生性催產素對媽媽和嬰兒的功能，且不僅止於分娩。由於這類介入措施是在初生敏感期給予，很可能持續數天甚至更久。使用了外生性催產素和硬膜外麻醉的剖腹產，似乎會對催產素濃度和某些相關作用產生負面影響。雖然都是初步研究，但全指向同一個方向。

流行病學研究指出，分娩期間的醫療介入與某些類型疾病的發展之間，可能存在關係。因此，不僅是醫學界，整個社會都有責任為高品質的研究分配資源，以研究某些病房常規和醫療介入是否與「副作用」有關。分娩不是一種疾病，因此不應接受副作用，除非發生了真的需要介入措施的適應症。

基於催產素原理的新藥正在開發，未來將用於產後子宮止血，很有可能挽救生命。然而，應該探索這類物質是否會對行為和生理產生其他與催產素相關的影響，若有影響，該影響又深入何種程度。

女性有權知道，如果她們受到不必要的醫療介入，她們和她們的孩子會發生什麼事。

致謝

這幾年來，我很幸運能與許多很棒的同事合作，他們有些是博士生或博士後研究員，有些則是相當厲害的專業人士。我非常感謝他們，如果沒有他們的幫助，我根本不可能完成這本書。我也總是能從和他們的合作中收穫良多，得到許多啟發。

我想特別感謝卡羅琳醫學院附設醫院（Karolinska Hospital）小兒科教授詹・溫伯格（Jan Winberg）的指導。如果不是他願意接受母性和母嬰互動具有生物學基礎這個概念，並在我研究前期——即便很多觀念都不太符合政治正確之前，就提供大力支持，我也許無法繼續鑽研這項研究。

我也要感謝詹姆士・亨利（James P. Henry）教授和我多次令人獲益良多的科學討論。當然，我還要謝謝我的好朋友馬歇爾・克勞斯（Marshal Klaus）教授和他太太菲莉絲（Phyllis），謝謝他們總是和我分享他們對於母嬰互動的臨床觀點與廣博知識，我很感謝他們多年來和我相互扶持的友誼。

附錄
臨床研究

研究一

連續蒐集了七十二名初產婦以研究她們產後第二天的哺乳情況。有些人在分娩時接受了醫療介入，如靜脈給予催產素、硬膜外麻醉或兩者兼而有之；有些人接受了肌肉輸注和產後催產素給藥。

哺乳前，嬰兒在媽媽胸前進行肌膚接觸，然後她們開始自己進行哺乳。

在六十三位媽媽中採集了二十四份血液樣本。測定所有媽媽的催產素和泌乳激素濃度。在八份樣本中測量了皮質醇濃度，在九份樣本中測量了促腎上腺皮質激素（ACTH）濃度。

測量哺乳前肌膚接觸的持續時間和哺乳的持續時間。

六十六位在哺乳前後測量了四次血壓。她們的亞組（三十三人）於六個月內，在哺乳前後反覆測量血壓。

六十九位在產後第二天、兩個月和六個月時填寫了卡羅林斯卡人格量表。

在產後第二天哺乳時測量新生兒的體表溫度。

Jonas, K., Johansson, L. M., Nissen, E., Ejdeback, M., Ransjo-Arvidson, A. B., & Uvnäs-Moberg, K. (2009). Effects of intrapartum oxytocin administration and epidural analgesia on the concentration of plasma oxytocin and prolactin, in response to suckling during the second day postpartum. *Breastfeed Med, 4* (2), 71-82.

Jonas, W., Nissen, E., Ransjo-Arvidson, A. B., Matthiesen, A. S., & Uvnäs-Moberg, K. (2008). Influence of oxytocin or epidural analgesia on personality profile in breastfeeding women: a comparative study. *Arch Womens Ment Health, 11* (5-6), 335-345.

Jonas, W., Nissen, E., Ransjo-Arvidson, A. B., Wiklund, I., Henriksson, P., & Uvnäs-Moberg, K. (2008). Short-and long-term decrease of blood pressure in women during breastfeeding. *Breastfeed Med, 3* (2), 103-109.

Jonas, W., Wiklund, I., Nissen, E., Ransjo-Arvidson, A. B., & Uvnäs-Moberg, K. (2007). Newborn skin temperature two days postpartum during breastfeeding related to different labour ward practices. *Early Hum Dev, 83* (1), 55-62.

Handlin, L., Jonas, W., Petersson, M., Ejdeback, M., Ransjo-Arvidson, A. B., Nissen, E., Uvnäs-Moberg, K. (2009). Effects of sucking and skin-to-skin contact on maternal ACTH and cortisol levels during the second day postpartum-influence of epidural analgesia and oxytocin in the perinatal period. *Breastfeeding Medicine, 4* (4), 207-220.

研究二

十七名緊急剖腹產媽媽和二十名自然產的媽媽，共三十七名初產女性參與此研究。

經過一段時間的分離後，嬰兒被直接放在媽媽乳房上，並由助產師協助開始哺乳。

在產後第二天哺乳之前、期間和之後，蒐集了二十四份血液樣本，測量催產素、泌乳激素和皮質醇濃度。

記錄擠出的母乳量和哺乳持續時間。

在哺乳之前和之後六十分鐘測量血壓。

這些女性在產後第二天後填寫了卡羅林斯卡人格量表。

Nissen, E., Uvnäs-Moberg, K., Svensson, K., Stock, S., Widstrom, A. M., & Winberg, J. (1996). Different patterns of oxytocin, prolactin but not cortisol release during breastfeeding in women delivered by caesarean section or by the vaginal route. *Early Hum Dev, 45* (1-2), 103-118.

Nissen, E., Gustavsson, P., Widstrom, A. M., Uvnäs-Moberg, K. (1998). Oxytocin,prolactin, milk production and their relationship with personality traits in women after vaginal delivery or Cesarean section. *J Psychosom Obstet Gynaecol, 19* (1), 49-58.

研究三

產後第四天在哺乳之前、期間和之後，以及確定的哺乳時間（產後三到四個月），分別採集五十五名和三十六名初產女性的十八份血液樣本。測量了催產素、泌乳激素和體抑素濃度，並將其與其他哺乳變量相連結，如母乳產量、哺乳持續時間、哺育母乳持續時間和斷奶。

記錄了女性的抽菸習慣。記錄嬰兒出生時的體重與胎盤重量。

五十二名媽媽在分娩後第四天填寫了卡羅林斯卡人格量表。她們都是初產婦，經歷了自然生產。

Uvnäs-Moberg, K., Widstrom, A. M., Werner, S., Matthiesen, A. S., & Winberg, J. (1990). Oxytocin and prolactin levels in breast-feeding women. Correlation with milk yield and duration of breast-feeding. *Acta Obstet Gynecol Scand, 69* (4), 301-306.

Uvnäs-Moberg K, W. A.-M., Nissen E, Björvell H. (1990). Personality traits in women 4 days postpartum and their correlation with plasma levels of oxytocin and prolactin. *J Psychosom Obstet Gynaecol, 11*, 261-273.

Widstrom, A. M., Matthiesen, A. S., Winberg, J., & Uvnäs-Moberg, K. (1989).Maternal somatostatin levels and their correlation with infant birth weight. *Early Hum Dev, 20* (3-4), 165-174.

Widstrom, A. M., Werner, S., Matthiesen, A. S., Svensson, K., & Uvnäs-Moberg, K. (1991). Somatostatin levels in plasma in nonsmoking and smoking breast-feeding women. *Acta Paediatr Scand, 80* (1), 13-21.

研究四

在確定的哺乳期蒐集了六份哺乳相關血液樣本。記錄了媽媽的分泌母乳反射經歷。第三份血液樣本是在分泌母乳反射出現後一分鐘採集的。胃泌素、胰島素和泌乳激素濃度用放射免疫分析法測量（Widstrom et al., 1984）。

哺乳時泌乳反射的發生，藉由觀察對側乳頭流出母乳、嬰兒吞嚥聲、媽媽乳房的刺痛感或壓力感來記錄。

Widstrom, A. M., Winberg, J., Werner, S., Hamberger, B., Eneroth, P., & UvnäsMoberg, K. (1984). Suckling in lactating women stimulates the secretion of insulin and prolactin without concomitant effects on gastrin, growth hormone, calcitonin, vasopressin or catecholamines. *Early Hum Dev, 10* (1-2), 115-122.

研究五

本研究在十五名與哺乳有關的經產女性中進行。在哺乳時蒐集的十一份血液樣本中測量了胃泌素和體抑素濃度。記錄哺乳時嬰兒攝取的母乳量。

Widstrom, A. M., Winberg, J., Werner, S., Svensson, K., Posloncec, B., & Uvnäs-Moberg, K. (1988). Breast feeding-induced effects on plasma gastrin and somatostatin levels and their correlation with milk yield in lactating females. *Early Hum Dev,*

16 (2-3), 293-301.

研究六

在懷孕和哺乳期間重複採集血液樣本。測量了催產素、體抑素、胃泌素和胰島素濃度，並將其與哺育母乳的結果連結起來。

Silber, M., Larsson, B., & Uvnäs-Moberg, K. (1991). Oxytocin, somatostatin, insulin and gastrin concentrations vis-a-vis late pregnancy, breastfeeding and oral contraceptives. *Acta Obstet Gynecol Scand, 70* (4-5), 283-289.

研究七

二十五名新生兒在產後立即蒐集胃抽吸物。分析內容物的量和pH值，並分析抽吸物的胃泌素和體抑素濃度。

Widstrom, A. M., Christensson, K., Ransjo-Arvidson, A. B., Matthiesen, A. S., Winberg, J., & Uvnäs-Moberg, K. (1988). Gastric aspirates of newborn infants: pH, volume and levels of gastrin-and somatostatin-like immunoreactivity. *Acta Paediatr Scand, 77* (4), 502-508.

研究八

八名早產兒管灌兩次母乳，一次不吸吮奶嘴，一次在管灌前、管灌時和管灌後各吸吮奶嘴十五分鐘。最後再從胃中取得抽吸物。並測量抽吸物的體積和pH值，以及胃泌素和體抑素濃度。

Widstrom, A. M., Marchini, G., Matthiesen, A. S., Werner, S., Winberg, J., & Uvnäs-Moberg, K. (1988). Nonnutritive sucking in tube-fed preterm infants: effects on gastric motility and gastric contents of somatostatin. *J Pediatr Gastroenterol Nutr, 7* (4), 517-523.

研究九

從吸吮奶嘴的早產兒和足月新生兒的臍帶導管蒐集血液樣本，並用放射免疫測定法測量胰島素、胃泌素和體抑素濃度。

Marchini, G., Lagercrantz, H., Feuerberg, Y., Winberg, J., & Uvnäs-Moberg, K. (1987). The effect of non-nutritive sucking on plasma insulin, gastrin, and somatostatin levels in infants. *Acta Paediatr Scand, 76* (4), 573-578.

研究十

採集了五十八名新生兒的血液樣本。每個孩子在哺乳之前、之後或十分鐘、三十分鐘和六十分鐘後採集一份血液樣本。藉由高效能液相層析法和放射免疫測定法測定膽囊收縮素的血漿濃度。

Uvnäs-Moberg, K., Marchini, G., & Winberg, J. (1993). Plasma cholecystokinin concentrations after breast feeding in healthy 4 day old infants. *Arch Dis Child, 68* (1 Spec No), 46-48.

研究十一

一百六十一名女性在三個時間點填寫卡羅林斯卡人格量表，懷孕第三個月、分娩後三個月哺乳時、分娩後六個月的哺乳時。

Sjogren, B., Widstrom, A. M., Edman, G., & Uvnäs-Moberg, K. (2000). Changes in personality pattern during the first pregnancy and lactation. *J Psychosom Obstet Gynaecol, 21* (1), 31-38.

研究十二

十三名初產婦和十六名經產婦在自然產後第二大填寫卡羅林斯卡人格量表。蒐集了八份血液樣本，分析了催產素、胃泌素、體抑素和膽囊收縮素的濃度。

Uvnäs Moberg, K. & Nissen, E. (2005). Hormonal regulation of maternal behavior during breastfeeding. In B. Sjogren (Ed.). *Psychosocial aspects on birth and obstetrics*. Studentlitteratur, pp. 181-196.

研究十三

二十一名新生兒出生後立即被放在媽媽胸前，記錄了一百二十分鐘的母嬰互動，並詳細觀察母嬰行為。對一些嬰兒進行了胃抽吸，並研究了該過程的效果。

Widstrom, A. M., Ransjo-Arvidson, A. B., Christensson, K., Matthiesen, A. S., Winberg, J., & Uvnäs-Moberg, K. (1987). Gastric suction in healthy newborn infants. Effects on circulation and developing feeding behaviour. *Acta Paediatr Scand, 76* (4), 566-572.

研究十四

五十對母嬰雙人組，隨機分配為產後「只有肌膚接觸」與「肌膚接觸之外還吸吮乳頭」兩組。

於產後第四天哺乳時觀察媽媽，並記錄她們與孩子的互動。在哺乳前後測量母乳量，並蒐集血液樣本，用於分析泌乳激素和胃泌素。媽媽們被要求描述焦慮的程度，以及她們對孩子的感覺有多麼親密。媽媽們還被要求填寫日記，記錄她們在產後四天內與嬰兒共度的時間。嬰兒被安置在育嬰室，媽媽們在該餵奶或想和嬰兒在一起時，才把嬰兒抱過來。

Widstrom, A. M., Wahlberg, V., Matthiesen, A. S., Eneroth, P., Uvnäs-Moberg, K., Werner, S., et al. (1990). Short-term effects of early suckling and touch of the nipple on maternal behaviour. *Early Hum Dev, 21* (3), 153-163.

研究十五

十四名新生兒與媽媽進行肌膚接觸，十五名新生兒待在嬰兒床，十五名新生兒先在嬰兒床然後與媽媽進行肌膚接觸。出生後的新生兒哭聲由錄音機記錄九十分鐘。

Christensson, K., Cabrera, T., Christensson, E., Uvnäs-Moberg, K., & Winberg, J. (1995). Separation distress call in the human neonate in the absence of maternal body contact. *Acta Paediatr, 84* (5), 468-473.

研究十六

十八名健康女性在產後和孩子進行肌膚接觸。以十五分鐘的間隔蒐集了十組血液樣本。催產素濃度用放射免疫分析法測量。

Nissen, E., Lilja, G., Matthiesen, A. S., Ransjo-Arvidsson, A. B., Uvnäs-Moberg, K., & Widstrom, A. M. (1995). Effects of maternal pethidine on infants' developing breast feeding behaviour. *Acta Paediatr, 84* (2), 140-145.

研究十七

影片記錄了二十八對母嬰雙人在產後兩個小時肌膚接觸期間的行為。十名女性分娩時沒有使用任何止痛，十八名女性接受了一種或兩種止痛，如輸注哌替啶、硬膜外麻醉或陰部神經阻斷。在產後兩小時內，以十五分鐘的間隔蒐集了十個血液樣本。藉由放射免疫分析法分析催產素的血漿濃度。

根據影片紀錄，詳細研究嬰兒的手部動作和吸吮。手部按摩乳房和哺乳多寡與催產素濃度有關。行為評分和催產素濃度與使用不同類型的止痛劑有關。計算嬰兒手部按摩對媽媽催產素釋放的頻率。

Matthiesen, A. S., Ransjo-Arvidson, A. B., Nissen, E., & Uvnäs-Moberg, K. (2001). Postpartum maternal oxytocin release by newborns: effects of infant hand massage and sucking. *Birth, 28* (1), 13-19.

Ransjo-Arvidson, A. B., Matthiesen, A. S., Lilja, G., Nissen, E., Widstrom, A. M., & Uvnäs-Moberg, K. 2001). Maternal analgesia during labor disturbs newborn behavior: effects on breastfeeding, temperature, and crying. *Birth, 28* (1), 5-12.

研究十八

四十二名剖腹產出生的嬰兒被隨機分配，在產後二十五分鐘內與媽媽或爸爸肌膚接觸。父母和寶寶在出生後兩個小時內的互動，被仔細觀察並記錄在錄影帶上，也同時記錄聲音。從影片記錄中對運動行為、觸覺互動和聲音交流進行詳細觀察，尤其注意觀察媽媽和爸爸之間，與男嬰和女嬰之間的差異。

記錄媽媽產後接受的催產素量。九十分鐘內，以五分鐘或十五分鐘的間隔從媽媽和爸爸採集了十七份血液樣本。藉由放射免疫分析法分析催產素濃度。

比較肌膚接觸與否的媽媽和爸爸的行為和催產素濃度。探討了輸注外生性催產素對內生性催產素濃度的影響。

Velandia, M., Matthisen, A. S., Uvnäs-Moberg, K., & Nissen, E. (2010). Onset of vocal interaction between parents and newborns in skin-to-skin contact immediately after elective cesarean section. *Birth, 37* (3), 192-201.

Velandia, M., Uvnäs-Moberg, K., & Nissen, E. (2011). Sex differences in newborn interaction with mother or father during skin-to-skin contact after Caesarean section. *Acta Paediatr, 101* (4), 360-367.

研究十九

一百七十六名媽媽和她們的嬰兒參與了這項研究。媽媽們被隨機分配為與嬰兒肌膚接觸的第一組，抱起穿衣服嬰兒的第二組，或是母嬰分開，嬰兒被安置在育嬰室嬰兒床上兩小時的第三組和第四組。之後，第一、第二與第四組被分配到產後病房四天，第三組的嬰兒被安置在產後病房的育嬰室。第四組的母嬰僅在分娩後二十五至一百二十分鐘內分開（在產房），第三組的媽媽在產房和產後病房期間均與嬰兒分開。

在產後病房休息的四天內，無論是與媽媽在一起還是待在育嬰室，嬰兒們都照俄羅斯傳統，或穿衣服，或被襁褓包裹。

記錄哺乳次數和持續時間、嬰兒在產後第四天哺乳時攝取的母乳量，以及幾乎純哺育母乳的持續時間。記錄嬰兒產後是否立即吸吮。

從產後三十分鐘到兩小時，每隔十五分鐘記錄一次媽媽的乳房溫度和嬰兒的腋窩、肩胛骨、大腿和足部體表溫度。比較不同組記錄到的體表溫度。

孩子一歲大時，對媽媽和嬰兒進行行為觀察，在兩種不同的情況下研究母嬰之間的互動。一是自由遊戲，媽媽和孩子玩他們想玩的任何東西，一是結構化遊戲，母嬰在接受特定指示後進行遊戲。兩次互動都由錄影帶記錄。心理學家根據親子關係的早期評估問卷量表（PCERA）對錄影進行分析。用這種方法研究了母嬰互動的某些方面與行為。

Bystrova, K., Ivanova, V., Edhborg, M., Matthiesen, A. S., Ransjo-Arvidson, A. B., Mukhamedrakhimov, R., Uvnäs-Moberg, K. (2009). Early contact versus separation: effects on mother-infant interaction one year later. *Birth, 36* (2), 97-109.

Bystrova, K., Matthiesen, A. S., Vorontsov, I., Widstrom, A. M., Ransjo-Arvidson, A. B., & Uvnäs-Moberg, K. (2007). Maternal axillar and breast temperature after giving birth: effects of delivery ward practices and relation to infant temperature. *Birth, 34* (4), 291-300.

Bystrova, K., Matthiesen, A. S., Widstrom, A. M., Ransjo-Arvidson, A. B., Welles-Nystrom, B., Vorontsov, Uvnäs-Moberg, K (2007). The effect of Russian Maternity Home routines on breastfeeding and neonatal weight loss with special reference to swaddling. *Early Hum Dev, 83* (1), 29-39.

Bystrova, K., Widstrom, A. M., Matthiesen, A. S., Ransjo-Arvidson, A. B., Welles-Nystrom, B., Vorontsov, Uvnäs-Moberg, K, (2007). Early lactation performance in primiparous and multiparous women in relation to different maternity home practices. A randomised trial in St. Petersburg. *Int Breastfeed J, 2,* 9.

Bystrova, K., Widstrom, A. M., Matthiesen, A. S., Ransjo-Arvidson, A. B., Welles-Nystrom, B., Wassberg, C., Vorontsov, I., Uvnäs-Moberg, K. (2003). Skin-to-skin contact may reduce negative consequences of "the stress of being born": a study on temperature in newborn infants, subjected to different ward routines in St. Petersburg. *Acta Paediatr, 92* (3), 320-326.

研究二十

十三名健康的初產婦在分娩時服用了標準劑量的哌替啶。對發展哺乳行為的嬰兒進行了研究，發現其與給藥時間以及出生時臍帶血中哌替啶和哌替啶代謝物的濃度有關。

Nissen, E., Widstrom, A. M., Lilja, G., Matthiesen, A. S., Uvnäs-Moberg, K., Jacobsson, G., et al. (1997). Effects of routinely given pethidine during labour on infants' developing breastfeeding behaviour. Effects of dose-delivery time interval and various concentrations of pethidine/norpethidine in cord plasma. *Acta Paediatr, 86* (2), 201-208.

研究二十一

四十四組健康母嬰在產後立即進行觀察，其中十八位媽媽分娩時接受了哌替啶。嬰兒被放置在肌膚接觸的位置，研究嬰兒嘴巴和吸吮運動的發育，以及覓食行為，並指出分娩時使用哌替啶與未使用媽媽的嬰兒之間的差異。

Nissen, E., Lilja, G., Matthiesen, A. S., Ransjo-Arvidsson, A. B., Uvnäs-Moberg, K., & Widstrom, A. M. (1995). Effects of maternal pethidine on infants' developing breast feeding behaviour. *Acta Paediatr, 84* (2), 140-145.

研究二十二

十八名出生時間中位數為三十四周、出生體重中位數為一二三〇克的嬰兒，在三天大時使用了六十分鐘袋鼠式護理（KC）。在袋鼠式護理之前與之後五分鐘、三十分鐘與六十分鐘時，採集血液樣本。八名使用袋鼠式護理的嬰兒和六十八名未使用袋鼠式護理的嬰兒藉由鼻胃管餵養。在餵食結束前和餵食結束後三十分鐘採集血液樣本。分析所有血液樣本的體抑素和膽囊收縮素。

Törnhage, C. J., Serenius, F., Uvnäs-Moberg, K., & Lindberg, T. (1998). Plasma somatostatin and cholecystokinin levels in preterm infants during kangaroo care with and without nasogastric tube-feeding. *J Pediatr Endocrinol Metab, 11* (5), 645-651.

研究二十三

三十三名無併發症妊娠的健康女性及其足月分娩的健康新生兒參與了這項研究。在陰道分娩和剖腹產後，蒐集母體靜脈血液樣本和臍動脈血液樣本。胃泌素、體抑素和催產素濃度用放射免疫分析法測量。

Marchini, G., Lagercrantz, H., Winberg, J., & Uvnäs-Moberg, K. (1988). Fetal and maternal plasma levels of gastrin, somatostatin and oxytocin after vaginal delivery and elective cesarean section. *Early Hum Dev, 18* (1), 73-79.

注釋

第1章

1 *Lugn och Beröring*，英文版書名：*The Oxytocin Factor*，二〇〇〇年。

2 Uvnäs-Moberg, 1997, 1998b。

3 *Närhetens hormon*，英文版書名：*Hormone of Closeness*，二〇〇九年。

第2章

1 Guyton, 2002; Hadley, 2000

2 Adams, Grummer-Strawn, & Chavez, 2003; Eriksson, Lindh, Uvnäs-Moberg, & Hokfelt, 1996; Komisaruk & Sansone, 2003

3 Olausson, Wessberg, Morrison, McGlone, & Vallbo, 2010; Vallbo, Olausson, Wessberg, & Norrsell, 1993

4 Craig, 2003; Olausson et al., 2002; Vallbo, Olausson, & Wessberg, 1999

5 Uvnäs-Moberg, 1998a; Uvnäs-Moberg & Petersson, 2011

6 Björklund, Hökfelt, & Owman, 1988; Salt & Hill, 1983

7 Lundberg, Terenius, Hokfelt, & Goldstein, 1983

8 Gibson et al., 1984; Hokfelt, Kellerth, Nilsson, & Pernow, 1975; Shehab & Atkinson, 1986

第3章

1 Uvnäs-Moberg, 1989

2 Uvnäs-Moberg, 1994

3 Uvnäs-Moberg, 1989

4 Uvnäs-Moberg, 1989, 1994

5 NTS; Herman, Ostrander, Mueller, & Figueiredo, 2005; Herman, Prewitt, & Cullinan, 1996

6 LeDoux, 2012

7 Van Bockstaele, Colago, & Valentino, 1998

8 Liu, Caldji, Sharma, Plotsky, & Meaney, 2000

9 Sato, 1987; Tsuchia, 1994

10 Buijs, 1983

第4章

1 Dale, 1906, 1909

2 Gaines, 1915; Ott & Scott, 1910

3 Du Vigneaud, Ressler, & Trippett, 1953

4 Burbach, Young, & Russell, 2006

5 Acher, Chauvet, & Chauvet, 1995; Sawyer, 1977

6 Richard, Moos, & Freund-Mercier, 1991

7 Buijs, 1983; Buijs, De Vries, & Van Leeuwen, 1985; Sofroniew, 1983

8 Knobloch et al., 2012; Mason, Ho, & Hatton, 1984

9 Hatton & Tweedle, 1982; Poulain & Wakerley, 1982; Theodosis,

2002; Theodosis, Chapman, Montagnese, Poulain, & Morris, 1986; Wakerley, Poulain, & Brown, 1978
10 Burbach et al., 2006
11 Burbach et al., 2006
12 Amico & Hempel, 1990; Green et al., 2001
13 Burbach et al., 2006
14 Ludwig & Leng, 2006
15 Gutkowska & Jankowski, 2008; Lefebvre, Giaid, Bennett, Lariviere, & Zingg, 1992; Lefebvre, Giaid, & Zingg, 1992; Lefebvre, Lariviere, & Zingg, 1993; Ohlsson, Truedsson, Djerf, & Sundler, 2006; Wathes & Swann, 1982
16 Ito et al., 2003; Naruki et al., 1996
17 Richard et al., 1991; Ryden & Sjoholm, 1969
18 De Groot et al., 1995
19 Uvnäs-Moberg, Nielsen, Ahmed, & Fianu-Jonasson, 2014
20 Adan et al., 1995; Burbach & Lebouille, 1983; Burbach et al., 2006; Stancampiano & Argiolas, 1993; Stancampiano, Melis, & Argiolas, 1991
21 de Wied, Gaffori, Burbach, Kovacs, & van Ree, 1987; Gaffori & De Wied, 1988; Stancampiano et al., 1991
22 Jones & Robinson, 1982
23 Burbach et al., 2006; Cao & Gimpl, 2001; Freund-Mercier et al., 1987; Gimpl & Fahrenholz, 2001; Gimpl, Reitz, Brauer, & Trossen, 2008; Tribollet, Barberis, Dreifuss, & Jard, 1988
24 Gimpl & Fahrenholz, 2001; Gimpl et al., 2008; Strunecka, Hynie, & Klenerova, 2009; Vrachnis, Malamas, Sifakis, Deligeoroglou, & Iliodromiti, 2011
25 Gimpl & Fahrenholz, 2001
26 Cassoni, Sapino, Marrocco, Chini, & Bussolati, 2004
27 Strunecka et al., 2009
28 Richard et al., 1991; Sawchenko & Swanson, 1983; Swanson & Sawchenko, 1980, 1983
29 Burbach et al., 2006; Gimpl et al., 2008; Schumacher et al., 1993

第5章

1 Pedersen, Caldwell, Johnson, Fort, & Prange, 1985; Pedersen, Caldwell, Peterson, Walker, & Mason, 1992; Pedersen & Prange, 1979
2 Kendrick, Keverne, & Baldwin, 1987; Keverne & Kendrick, 1992, 1994; Levy, Kendrick, Keverne, Piketty, & Poindron, 1992
3 Carter, 1998; Insel, 2003
4 Argiolas & Gessa, 1991; Witt, Winslow, & Insel, 1992
5 Uvnäs-Moberg, Alster, Hillegaart, & Ahlenius, 1992; Neumann, 2008; Terenzi & Ingram, 2005; Uvnäs-Moberg, Ahlenius, Hillegaart, & Alster, 1994
6 Amico, Mantella, Vollmer, & Li, 2004
7 Petersson, Lundeberg, & Uvnäs-Moberg, 1999a; Uvnäs-Moberg et al., 1994
8 Lundeberg, Uvnäs-Moberg, Agren, & Bruzelius, 1994; Petersson, Alster, Lundeberg, & Uvnäs-Moberg, 1996a
9 Clodi et al., 2008; Nation et al., 2010; Petersson, Wiberg, Lundeberg, & Uvnäs-Moberg, 2001; Szeto et al., 2008
10 Petersson, Hulting, & Uvnäs-Moberg, K., 1999
11 Lightman & Young, 1989; Neumann, Wigger, Torner, Holsboer, &

Landgraf, 2000
12 Legros, Chiodera, & Geenen, 1988
13 Stachowiak, Macchi, Nussdorfer, & Malendowicz, 1995
14 Petersson & Uvnäs-Moberg, 2003
15 Amico, Miedlar, Cai, & Vollmer, 2008
16 Dreifuss, Raggenbass, Charpak, Dubois-Dauphin, & Tribollet, 1988; Matsuguchi, Sharabi, Gordon, Johnson, & Schmid, 1982; Petersson, Diaz-Cabiale, Angel Narvaez, Fuxe, & Uvnäs-Moberg, 2005; Petersson, Lundeberg, & Uvnäs-Moberg, 1999b; Yamashita, Kannan, Kasai, & Osaka, 1987
17 Petersson, Alster, Lundeberg, & Uvnäs-Moberg, 1996b; Petersson, Lundeberg, et al.,1999a; 1999b
18 Dreifuss et al., 1988
19 Bjorkstrand, Ahlenius, Smedh, & Uvnäs-Moberg, 1996; Bjorkstrand, Eriksson, & Uvnäs-Moberg, 1996; Petersson, Hulting, Andersson, & Uvnäs-Moberg, 1999
20 Bjorkstrand, Eriksson, et al., 1996; Stock, Fastbom, Bjorkstrand, Ungerstedt, & Uvnäs-Moberg, 1990
21 Björkstrand, Hulting, & Uvnäs-Moberg, 1997; Petersson, Lundeberg, Sohlström, Wiberg, & Uvnäs-Moberg, 1998; Uvnäs-Moberg & Petersson, 2005
22 Bjorkstrand & Uvnäs-Moberg, 1996; Diaz-Cabiale, Petersson, Narváez, Uvnäs-Moberg, & Fuxe, 2000; Petersson, et al., 1996b; Petersson, et al. 1996a; Petersson, Diaz-Cabiale, et al., 2005; Petersson, Hulting, & Uvnäs-Moberg, 1999; Petersson, Hulting, Andersson, & Uvnäs-Moberg, 1999; Petersson, Lundeberg, et al., 1998; Petersson, Wiberg, Lundeberg & Uvnäs-Moberg, 2001; Uvnäs-Moberg, Bjorkstrand, Hillegaart, & Ahlenius, 1999; Uvnäs-Moberg, Eklund, Hillegaart, & Ahlenius, 2000
23 Diaz-Cabiale, et al., 2000; Petersson et al., 1996a, 1996b; Petersson, Diaz-Cabiale, et al., 2005; Petersson, Hulting, & Uvnäs-Moberg, 1999; Petersson, Hulting, Andersson, et al., 1999; Petersson, Lundeberg, et al., 1999a; Petersson & Uvnäs-Moberg, 2003
24 Du, Yan, & Qiao, 1998; Zhou, Li, Guo, & Du, 1997
25 Luppi et al., 1993
26 Graff & Pollack, 2005; Veronesi, Kubek, & Kubek, 2011; Wu, Hu, & Jiang, 2008
27 Domes, Heinrichs, Michel, Berger, & Herpertz, 2007; Hollander et al., 2007
28 Guastella, Mitchell, & Dadds, 2008
29 Domes, Heinrichs, Glascher, et al., 2007; Heinrichs, Baumgartner, Kirschbaum, & Ehlert, 2003; Heinrichs & Domes, 2008; Kirsch et al., 2005
30 Bartz et al., 2011
31 Kosfeld, Heinrichs, Zak, Fischbacher, & Fehr, 2005; Ohlsson et al., 2005
32 Jonas, Nissen, Ransjo-Arvidson, Matthiesen, & Uvnäs-Moberg, K., 2008
33 Goldman, Marlow-O'Connor, Torres, & Carter, 2008; Hoge, Pollack, Kaufman, Zak, & Simon, 2008; Modahl et al., 1998
34 Modahl et al., 1998
35 Gregory et al., 2009
36 Gordon et al., 2008, Tops, van Peer, Korf, Wijers, & Tucker, 2007
37 Bertsch, Schmidinger, Neumann, & Herpetz, 2013; Kim et al., 2013

38 Pierrehumbert et al., 2009
39 Jokinen et al., 2012
40 Alfvén, de la Torre, & Uvnäs-Moberg, 1994; Anderberg & Uvnäs-Moberg, 2000
41 Skuse et al., 2014
42 Guastella et al., 2010; Guastella, Howard, Dadds, Mitchell, & Carson, 2009; Hollander et al., 2007
43 Uvnäs-Moberg, Alster, Hillegaart, & Ahlenius, 1995; Uvnäs-Moberg, Hillegaart, Alster, & Ahlenius, 1996
44 Uvnäs-Moberg, Alster, & Svensson, 1992; Uvnäs-Moberg, Bjorkstrand, Hillegaart, & Ahlenius, 1999
45 Humble, Uvnäs-Moberg, Engström, & Bejerot, 2013

第6章

1 Argiolas & Gessa, 1991; Burbach et al., 2006; Richard et al., 1991
2 Burbach et al., 2006; Ludwig & Leng, 2006
3 Petersson & Uvnäs-Moberg, 2004
4 Shughrue, Komm, & Merchenthaler, 1996
5 Silber, Larsson, & Uvnäs-Moberg, 1991
6 Schumacher et al., 1992
7 Fuchs et al., 1991
8 Burbach et al.,2006; Ferguson, 1941
9 Sato, Hotta, Nakayama, & Suzuki, 1996
10 Burbach et al., 2006; Eriksson, Lindh, Uvnäs-Moberg, et al., 1996
11 Jonas et al., 2009
12 Burbach et al., 2006; Carmichael et al., 1987; Todd & Lightman, 1986
13 Ohlsson, Truedsson, Djerf, & Sundler, 2006
14 Lupoli, Johansson, Uvnäs-Moberg, & Svennersten-Sjaunja, 2001
15 Svennersten, Nelson, & Uvnäs-Moberg, 1990
16 Ohlsson, Forsling, Rehfeld, & Sjölund, 2002; Svennersten, Nelson, & Uvnäs-Moberg, 1990; Uvnäs-Moberg, 1989, 1994
17 Stock & Uvnäs-Moberg, 1988
18 Uvnäs-Moberg, Bruzelius, Alster, & Lundeberg, 1993
19 Lund et al., 2002
20 Araki, Ito, Kurosawa, & Sato, 1984; Kurosawa, Suzuki, Utsugi, & Araki, 1982; Tsuchiya, Nakayama, & Sato, 1991
21 Kurosawa, Lundeberg, Agren, Lund, & Uvnäs-Moberg, 1995; Uvnäs-Moberg, Posloncec,& Ahlberg, 1986
22 Uvnäs-Moberg, Lundeberg, Bruzelius, & Alster, 1992; Uvnäs-Moberg et al., 1986
23 Uvnäs-Moberg, Bruzelius, et al., 1993
24 Agren, Lundeberg, Uvnäs-Moberg, & Sato, 1995; Lund, Lundeberg, Kurosawa, & Uvnäs-Moberg, 1999; Uvnäs-Moberg, Alster, Lund, et al., 1996
25 Lund et al., 2002
26 Holst, Lund, Petersson, & Uvnäs-Moberg, 2005
27 Uvnäs-Moberg, Alster, Lund, et al., 1996
28 Uvnäs-Moberg & Petersson, 2011
29 Agren et al., 1995; Uvnäs-Moberg, Bruzelius, et al., 1993
30 Sato, Sato, & Schmidt, 1997
31 Burbach et al., 2006
32 Burbach et al., 2006
33 Agren, Olsson, Uvnäs-Moberg, & Lundeberg, 1997; Uvnäs Moberg,

Bystrova, et al., 2014
34 Strathearn, Iyengar, Fonagy, & Kim, 2012
35 McNeilly, Robinson, Houston, & Howie, 1983; Seltzer, Ziegler, & Pollak, 2010
36 Knobloch et al., 2012
37 Kendrick, Keverne, Baldwin, & Sharman, 1986; Kendrick, Levy, & Keverne, 1991
38 Uvnäs-Moberg, Bruzelius, et al., 1993
39 Risberg, Olsson, Lyrenas, & Sjöquist, 2009; Jonas,Nissen, Ransjo-Arvidson, Wiklund, et al., 2008
40 Burbach et al., 2006
41 Cannon, 1929; Selye, 1976; Uvnäs-Moberg, Arn, & Magnusson, 2005
42 Uvnäs-Moberg et al.,2005; Uvnäs-Moberg, 1997, 1998a, 2003
43 Bystrova et al., 2009; Cameron et al., 2008; Glover, O'Connor, & O'Donnell, 2010

第7章

1 Long, 1969
2 Geddes, 2007
3 Giacometti & Montagna, 1962
4 Czank, Henderson, Kent, Tat Lai, & Hartmann, 2007
5 Bystrova, Matthiesen, et al., 2007; Hartmann, 2007
6 Cowie, Forsyth, & Hart, 1980; Czank et al., 2007
7 Rosen, Wyszomiersky, & Hadsell, 1999; Tucker, 2000
8 Czank et al., 2007
9 Czank et al., 2007
10 Freeman, Kanyicska, Lerant, & Nagy, 2000
11 Cowie, 1974; Cowie et al., 1980; Czank et al., 2007; Ostrom, 1990
12 Helena et al., 2011; Kennett, Poletini, Fitch, & Freeman, 2009; McKee, Poletini, Bertram, & Freeman, 2007; Mori et al., 1990; Samson, Lumpkin, & McCann, 1986; Samson & Schell, 1995; Sarkar & Gibbs, 1984
13 Buma & Nieuwenhuys, 1988; Burbach et al.,2006; Sheward, Coombes, Bicknell, Fink, & Russell, 1990; Pittman, Blume, & Renaud, 1981; Swanson & Sawchenko, 1983; Zimmerman et al., 1984
14 Czank et al., 2007; Wilde, Addey, Boddy, & Peaker, 1995
15 Wilde et al.,1998
16 Kimura et al., 1998
17 Ito et al., 1996; Gimpl et al., 2008
18 Geddes, 2007; Uvnäs-Moberg, Johansson, Lupoli, & Svennersten-Sjaunja, 2001

第8章

1 Widstrom et al., 1984
2 Geddes, 2007; Prime et al., 2009; Prime, Geddes, Hepworth, Trengove, & Hartmann, 2011; Prime, Kent, Hepworth, Trengove, & Hartmann, 2012; Ramsay, Kent, Owens, & Hartmann, 2004; Ramsay et al., 2006
3 Ott & Scott, 1910
4 Burbach et al., 2006
5 Nishimori et al., 1996; Young et al., 1996
6 Ely & Petersen, 1941; Gaines, 1915; Kimura et al., 1998; Ott &

Scott, 1910; Petersen & Ludwick, 1942; Prime et al., 2009; Prime et al., 2011

7 Kimura et al., 1998

8 Holzer, Taché, & Rosenfeldt, 1992; Pernow, 1983; Said & Mutt, 1970

9 Stock & Uvnäs-Moberg, 1985

10 Kimura & Matsuoka, 2007

11 Algers & Uvnäs-Moberg, 2007

12 Hofer, 1994

13 Kimura & Matsuoka, 2007

14 Eriksson, Lundeberg, & Uvnäs-Moberg, 1996

15 Eriksson, Lundeberg, et al., 1996

16 Kimura et al., 1998

17 Tancin, Kraetzl, Schams, & Bruckmaier, 2001

第9章

1 Findlay & Grosvenor, 1969; Linzell, 1971

2 Geddes, 2007

3 Cowie, 1974

4 Findlay & Grosvenor, 1969; Linzell, 1971

5 Eriksson, Lindh, et al., 1996

6 Gibson et al., 1984; Hokfelt et al., 1975; Shehab & Atkinson, 1986

7 Lundberg et al., 1983

8 Edvinsson, Ekblad, Hakånson, & Wahlestedt, 1984; Holzer et al., 1992; Pernow, 1983; Said & Mutt, 1970

9 Eriksson, Lindh, et al., 1996; Uvnäs-Moberg & Eriksson, 1996

10 Eriksson, Lindh, et al., 1996

11 Uvnäs-Moberg et al., 2001

12 Geddes, 2007; Widstrom et al., 1984

13 Geddes, 2007; Prime et al., 2009; Prime et al., 2011

14 Eriksson, Lindh, et al., 1996

15 Bruckmaier, Wellnitz, & Blum, 1997; Bruckmaier, Schams, & Blum, 1993; Eriksson,Lundeberg, et al., 1996

16 Bruckmaier et al.,1997

17 Bruckmaier, Pfeilsticker, & Blum, 1996; Bruckmaier et al., 1997

18 Newton, 1992

19 Odent, 2012

20 Burbach et al., 2006

21 Burbach et al., 2006; Eriksson, Lindh, et al., 1996

22 Araki et al., 1984; Kurosawa et al., 1982; Tsuchiya et al.,1991; Uvnäs-Moberg et al., 1986

23 Buijs, 1983; Buijs & Swaab, 1979; Sofroniew, 1983; Stern & Zhang, 2003

24 Stock & Uvnäs-Moberg, 1988

25 Uvnäs-Moberg, Bruzelius, et al., 1993

第10章

1 Drewett, Bowen-Jones, & Dogterom, 1982; Glasier, McNeilly, & Howie, 1988; Johnston & Amico, 1986; Lucas, Drewett, & Mitchell, 1980; McNeilly et al., 1983; Widstrom et al.,1984

2 Uvnäs-Moberg, Widstrom, Werner, et al., 1990

3 Nissen et al.,1996

4 Jonas et al., 2009

5 Uvnäs-Moberg, Widstrom, Werner, et al., 1990

6 Uvnäs-Moberg, Widstrom, Werner, et al., 1990; Nissen et al., 1996; Jonas et al., 2009
7 Nissen et al., 1990; Jonas et al., 2009
8 Uvnäs-Moberg, Widstrom, Werner, et al., 1990
9 Uvnäs-Moberg, Widstrom, Werner, et al., 1990
10 Uvnäs-Moberg, Widstrom, Werner, et al., 1990
11 Uvnäs-Moberg, Widstrom, Werner, et al., 1990
12 Uvnäs-Moberg, Widstrom, Werner, et al., 1990; Nissen et al., 1996; Jonas et al., 2009
13 Uvnäs-Moberg, Widstrom, Werner, et al., 1990
14 Uvnäs-Moberg、Widstrom、Werner et al., 1990
15 Uvnäs-Moberg、Widstrom、Werner et al., 1990
16 Uvnäs-Moberg et al., 1990; Nissen et al., 1996; Jonas et al., 2009
17 Battin, Marrs, Fleiss,& Mishell, 1985; Frantz, 1977; Johnston & Amico, 1986;McNeilly et al., 1983; Yokoyama, Ueda, Irahara, & Aono, 1994
18 Houston, Howie, & McNeilly, 1983; Houston, Howie, Smart, McArdle, & McNeilly, 1983; Salariya, Easton, & Cater, 1978
19 Battin et al., 1985; Johnston & Amico, 1986
20 Uvnäs-Moberg, Widstrom, Werner, et al., 1990
21 Uvnäs-Moberg, Widstrom, Werner, et al., 1990
22 Drewett et al., 1982; Johnston & Amico, 1986; Lucas et al., 1980; McNeilly et al., 1983; Yokoyama et al., 1994
23 Szeto et al., 2011
24 Jonas et al., 2009, Nissen et al., 1996; Uvnäs Moberg et al., 1990
25 White-Traut et al., 2009
26 Widstrom et al., 1984; Uvnäs Moberg, Widstrom, Werner, et al., 1990; Nissen et al., 1996; Jonas et al., 2009
27 Geddes, 2007; Prime et al., 2009; Prime et al., 2011
28 Nissen, Gustavsson, Widstrom & Uvnäs-Moberg, 1998
29 Nissen et al., 1996
30 Silber et al.,1991
31 Uvnäs-Moberg, Widstrom, Werner, et al., 1990
32 Uvnäs Moberg, Widstrom, Werner, et al., 1990
33 Cowie, Tindal, & Yokoyama, 1966
34 Nissen, Lilja, Widstrom, & Uvnäs-Moberg, 1995; Yokoyama et al., 1994
35 McNeilly et al., 1983
36 Strathearn, Fonagy, Amico, & Montague, 2009
37 Uvnäs-Moberg, Widstrom, Werner, et al.1990
38 Uvnäs-Moberg, Widstrom, Werner, et al., 1990
39 Feldman, Weller, Zagoory-Sharon, & Levine, A.,2007; Levine, Zagoory-Sharon, Feldman, & Weller, 2007; Silber et al., 1991
40 Champagne & Meaney, 2001; Szyf, McGowan, & Meaney, 2008
41 Heim et al., 2009; Pierrehumbert et al., 2010
42 Amico, Seif, & Robinson, 1981; Freeman et al., 2000
43 Uvnäs-Moberg, Widstrom, Werner, et al., 1990
44 Jonas et al., 2009
45 Samson et al., 1986

第11章

1 Hofer, 1994; Numan, 2006; Numan & Woodside, 2010; Rosenblatt, 1994, 2003
2 Kendrick, Da Costa, et al., 1997; Keverne & Kendrick, 1994

3 Nowak, Murphy, et al., 1997
4 Kendrick, Guevara-Guzman, et al., 1997
5 Broad,Curley, & Keverne, 2006, 2009
6 Febo, Numan, & Ferris, 2005; Numan, 2006
7 Kendrick et al., 1987; Keverne & Kendrick,1992, 1994; Levy et al., 1992; Pedersen, Ascher, Monroe, & Prange, 1982; Pedersen & Prange, 1979
8 Kendrick, Da Costa, et al., 1997; Keverne & Kendrick,1992, 1994; Kendrick et al., 1986; Kendrick et al., 1991; Keverne & Kendrick, 1994; Levy et al., 1992
9 Kendrick et al., 1986; Kendrick et al.,1991; Keverne & Kendrick, 1994
10 Lupoli, et al., 2001;Nowak, Goursaud, et al., 1997; Nowak, Murphy, et al.,1997
11 Hofer, Brunelli, & Shair, 1993; Shair, Masmela, & Hofer, 1999
12 Algers & Uvnäs-Moberg, 2007
13 Algers & Uvnäs-Moberg, 2007; Kanwal & Rao, 2002
14 Coureaud et al., 2010; Doucet, Soussignan, Sagot, & Schaal, 2009
15 Eriksson, Lundeberg, et al., 1996
16 Hofer, 1994
17 N. Sachser, personal communication, 1998
18 Agren et al., 1995; Agren, Olsson,et al., 1997
19 Uvnäs-Moberg, Bystrova, et al., 2014

第12章

1 Hofer, 1994
2 Wakshlak & Weinstock,1990; Levine, Alpert, & Lewis, 1957; Pauk, Kuhn, Field, & Schanberg, 1986; van Oers, de Kloet, Whelan, & Levine,1998
3 Fleming et al., 2002
4 Uvnäs-Moberg, Bruzelius, et al., 1993
5 Bonetto et al., 1999; Lonstein, 2005
6 Erikson, Lindh, et al., 1996
7 Harlow, 1959;Harlow & Seay, 1964; Harlow & Zimmermann, 1959; Seay& Harlow, 1965
8 Champagne & Meaney, 2001;Champagne, Curley, Keverne, & Bateson, 2007; Champagne & Meaney, 2007
9 Cameron et al., 2008; Francis, Champagne, Liu, & Meaney, 1999; Szyf, Weaver, Champagne, Diorio,& Meaney, 2005
10 Holst, Uvnäs-Moberg, & Petersson, 2002
11 Pauk et al.,1986; van Oers et al., 1998
12 Holst, Uvnäs-Moberg, & Petersson, 2000
13 Eklund, Johansson, Uvnäs-Moberg, & Arborelius, 2009
14 Eriksson, Lindh, et al., 1996
15 Araki et al., 1984; Kurosawa et al., 1982; Tsuchiya et al., 1991
16 Kurosawa et al., 1995; Uvnäs-Moberg et al., 1986
17 Uvnäs-Moberg, Lundeberg, et al., 1992; Uvnäs-Moberg et al., 1986
18 Uvnäs-Moberg, Bruzelius, et al., 1993
19 Agren et al., 1995; Lund et al., 1999; Uvnäs-Moberg, Alster, Lund, et al., 1996
20 Holst et al., 2005; Lund et al., 2002
21 Uvnäs-Moberg & Petersson, 2011
22 Lund et al., 2002; Stock & Uvnäs-Moberg, 1988; Uvnäs-Moberg, Bruzelius, et al., 1993; Uvnäs Moberg et al., 1993

23 Sato et al., 1997
24 Francis, Young, Meaney, & Insel, 2002
25 Caldji, Diori, & Meaney, 2000
26 Holst et al., 2002; Olausson, Uvnäs-Moberg, & Solstrum, 2003; Petersson & Uvnäs-Moberg, 2008; Sohlstrom, Carlsson, & uvnas-wallensten; Uvnäs-Moberg, Alster, Petersson, Sohlstrom, & Bjorkstrand, 1998

第13章

1 Widstrom et al., 1987
2 Widström et al., 1990
3 Christensson, Cabrera, Christensson, Uvnäs-Moberg, & Winberg, 1995
4 Nissen, Lilja, Widstrom, et al., 1995
5 Matthiesen, Ransjo-Arvidson, Nissen, & Uvnäs-Moberg, 2001a
6 Bystrova et al., 2009; Bystrova, Matthiesen, Vorontsov, et al., 2007; Bystrova et al., 2003
7 Velandia, Matthiesen, Uvnäs-Moberg, & Nissen,2010; Velandia, Uvnäs-Moberg, & Nissen, 2011
8 Widström et al., 1987
9 Velandia et al., 2010
10 Nissen, Lilja, Widström, et al., 1995
11 Matthiesen et al., 2001a
12 Bystrova, Matthiesen, Vorontsov, et al., 2007
13 Bystrova et al., 2003
14 Bystrova et al., 2003
15 Christensson et al., 1995
16 Widstrom et al., 1987
17 Matthiesen et al., 2001a
18 Velandia et al., 2010
19 Velandia et al., 2010
20 Velandia et al., 2011
21 Nissen, Lilja, Widstrom, et al., 1995
22 Uvnäs-Moberg & Prime, 2013
23 Matthiesen et al., 2001a
24 Yukoyama et al.,1994
25 Robinson & Short, 1977
26 Velandia, Uvnäs-Moberg, & Nissen, 2014a
27 McNeilly et al., 1983
28 Bartels & Zeki, 2004; Strathearn et al., 2009
29 Bystrova, Matthiesen, Vorontsov, et al., 2007
30 Christensson et al., 1992
31 Bystrova et al., 2003
32 Bystrova et al., 2003
33 Bystrova, Matthiesen, Vorontsov, et al., 2007; Bystrova et al., 2003
34 Christensson et al., 1995
35 Christensson et al., 1995
36 Bergman, 2005; Bergman, Linley, & Fawcus, 2004; Moore, Anderson,Bergman, & Dowswell, 2012
37 Takahashi, Tamakoshi, Matsushima, & Kawabe, 2011
38 Tornhage, Serenius, Uvnäs-Moberg,& Lindberg, 1998
39 Bystrova, Matthiesen, Vorontsov, et al., 2007
40 Varendi, Porter, & Winberg, 1994
41 Winberg, 2005

42 Kendrick et al., 1986; Keverne & Kendrick, 1994
43 Uvnäs-Moberg et al., 2005
44 Lagercrantz & Slotkin, 1986

第14章

1 De Chateau & Wiberg, 1977a, 1977b, 1984; Kennell, Trause, & Klaus, 1975; Klaus et al., 1972; Wiberg, Humble, & de Chateau, 1989
2 Widstrom et al., 1990
3 Widstrom et al., 1990
4 Widstrom et al., 1990
5 Widstrom et al.,1990
6 Widstrom et al.,1990
7 Bystrova et al., 2009
8 Bystrova et al., 2009
9 Bystrova et al., 2009
10 Bystrova et al., 2009
11 De Chateau & Wiberg, 1977a, 1977b, 1984; Kennell et al., 1975; Klaus et al., 1972; Wiberg et al., 1989
12 Velandia et al., 2010; Velandia et al., 2011
13 Matthiesen et al., 2001a
14 Bystrova, Matthiesen, Vorontsov, et al., 2007; Matthiesen et al., 2001a; Nissen, Lilja, Widstrom, et al., 1995
15 Bystrova, Matthiesen, Vorontsov, et al., 2007; Bystrova et al., 2003
16 Bystrova et al., 2009
17 Bystrova et al., 2003
18 Uvnäs Moberg, Bruzelius, et al., 1993
19 Takahashi et al., 2011
20 Agren, Lundeberg, & Uvnäs-Moberg, 1997
21 Tornhage et al.,1998
22 Bjorkstrand,Ahlenius, et al., 1996
23 Uvnäs-Moberg & Nissen, 2005
24 Porges, 2009
25 de Chateau, Holmberg, Jakobsson, & Winberg, 1977; DiGirolamo, Gummer-Strawn, & Fein, 2008; Nylander,Lindemann, Helsing, & Bendvold, 1991; Salariya et al., 1978
26 Bystrova, Matthiesen, Widstrom, et al., 2007; K. Bystrova, Widstrom et al., 2007; Widstrom et al., 1990
27 Uvnäs-Moberg, 1998a, 2003
28 Heinrichs, Meinlschmidt, Wippich, Ehlert, & Hellhammer, 2004
29 Waldenstrom & Schytt, 2009
30 Erlandsson, Dsilna, Fagerberg, & Christensson, 2007
31 McKenna, Ball, & Gettler, 2007

第15章

1 state anxiety; Heinrichs et al., 2001
2 Altemus et al., 2001; Heinrichs et al., 2001; Heinrichs, Neumann, & Ehlert, 2002
3 Bartels & Zeki, 2004
4 Strathearn et al., 2009
5 Almay, von Knorring, & Oreland, 1987; Gustavsson, 1977
6 Uvnäs-Moberg, Widström, Nissen & Björvell, 1990
7 Sjogren, Widstrom, Edman, & Uvnäs-Moberg, 2000
8 Uvnäs-Moberg & Nissen, 2005

9 Nissen et al., 1998
10 Jonas, Nissen, Ransjo-Arvidson, Matthiesen, et al., 2008
11 Uvnäs-Moberg & Nissen, 2005; Uvnäs-Moberg, Widström,Nissen, & Björvell, 1990; Jonas, Nissen, Ransjo-Arvidson,Matthiesen, et al., 2008; Nissen et al., 1998, Sjögren et al.,2000
12 Gustavsson, 1977
13 Sjogren et al., 2000
14 Uvnäs-Moberg & Nissen, 2005
15 Jonas, Wiklund, Nissen, Ransjo-Arvidson, & Uvnäs-Moberg, K., 2007
16 Uvnäs-Moberg, Widström, Nissen, et al., 1990
17 Nissen et al., 1998
18 Jonas, Nissen, Ransjo-Arvidson, Matthiesen, et al., 2008
19 Uvnäs-Moberg et al., 1990; Nissen et al., 1998
20 Knobloch et al., 2012
21 Strathearn et al., 2009
22 Nissen et al., 1998
23 Nissen et al., 1998
24 Silber, Almkvist, Larsson, & Uvnäs-Moberg, 1990
25 Altemus, 1995; Mezzacappa & Katlin, 2002
26 Dunn & Kendrick, 1980; Wiesenfeld, Malatesta, Whitman, Granrose, & Uili, 1985
27 Mezzacappa, Kelsey, & Katkin, 2005
28 Feldman, Gordon, Schneiderman, Weisman, & Zagoory-Sharon, 2010; Feldman, Gordon, & Zagoory-Sharon, 2011
29 Grewen & Light, 2011; Handlin et al.,2009; Jonas et al., 2009
30 Bystrova, Matthiesen, Vorontsov, et al., 2007
31 Nissen et al., 1996; Silber et al., 1991
32 Nissen et al., 1996; Silber et al., 1991

第16章

1 Mayer & Rosenblatt, 1987; Rosenblatt, Mayer & Giordano, 1988
2 Febo et al., 2005; Numan, 2006
3 Bosch & Neumann, 2011
4 Clinton, Bedrosian, Abraham, Watson & Akil, 2010
5 Caldji, Hellstrom, Zhang, Diorio & Meaney, 2011
6 Petersson, Lundeberg et al., 1999b
7 Jonas, Nissen, Ransjo-Arvidson, Wiklund, Henriksson, et al., 2008; Matthiesen et al., 2001a; Nissen, Lilja, Widstrom et al., 1995; Nissen et al., 1996; Uvnäs Moberg et al., 1990
8 Petersson, Ahlenius, Wiberg, Alster & Uvnäs-Moberg et al., 1998
9 Petersson & Uvnäs-Moberg, 2007
10 Lonstein, 2005
11 Weller & Weller, 1993, 1997
12 Newton, 1992
13 Bystrova, Widstrom, Ransjo-Arvidsson & Uvnäs-Moberg, 2014
14 Bystrova et al., 2009; Matthiesen et al., 2001a; Nissen, Lilja, Widstrom et al., 1995
15 Kleberg, Hellstrom-Westas, & Widstrom, 2007
16 Jonas et al., 2009; Nissen et al., 1996
17 Mezzacappa, Kelsey, Myers & Katkin, 2001
18 Mezzacappa et al., 2001
19 Petersson, Ahlenius et al., 1998; Petersson & Uvnäs-Moberg, 2007
20 Ekstrom, Widstrom & Nissen, 2003

21 Jonas et al., 2013; Kim et al., 2013
22 Soderquist, Wijma, Thorbert, & Wijma, 2009; Wijma, Soderquist, & Wijma, 1997
23 Ford & Ayers, 2009, 2011

第17章

1 Lincoln et al., 1980; Voloschin & Tramezzani, 1979
2 Neve, Paisley & Summerlee982; Poulain, Rodriguez & Ellendorff, 1981
3 Neumann, 2001, 2002
4 Gorewit, Svennersten, Butler & Uvnäs-Moberg, 1992
5 Petersson et al., 1996b; Petersson, Hulting, Anderson et al., 1999
6 Petersson et al., 1996b; Petersson, Lundeberg et al., 1999b
7 Petersson, Hulting, & Uvnäs-Moberg, 1999
8 Petersson, Eklund & Uvnäs-Moberg, 2005; Petersson, Lundeberg et al., 1999a; Petersson, Uvnäs-Moberg, Erhardt & Engberg, 1998
9 Petersson, Hulting, Andersson et al., 1999; Petersson & Uvnäs-Moberg, 2003
10 Uvnäs-Moberg et al., 1994
11 Eriksson, Lindh et al., 1996
12 Buijs, 1983; Buijs et al., 1985; Sofroniew, 1983; Stern & Zhang, 2003; Zerihun & Harris, 1983; Zimmerman et al., 1984
13 Buijs et al., 1985; Sofroniew, 1983
14 Diaz-Cabiale et al., 2000; Petersson, Eklund et al., 2005; Petersson, Hulting, Andersson et al., 1999; Petersson, Uvnäs-Moberg et al., 1998

第18章

1 Nissen et al., 1996
2 Handlin et al., 2009; Jonas, Nissen, Ransjo-Arvidson, Wiklund et al., 2008
3 Nissen et al., 1996; Jonas, Nissen, Ransjo-Arvidson, Wiklund et al., 2008
4 Nissen et al., 1996; Handlin et al., 2009
5 Handlin et al., 2009
6 Handlin et al., 2009
7 Handlin et al., 2009
8 Handlin et al., 2009 ; Jonas, Nissen, Ransjo-Arvidson, Wiklund et al., 2008
9 Handlin et al., 2009
10 Jonas, Nissen, Ransjo-Arvidson, Wiklund et al., 2008
11 Jonas, Nissen, Ransjo-Arvidson, Wiklund et al., 2008; Nissen et al., 1996
12 Handlin et al., 2009; Nissen et al., 1996
13 Handlin et al., 2009
14 Amico, Johnston & Vagnucci et al., 1994; Heinrichs et al., 2001; Light et al., 2000
15 Jonas, Nissen, Ransjo-Arvidson, Wiklund et al., 2008
16 Nissen et al., 1996; Handlin et al., 2009
17 Handlin et al., 2009
18 Jonas et al., 2009
19 Samson et al., 1986
20 Pittman et al., 1981; Knobloch et al., 2012
21 Handlin et al., 2009

22 Handlin et al., 2009

23 Agren, Lundeberg et al., 1997

24 Stachowiak et al., 1995

25 Mezzacappa et al., 2001

26 Handlin et al., 2009; Jonas, Nissen, Ransjo-Arvidson, Wiklund et al., 2008; Nissen et al., 1996

27 Jonas, Nissen, Ransjo-Arvidson, Wiklund et al., 2008

28 Altemus et al., 2001

29 Mezzacappa et al., 2001

30 Mezzacappa et al., 2005

31 Altemus et al., 2001

32 Strevens, Kristensen, Langhoff-Roos & Wide-Swensson, 2002; Strevens, Wide-Swensson & Ingemarsson, 2001

33 Lee, Kim, Jee, & Yang, 2005; Stuebe, Rich-Edwards, Willett, Manson & Michels, 2005; Stuebe et al., 2011

第19章

1 Uvnäs-Moberg, 1989, 1996; Uvnäs-Moberg, Widstrom, Marchini, & Winberg, 1987

2 Uvnäs-Moberg, 1989, 1994

3 Uvnäs-Moberg, 1994

4 Eriksson et al., 1994; Eriksson, Linden, Stock & Uvnäs-Moberg, 1987; Eriksson, Linden & Uvnäs-Moberg, 1987; Eriksson & Uvnäs-Moberg, 1990; Linden, Carlquist, Hansen & Uvnäs-Moberg, 1989; Linden, Eriksson, Carlquist & Uvnäs-Moberg, 1987; Uvnäs-Moberg et al., 1985

5 Algers, Madej, Rojanasthien & Uvnäs-Moberg, 1991; Algers & Uvnäs-Moberg, 2007

6 Eriksson et al., 1994; Linden, Eriksson, Hansen & Uvnäs-Moberg, 1990

7 Bjorkstrand, Eriksson et al., 1996; Stock et al., 1990

8 Linden, Eriksson, et al., 1990

9 Bjorkstrand, Ahlenius et al., 1996; Bjorkstrand, Eriksson et al., 1996

10 Petersson, Hulting, Andersson et al., 1999

11 Buijs, 1983; Buijs et al., 1985; Buijs & Swaab, 1979; Rogers & Hermann, 1987; Sofroniew, 1983; Zimmerman et al., 1984

12 Zerihun & Harris, 1983

13 Eriksson et al., 1994; Uvnäs-Moberg & Eriksson, 1996

14 Eriksson et al., 1994

15 Bjorkstrand, Ahlenius et al., 1996

16 Eriksson, Lindh, et al., 1996

17 Fell, Smith, & Campbell, 1963; Lichtenberger & Trier, 1979

18 Uvnäs-Moberg, 1989

19 Algers et al., 1991; Eriksson et al., 1994; Eriksson, Linden & Uvnäs-Moberg, 1987

20 Eriksson et al., 1994

21 Eriksson et al., 1994

22 Suva, Caisova & Stajner, 1980

23 Algers et al., 1991; Algers & Uvnäs-Moberg, 2007; Valros et al., 2004

24 Algers & Uvnäs-Moberg, 2007

25 Bjorkstrand, Eriksson & Uvnäs-Moberg, 1992

26 Bolander, Nicholas, Van Wyk & Topper, 1981; Hartmann, Sherriff & Mitoulas, 1998; Uvnäs-Moberg et al., 1987

27 Uvnäs-Moberg, 1989, 1994
28 Smedh & Uvnäs-Moberg994; Uvnäs-Moberg, 1994
29 Algers et al., 1991

第20章

1 Widstrom et al., 1984
2 Widstrom, Winberg et al., 1988
3 Widstrom, Matthiesen, Winberg & Uvnäs-Moberg, 1989; Widstrom, Werner, Matthiesen, Svensson & Uvnäs-Moberg, 1991
4 Silber et al., 1991
5 Widstrom et al., 1984; Widstrom, Winberg et al., 1988
6 Widstrom et al., 1991
7 Widstrom et al., 1991
8 Widstrom, Winberg et al., 1988
9 Widstrom et al., 1989
10 Widstrom et al., 1991
11 Uvnäs-Moberg, Sjogren, Westlin, Andersson & Stock, 1989
12 Silber et al., 1991
13 Widstrom, Winberg et al., 1988
14 Widstrom et al., 1984
15 Algers et al., 1991; Bjorkstrand, Eriksson et al., 1996; Stock et al., 1990
16 Altemus et al., 1995
17 Stuebe et al., 2010; Uvnäs-Moberg, 1996
18 Uvnäs-Moberg, Widstrom, Nissen, et al., 1990
19 Widstrom, Winberg et al., 1988
20 Nissen et al., 1996
21 Björkstrand et al., 1996; Eriksson et al., 1994
22 Uvnäs-Moberg & Eriksson, 1996
23 Widstrom et al., 1991
24 Smed & Uvnäs Moberg, 1994
25 Widström et al., 1991
26 Widstrom et al., 1991
27 Widstrom et al., 1989
28 Silber et al., 1991
29 Uvnäs-Moberg, 1989
30 Silber et al., 1991; Uvnäs-Moberg et al., 1989; Uvnäs-Moberg, Widstrom, Werner et al., 1990
31 Stern & Zhang, 2003
32 Silber et al., 1991
33 Frick, Bremme, Sjogren, Linden & Uvnäs-Moberg, 1990
34 Frick et al., 1990; Silber et al., 1991

第21章

1 Rojkittikhun, Uvnäs-Moberg & Einarsson, 1993; Svennersten et al., 1990; Uvnäs-Moberg et al., 1985
2 Lupoli et al., 2001
3 Lupoli et al., 2001
4 Lupoli et al., 2001
5 Bjorkstrand, Eriksson et al., 1996; Buijs et al., 1985; Linden et al., 1989; Sofroniew, 1983
6 Krohn, 1999; Uvnäs-Moberg, 1989
7 Diaz-Cabiale et al., 2004; Holstet al., 2002; Olausson et al., 2003; Uvnäs-Moberg et al., 1998

8 Eriksson et al., 1994; Eriksson, Lindh et al., 1996; Uvnäs-Moberg, 1994; Uvnäs-Moberg & Eriksson, 1996
9 Buijs et al., 1985; Rogers & Hermann, 1987; Sofroniew, 1983; Zimmerman et al., 1984
10 Olson, Hoffman, Sved, Stricker, & Verbalis, 1992
11 Linden, Eriksson, et al., 1990
12 Lupoli et al., 2001; Uvnäs-Moberg, 1989; Uvnäs-Moberg et al., 2001; Uvnäs-Moberg et al., 1987
13 Kendrick et al., 1986
14 Uvnäs-Wallensten, Efendic & Luft, 1977
15 Widstrom, Christensson et al., 1988
16 Widstrom, Marchini et al., 1988
17 Marchini, Lagercrantz, Feuerberg, Winberg & Uvnäs-Moberg, 1987
18 Uvnäs-Moberg, Marchini & Winberg, 1993
19 Widstrom, Christensson et al., 1988
20 Widstrom, Christensson et al., 1988
21 Widstrom, Christensson et al., 1988
22 Widstrom, Marchini et al., 1988
23 Marchini et al., 1987
24 Uvnäs-Moberg, Marchini et al., 1993
25 Widstrom, Christensson, et al., 1988
26 Uvnäs-Wallensten, Efendic, Johansson, Sjodin & Cranwell, 1980
27 Widstrom, Christensson et al., 1988
28 Widstrom, Marchini, et al., 1988
29 Uvnäs-Wallensten, Efendic, Roovete, & Johansson, 1980
30 Uvnäs-Wallensten et al., 1977
31 Uvnäs-Moberg, Marchini, et al., 1993
32 Uvnäs-Moberg et al., 1987
33 Marchini, Lagercrantz, Winberg & Uvnäs-Moberg, 1988
34 Uvnäs-Moberg et al., 1987
35 Uvnäs-Moberg, 1989
36 Bernbaum, Pereira, Watkins & Peckham, 1983
37 Widstrom, Marchini et al., 1988
38 Marchini et al., 1987
39 Uvnäs-Moberg, 1989; Uvnäs-Moberg, Marchini et al., 1993; Uvnäs-Moberg et al., 1987
40 Uvnäs-Moberg, 1994
41 Uvnäs-Moberg, Marchini et al., 1993
42 Spatz, 2014

第22章

1 Hansen & Ferreira, 1986
2 Bjorkstrand & Uvnäs-Moberg, 1996
3 Uvnäs-Moberg, Alster & Petersson, 1996
4 Bjorkstrand, Ahleniuset al., 1996; Bjorkstrand, Eriksson et al., 1996; Uvnäs-Moberg, 1989
5 Petersson, Eklund & Uvnäs-Moberg, 2005
6 Olson et al., 1991
7 Buller & Day, 1996; Luckman, Hamamura, Antonijevic, Dye, & Leng, 1993; Renaud, Tang, McCann, Stricker & Verbalis987; Rinaman et al., 1995
8 Blevins, Eakin, Murphy, Schwartz & Baskin, 2003; Olson et al., 1991; Olson et al., 1992; Verbalis, Blackburn, Hoffman, &Stricker,1995

9 Linden, Uvnäs-Moberg et al., 1990
10 Lupoli et al., 2001; Svennersten et al., 1990; Uvnäs-Moberget al., 1985
11 Uvnäs-Moberg, 1989, 1994
12 Linden, Uvnäs-Moberg, Forsberg, Bednar & Sodersten, 1989; Olson et al., 1992; Renaud et al., 1987; Verbalis, McCann, McHale & Stricker, 1986; Verbalis, Stricker, Robinson & Hoffman, 1991
13 Velmurugan, Brunton, Leng & Russell, 2010
14 Ohlsson et al., 2006
15 Johansson, Uvnäs-Moberg, Knight & Svennersten-Sjaunja, 1999; Svennersten, Gorewit, Sjaunja & Uvnäs-Moberg, 1995; Uvnäs-Moberg et al., 2001
16 Rojkittikhun et al., 1993; Samuelsson, Uvnäs-Moberg, Gorewit & Svennersten-Sjaunja, 1996
17 Moos & Richard, 1975a, 1975b; Stock & Uvnäs-Moberg, 1988
18 Eriksson et al., 1994
19 Mogg & Samson, 1990; Samson et al., 1986
20 Eriksson et al., 1994
21 Uvnäs-Moberg & Eriksson, 1996
22 Gimpl & Fahrenholz, 2001
23 Petersson et al., 1996a
24 Diaz-Cabiale et al., 2000; Petersson et al., 1999a; Petersson, Uvnäs-Moberg et al., 1998; Uvnäs-Moberg, 1998a, 1998b
25 Petersson, Hulting, Andersson et al., 1999
26 Numan & Sheehan, 1997
27 Linden, Uvnäs-Moberg, Eneroth, & Sodersten, 1989; Miranda-Paiva, Nasello, Yim & Felicio, 2002; Weber, Manfredo & Rinaman, 2009
28 Nowak, Murphy, et al., 1997
29 Linden, Carlquist, et al., 1989; Nowak, Murphy, et al., 1997
30 Keverne & Kendrick, 1994
31 Uvnäs-Moberg, Lundeberg, et al., 1992
32 Uvnäs-Moberg, 1989
33 Uvnäs-Moberg et al., 1987
34 Weber, Manfredo & Rinaman, 2009; Weller & Blass, 1998
35 Borg et al., 2010; Ohlsson et al., 2002
36 Nissen et al., 1998
37 Newton, 1992; Nissen et al., 1996
38 Demitracket al., 1990

第23章

1 Uvnäs-Moberg et al., 1990; Nissen et al., 1996; Jonas et al., 2009
2 Uvnäs-Moberg & Prime, 2013
3 Nissen et al., 1995
4 Matthiesen et al., 2001a
5 Jonas et al., 2009
6 Widström et al., 1987
7 Abdulkader, Freer, Fleetwood-Walker & McIntosh, 2007
8 Jonas et al., 2008
9 Handlin et al., 2009
10 Uvnäs-Moberg, 1989

第24章

1 Hartmann, 2007
2 Labbok, 2007

3 Salariya et al., 1978
4 DiGirolamo et al., 2008
5 Carfoot, Williamson & Dickson, 2003
6 Bystrova, Matthiesen et al., 2007; Bystrova, Widstrom et al., 2007
7 Bystrova, Matthiesen, Widstrom, et al., 2007; Bystrova, Widstrom, Matthiesen, 2007
8 Bystrova, Matthiesen, Widstrom et al., 2007
9 Bystrova, Widstrom, Matthiesen et al., 2007
10 Bystrova, Widstrom, Matthiesen et al., 2007
11 Bystrova, Widstrom, Matthiesen et al., 2007
12 Bystrova, Matthiesen, Widstrom et al., 2007
13 Bystrova et al., 2009
14 Bystrova, Matthiesen, Widstrom et al., 2007
15 Bystrova, Matthiesen, Widstrom et al., 2007
16 Widstrom et al., 1990
17 Nylander et al., 1991; Salariya et al., 1978
18 Widstrom et al., 1990
19 Bystrova, Matthiesen, Widstrom et al., 2007
20 Houston et al., 1983; Salariya et al., 1978
21 Jonas et al., 2009
22 Widstromet al., 1990
23 Houston et al., 1983; Nylander et al., 1991
24 de Chateau et al., 1977
25 Jonas et al., 2009
26 Bystrova, Widstrom et al., 2007
27 Nissen et al., 1996; Silber et al., 1991
28 Cernadas, Noceda, Barrera, Martinez, & Garsd, 2003; Ekstrom et al., 2003; Sikorski, Renfrew, Pindoria & Wade, 2003
29 Amimo Amola, personal communication, 2011

第25章

1 Sato et al., 1996
2 Puder & Papka, 2001
3 Fuchs et al., 1991
4 Ferguson, 1941
5 Stark & Finkel, 1994
6 Rowe-Murray & Fisher, 2001, 2002; Tulman., 1986
7 Bager, Wohlfahrt & Westergaard, 2008; Renz-Polster et al., 2005; Roduit et al., 2009; Thavagnanam, Fleming, Bromley, Shields & Cardwell, 2008; Weng & Walker, 2013
8 Nissen et al., 1998; Nissen et al., 1996
9 Velandia, Uvnäs-Moberg, et al., 2014b
10 Velandia, Uvnäs-Moberg et al.,2014b
11 Nissen et al., 1996
12 Nissen et al., 1996
13 Nissen et al., 1996
14 Velandia, Uvnäs-Moberg et al., 2014b
15 Nissen et al., 1998; Velandia, Uvnäs-Moberg et al., 2014b
16 Nissen et al., 1998
17 Marchini et al., 1988
18 Velandia, Uvans-Moberg, et al., 2014a
19 Velandia et al., 2010
20 Rowe-Murray & Fisher, 2001; Tulman, 1986
21 Nissen et al., 1996

22 Karlstrom, Engstrom-Olofsson, Norbergh, Sjoling & Hildingsson, 2007
23 Nissenet al., 1996
24 Nissen et al., 1998
25 Nissen et al., 1996; Jonas et al., 1996
26 Samson et al., 1986
27 Kendrick et al., 1986
28 Nissen et al., 1998; Velandia, Uvnäs-Moberg et al., 2014b
29 Uvnäs Moberg et al., 1990; Nissen et al., 1998
30 Nissen et al., 1998

第26章

1 Belfrage, Berlin, Raabe & Thalme, 1975; Yurth.,1982
2 Belsey et al., 1981; Nissen, Lilja, Matthiesen, et al., 1995; Righard & Alade.,1990
3 Nissen, Lilja, Matthiesen et al., 1995; Nissen et al., 1997
4 Rosenblatt et al., 1981; Sepkoski, Lester, Ostheimer & Brazelton., 1992
5 Alehagen, Wijma, Lundberg & Wijma, 2005
6 Anim-Somuah, Smyth & Howell, 2005; Anim-Somuah, Smyth, & Jones, 2011; Leighton & Halpern, 2002; Lieberman & O'Donoghue, 2002
7 Beilin et al., 2005; Chang & Heaman, 2005; Henderson, Dickinson, Evans, McDonald & Paech, 2003; Torvaldsen, Roberts, Simpson, Thompson & Ellwood, 2006; Wiklund, Norman, Uvnäs-Moberg, Ransjo-Arvidson & Andolf, 2009
8 Ransjo-Arvidson et al., 2001; Matthiesen et al., 2001a; Matthiesen et al., 2001b
9 Handlin et al., 2009; Jonas et al., 2009; Jonas, Nissen, Ransjo-Arvidson, Matthiesen et al., 2008; Jonas, Nissen, Ransjo-Arvidson, Wiklund et al., 2008; Jonas et al., 2007; Handlin et al., 2012
10 Ransjo-Arvidson et al., 2001
11 Ransjo-Arvidson et al., 2001; Matthiesen et al., 2001b
12 Matthiesen et al., 2001b
13 Jonas et al., 2009
14 Jonas et al., 2009
15 Handlin et al., 2012; Jonas, Nissen, Ransjo-Arvidson, Wiklund et al., 2008
16 Jonas, Nissen, Ransjo-Arvidson, Matthiesen et al., 2008
17 Jonas et al., 2007
18 Ransjo-Arvidson et al., 2001
19 Matthiesen et al., 2001a
20 Matthiesen et al., 2001b
21 Matthiesen et al., 2001b
22 Belfrage et al., 1982
23 Ransjö Arvidsson et al., 2001
24 Eltzschig, Lieberman, & Camann, 2003
25 Ferguson et al., 1941
26 Goodfellow, Hull, Swaab, Dogterom & Buijs983; Rahm, Hallgren, Hogberg, Hurtig & Odlind, 2002; Stocche, Klamt, Antunes-Rodrigues, Garcia, & Moreira, 2001
27 Anim-Somuah et al., 2005; Leighton & Halpern, 2002; Lieberman & O'Donoghue, 2002
28 Jonas et al., 2009

29 Henderson et al., 2003; Torvaldsen et al., 2006; Wiklund et al., 2009
30 Jonas, Nissen, Ransjo-Arvidson, Matthiesen et al., 2008
31 Keverne & Kendrick, 1994
32 Waldenström & Schutt, 2009
33 Bystrova et al., 2003
34 Jonas et al., 2007
35 Jonas, Nissen, Ransjo-Arvidson, Matthiesen et al., 2008
36 Alehagen et al., 2005

第27章

1 Engstrom, 1958; Holmes, 1954
2 Bugg, Stanley, Baker, Taggart & Johnston, 2006; Svärdby, Nordstrom & Sellstrom, 2007
3 Anim-Somuah et al., 2011; Beilin et al., 2005; Leighton & Halpern, 2002
4 Bugg et al., 2006; Svardby et al., 2007
5 Berglund, Grunewald, Pettersson & Cnattingius, 2008; Berglund, Pettersson, Cnattingius & Grunewald, 2010; Jonsson, Norden & Hanson, 2007; Jonsson, Norden-Lindeberg, Ostlund & Hanson, 2008
6 Amico & Hempel, 1990; Burbach et al., 2006
7 Fuchs et al., 1991
8 Jones & Robinson, 1982
9 Jones & Robinson, 1982
10 Jonas et al., 2009
11 Sato et al., 1996
12 Puder & Papka, 2001
13 Jonas et al., 2009
14 Jonas et al., 2009
15 Jonas, Nissen, Ransjo-Arvidson, Matthiesen et al., 2008
16 Jonas et al., 2007
17 Jonas et al., 2009
18 Handlin et al., 2012; Jonas, Nissen, Ransjo-Arvidson, Wiklund et al., 2008
19 Handlin et al., 2009
20 Jonas, Nissen, Ransjo-Arvidson, Matthiesen et al., 2008
21 Jonas, Nissen, Ransjo-Arvidson, Matthiesen et al., 2008
22 Jonas et al., 2009
23 Jonas, Nissen, Handlin, Ransjo-Arvidsson & Uvnäs-Moberg, 2005
24 Jonas et al., 2009
25 Jonas, Nissen, Ransjo-Arvidson, Matthiesen et al., 2008
26 Bystrova et al., 2009; Bystrova et al., 2003
27 Jonas et al., 2007
28 Jonas et al., 2009; Jonas, Nissen, Ransjo-Arvidson, Matthiesen et al., 2008
29 Handlin et al., 2009
30 Maughan, Heim, & Galazka, 2006; Murphy, MacGregor, Munishankar, & McLeod, 2009
31 Jonsson, Hanson, Lidell & Norden-Lindeberg, 2010; Svanstrom et al., 2008; Thomas, Koh & Cooper, 2007
32 Jordan et al., 2009
33 Handlin et al., 2012
34 Velandia, Uvnäs-Moberg et al., 2014a
35 Velandia, Uvnäs-Moberg et al., 2014b
36 Jonas, Nissen, Ransjo-Arvidson, Matthiesen et al., 2008

37 Bystrova et al., 2009; Bystrova et al., 2003
38 Jonas et al., 2009; Jonas, Nissen, Ransjo-Arvidson, Matthiesen et al., 2008; Nissen et al., 1998; Nissen et al., 1996
39 Marchini et al., 1988
40 Legros, Chiodera, Geenen, Smitz & von Frenckell, 1984
41 Fuchset al., 1991
42 Ito et al., 2003; Narukiet al., 1996
43 Ito et al., 2003
44 Uvnäs-Moberg & Prime, 2013
45 Ito et al., 2003; Widstrom, Christensson et al., 1988
46 Anderson & Valdes, 2007; Fewtrell, Loh, Blake, Ridout, & Hawdon, 2006
47 Domes et al., 2007; Heinrichs et al., 2003; Kosfeldet al., 2005
48 Su, Chong, & Samuel, 2012; Triopon et al., 2010
49 De Bonis et al., 2011
50 Vrachnis et al., 2011
51 Fabry, De Paepe, Kips & Van Bortel, 2011; Wex, Abou-Setta, Clerici & Di Renzo, 2011

第28章

1 Campbell, Scott, Klaus, & Falk, 2007; Chalmers & Wolman, 1993; Paterno, Van Zandt, Murphy, & Jordan, 2012; Scott, Berkowitz, & Klaus, 1999; Scott, Klaus, & Klaus, 1999; Sosa, Kennell, Klaus, Robertson, & Urrutia, 1980
2 McClellan & Cabianca, 1980
3 Jonas et al., 2008
4 Jonas et al., 2008
5 Caldji et al., 2011

參考文獻

Abdulkader, H.M., Freer, Y., Fleetwood-Walker, S.M., & McIntosh, N. (2007). Effect of suckling on the peripheral sensitivity of full-term newborn infants. *Arch Dis Child Fetal Neonatal Ed, 92*(2), F130-131.

Acher, A., Chauvet, J. and Chauvet, M.T. (1995). Man and the Chimaera: Selective verus neutral oxytocin evolution. In R. I. a. J. A. Russel). (Ed.), *Oxytocin, Cellular and Molecular Approaches in Medicine and Research*. New York: Plenum Press.

Adams, E.J., Grummer-Strawn, L., & Chavez, G. (2003). Food insecurity is associated with increased risk of obesity in California women. *J Nutr, 133*(4), 1070-1074.

Adan, R.A., Van Leeuwen, F.W., Sonnemans, M.A., Brouns, M., Hoffman, G., Verbalis, J.G., et al. (1995). Rat oxytocin receptor in brain, pituitary, mammary gland, and uterus: partial sequence and immunocytochemical localization. *Endocrinology, 136*(9), 4022-4028.

Agren, G., Lundeberg, T., & Uvnäs-Moberg, K. (1997). Pheromones released following administration of exogenous oxytocin to rats induces release of endogenous oxytocin in cagemates. Unpublished data.

Agren, G., Lundeberg, T., Uvnäs-Moberg, K., & Sato, A. (1995). The oxytocin antagonist 1-deamino-2-D-Tyr-(Oet)-4-Thr-8-Orn-oxytocin reverses the increase in the withdrawal response latency to thermal, but not mechanical nociceptive stimuli following oxytocin administration or massage-like stroking in rats. *Neurosci Lett, 187*(1), 49-52.

Agren, G., Olsson, C., Uvnäs-Moberg, K., & Lundeberg, T. (1997). Olfactory cues from an oxytocin-injected male rat can reduce energy loss in its cagemates. *Neuroreport, 8*(11), 2551-2555.

Alehagen, S., Wijma, B., Lundberg, U., & Wijma, K. (2005). Fear, pain and stress hormones during childbirth. *J Psychosom Obstet Gynaecol, 26*(3), 153-165.

Alfvén, G., de la Torre, B., & Uvnäs-Moberg, K. (1994). Depressed concentrations of oxytocin and cortisol in children with recurrent abdominal pain of non-organic origin. *Acta Paediatr, 83*(10), 1076-1080.

Algers, B., Madej, A., Rojanasthien, S., & Uvnäs-Moberg, K. (1991). Quantitative relationships between suckling-induced teat stimulation and the release of prolactin, gastrin, somatostatin, insulin, glucagon and vasoactive intestinal polypeptide in sows. *Vet Res Commun, 15*(5), 395-407.

Algers, B., & Uvnäs-Moberg, K. (2007). Maternal behavior in pigs. *Horm Behav, 52*(1), 78-85.

Almay, B.G., von Knorring, L., & Oreland, L. (1987). Platelet MAO in patients with idiopathic pain disorders. *J Neural Transm, 69*(3-4), 243-253.

Altemus, M. (1995). Neuropeptides in anxiety disorders. Effects of lactation. *Ann N Y Acad Sci, 771*, 697-707.

Altemus, M., Deuster, P.A., Galliven, E., Carter, C.S., & Gold, P.W. (1995). Suppression of hypothalmic-pituitary-adrenal axis responses to stress in lactating women. J *Clin Endocrinol Metab, 80*(10), 2954-2959.

Altemus, M., Redwine, L.S., Leong, Y.M., Frye, C.A., Porges, S.W., & Carter, C.S. (2001). Responses to laboratory psychosocial stress in postpartum women. *Psychosom Med, 63*(5), 814-821.

Amico, J.A., & Hempel, J. (1990). An oxytocin precursor intermediate circulates in the plasma of humans and rhesus monkeys administered estrogen. *Neuroendocrinology, 51*(4), 437-443.

Amico, J.A., Johnston, J.M., & Vagnucci, A.H. (1994). Suckling-induced attenuation of plasma cortisol concentrations in postpartum lactating women. *Endocr Res, 20*(1), 79-87.

Amico, J.A., Mantella, R.C., Vollmer, R.R., Li, X. (2004). Anxiety and stress responses in female oxytocin deficient mice. *Journal of Neuroendocrinology, 16*(4), 319-324.

Amico, J.A., Miedlar, J.A., Cai, H.M., & Vollmer, R.R. (2008). Oxytocin knockout mice: a model for studying stress-related and ingestive behaviours. *Prog Brain Res, 170*, 53-64.

Amico, J.A., Seif, S.M., & Robinson, A.G. (1981). Elevation of oxytocin and the oxytocin-associated neurophysin in the plasma of normal women during midcycle. *J Clin Endocrinol Metab, 53*(6), 1229-1232.

Anderberg, U.M., & Uvnäs-Moberg, K. (2000). Plasma oxytocin levels in female fibromyalgia syndrome patients. *Z Rheumatol, 59*(6), 373-379.

Anderson, P.O., & Valdes, V. (2007). A critical review of pharmaceutical galactagogues. *Breastfeed Med, 2*(4), 229-242.

Anim-Somuah, M., Smyth, R., & Howell, C. (2005). Epidural versus non-epidural or no analgesia in labour. *Cochrane Database Syst Rev*(4), CD000331.

Anim-Somuah, M., Smyth, R.M., & Jones, L. (2011). Epidural versus non-epidural or no analgesia in labour. *Cochrane Database Syst Rev, 12*, CD000331.

Araki, T., Ito, K., Kurosawa, M., & Sato, A. (1984). Responses of adrenal sympathetic nerve activity and catecholamine secretion to cutaneous stimulation in anesthetized rats. *Neuroscience, 12*(1), 289-299.

Argiolas, A., & Gessa, G.L. (1991). Central functions of oxytocin. *Neurosci Biobehav Rev, 15*(2), 217-231.

Bager, P., Wohlfahrt, J., & Westergaard, T. (2008). Caesarean delivery and risk of atopy and allergic disease: meta-analyses. *Clin Exp Allergy, 38*(4), 634-42. doi: 10.1111/j.1365-2222.2008.02939.x.

Bartels, A., & Zeki, S. (2004). The neural correlates of maternal and romantic love. *Neuroimage, 21*(3), 1155-1166.

Bartz, J., Simeon, D., Hamilton, H., Kim, S., Crystal, S., Braun, A., Vicens, V., & Hollander, E. (2011). Oxytocin can hinder trust and cooperation in borderline personality disorder. *Soc Cogn Affect Neurosci, 6*(5):556-63. doi: 10.1093/scan/nsq085.

Battin, D.A., Marrs, R.P., Fleiss, P.M., & Mishell, D.R., Jr. (1985). Effect of suckling on serum prolactin, luteinizing hormone, follicle-stimulating hormone, and estradiol during prolonged lactation. *Obstet Gynecol, 65*(6), 785-788.

Beilin, Y., Bodian, C.A., Weiser, J., Hossain, S., Arnold, I., Feierman, D.E., et al. (2005). Effect of labor epidural analgesia with and without fentanyl on infant breast-feeding: a prospective, randomized, double-blind study. *Anesthesiology, 103*(6), 1211-1217.

Belfrage, P., Berlin, A., Raabe, N., & Thalme, B. (1975). Lumbar epidural analgesia with bupivacaine in labor. Drug concentration in maternal and neonatal blood at birth and during the first day of life. *Am J Obstet Gynecol, 123*(8), 839-844.

Belsey, E.M., Rosenblatt, D.B., Lieberman, B.A., Redshaw, M., Caldwell, J., Notarianni, L., et al. (1981). The influence of maternal analgesia on neonatal behaviour: I. Pethidine. *Br J Obstet Gynaecol, 88*(4), 398-406.

Berglund, S., Grunewald, C., Pettersson, H., & Cnattingius, S. (2008). Severe asphyxia due to delivery-related malpractice in Sweden 1990-2005. *BJOG, 115*(3), 316-323.

Berglund, S., Pettersson, H., Cnattingius, S., & Grunewald, C. (2010). How often is a low Apgar score the result of substandard care during labour? *BJOG, 117*(8), 968-978.

Bergman, N. (2005). More than a cuddle: skin-to-skin contact is key. *Pract Midwife, 8*(9), 44.

Bergman, N.J., Linley, L.L., & Fawcus, S.R. (2004). Randomized controlled trial of skin-to-skin contact from birth versus conventional incubator for physiological stabilization in 1200-to 2199-gram newborns. *Acta Paediatr, 93*(6), 779-785.

Bernbaum, J.C., Pereira, G.R., Watkins, J.B., & Peckham, G.J. (1983). Nonnutritive sucking during gavage feeding enhances growth and maturation in premature infants. *Pediatrics, 71*(1), 41-45.

Bertsch, K., Schmidinger, I., Neumann, I.D., & Herpertz, S.C. (2013). Reduced plasma oxytocin levels in female patients with borderline personality disorder. *Horm Behav, 63*(3), 424-9. doi: 10.1016/j. yhbeh.2012.11.013.

Björklund, A., Hökfelt, T. and Owman, C. (1988). The peripheral nervous system *Handbook of Chemical Neuroanatomy* (Vol. 6). Amserdam: Elsevier.

Bjorkstrand, E., Ahlenius, S., Smedh, U., & Uvnäs-Moberg, K. (1996). The oxytocin receptor antagonist 1-deamino-2-D-Tyr-(OEt)-4-Thr-8-Orn-oxytocin inhibits effects of the 5-HT1A receptor agonist 8-OH-DPAT on plasma levels of insulin, cholecystokinin and somatostatin. *Regul Pept, 63*(1), 47-52.

Bjorkstrand, E., Eriksson, M., & Uvnäs-Moberg, K. (1992). Plasma levels of oxytocin after food deprivation and hypoglycaemia, and effects of 1-deamino-2-D-Tyr-(OEt)-4-Thr-8-Orn-oxytocin on blood glucose in rats. *Acta Physiol Scand, 144*(3), 355-359.

Bjorkstrand, E., Eriksson, M., & Uvnäs-Moberg, K. (1996). Evidence of a peripheral and a central effect of oxytocin on pancreatic hormone release in rats. *Neuroendocrinology, 63*(4), 377-383.

Björkstrand, E., Hulting, A.L., & Uvnäs-Moberg, K. (1997). Evidence for a dual function of oxytocin in the control of growth hormone secretion in rats. *Regul Pept, 69*(1), 1-5.

Bjorkstrand, E., & Uvnäs-Moberg, K. (1996). Central oxytocin increases food intake and daily weight gain in rats. *Physiol Behav, 59*(4-5), 947-952.

Blevins, J.E., Eakin, T.J., Murphy, J.A., Schwartz, M.W., & Baskin, D.G. (2003). Oxytocin innervation of caudal brainstem nuclei activated by cholecystokinin. *Brain Res, 993*(1-2), 30-41.

Bolander, F.F., Jr., Nicholas, K.R., Van Wyk, J.J., & Topper, Y.J. (1981). Insulin is essential for accumulation of casein mRNA in mouse mammary epithelial cells. *Proc Natl Acad Sci U S A, 78*(9), 5682-5684.

Bonetto, V., Andersson, M., Bergman, T., Sillard, R., Norberg, A., Mutt, V., et al. (1999). Spleen antibacterial peptides: high levels of PR-39 and presence of two forms of NK-lysin. *Cell Mol Life Sci, 56*(1-2), 174-178.

Borg, J., Melander, O., Johansson, L., Uvnäs-Moberg, K., Rehfeld, J.F., & Ohlsson, B. (2010). Gastroparesis is associated with oxytocin deficiency, oesophageal dysmotility with hyperCCKemia, and autonomic neuropathy with hypergastrinemia. *BMC Gastroenterol*. 2009 9, 17. doi: 10.1186/1471-230X-9-17.

Bosch, O.J., & Neumann, I.D. (2011). Both oxytocin and vasopressin are mediators of maternal care and aggression in rodents: From central release to sites of action. *Horm Behav*.

Broad, K.D., Curley, J.P., & Keverne, E.B. (2006). Mother-infant bonding and the evolution of mammalian social relationships. *Philos Trans R Soc Lond B Biol Sci, 361*(1476), 2199-2214.

Broad, K.D., Curley, J.P., & Keverne E.B. (2009). Increased apoptosis during neonatal brain development underlies the adult behavioral deficits seen in mice lacking a functional paternally expressed gene 3 (Peg3). *Dev Neurobiol, 69*(5), 314-325. doi: 10.1002/ dneu.20702.

Bruckmaier, R.M., Pfeilsticker, H.U., & Blum, J.W. (1996). Milk yield, oxytocin and beta-endorphin gradually normalize during repeated milking in unfamiliar surroundings. *J Dairy Res, 63*(2), 191-200.

Bruckmaier, R.M., Schams, D., Blum, J.W. (1993). Milk removal in familiar and unfamiliar surroundings: concentration of oxytocin, prolacin, cortisol and beta-endorphin. *J.Dairy Res, 60*, 449-456.

Bruckmaier, R.M., Schams, D., Blum, J.W. (1993). Milk removal in familiar and unfamiliar surroundings: concentration of oxytocin, prolacin, cortisol and beta-endorphin. *J.Dairy Res, 60*, 449-456.

Bruckmaier, R.M., Wellnitz, O., & Blum, J.W. (1997). Inhibition of milk ejection in cows by oxytocin receptor blockade, alpha-adrenergic receptor stimulation and in unfamiliar surroundings. *J Dairy Res, 64*(3), 315-325.

Bugg, G.J., Stanley, E., Baker, P.N., Taggart, M.J., & Johnston, T.A. (2006). Outcomes of labours augmented with oxytocin. *Eur J Obstet Gynecol Reprod Biol, 124*(1), 37-41.

Buijs, R.M. (1983). Vasopressin and oxytocin--their role in neurotransmission. *Pharmacol Ther, 22*(1), 127-141.

Buijs, R.M., De Vries, G.J., & Van Leeuwen, F.W. (1985). *The distribution and synaptic release of oxytocin in the central nervous system. Amsterdam: Elsevier Science Publishers* BV.

Buijs, R.M., & Swaab, D.F. (1979). Immuno-electron microscopical demonstration of vasopressin and oxytocin synapses in the limbic system of the rat. *Cell Tissue Res, 204*(3), 355-365.

Buller, K.M., & Day, T.A. (1996). Involvement of medullary catecholamine cells in neuroendocrine responses to systemic cholecystokinin. *J Neuroendocrinol, 8*(11), 819-824.

Buma, P., & Nieuwenhuys, R. (1988). Ultrastructural characterization of exocytotic release sites in different layers of the median eminence of the rat. *Cell Tissue Res, 252*(1), 107-114.

Burbach, J.P., & Lebouille, J.L. (1983). Proteolytic conversion of arginine-vasopressin and oxytocin by brain synaptic membranes. Characterization of formed peptides and mechanisms of proteolysis. *J Biol Chem, 258*(3), 1487-1494.

Burbach, J.P.H., Young, L.J., & Russell, J.A. (2006). Oxytocin: Synthesis, secretion and reproductive functions. In: *Knobil and Neill's Physiology of Reproduction* (3 ed.): Elsevier.

Bystrova, K., Ivanova, V., Edhborg, M., Matthiesen, A.S., Ransjo-Arvidson, A.B., Mukhamedrakhimov, R., et al. (2009). Early contact versus separation: Effects on mother-infant interaction one year later. *Birth, 36*(2), 97-109.

Bystrova, K., Matthiesen, A.S., Vorontsov, I., Widstrom, A.M., Ransjo-Arvidson, A.B., & Uvnäs-Moberg, K. (2007). Maternal axillar and breast temperature after giving birth: Effects of delivery ward practices and relation to infant temperature. *Birth, 34*(4), 291-300.

Bystrova, K., Matthiesen, A.S., Widstrom, A.M., Ransjo-Arvidson, A.B., Welles-Nystrom, B., Vorontsov, I., et al. (2007). The effect of Russian Maternity Home routines on breastfeeding and neonatal weight loss with special reference to swaddling. *Early Hum Dev, 83*(1), 29-39.

Bystrova, K., Widstrom, A.M., Matthiesen, A.S., Ransjo-Arvidson, A.B., Welles-Nystrom, B., Vorontsov, I., et al. (2007). Early lactation performance in primiparous and multiparous women in relation to different maternity home practices. A randomised trial in St. Petersburg. *Int Breastfeed J, 2*, 9.

Bystrova, K., Widstrom, A.M., Matthiesen, A.S., Ransjo-Arvidson, A.B., Welles-Nystrom, B., Wassberg, C., et al. (2003). Skin-to-skin contact may reduce negative consequences of "the stress of being born": A study on temperature in newborn infants, subjected to different ward routines in St. Petersburg. *Acta Paediatr, 92*(3), 320-326.

Bystrova, K., Widström, A.M., Ransjö-Arvidsson, A.B., & Uvnäs-Moberg, K. (2014). Skin to skin contact immediately after birth increases mother›s concerns for the infant. Unpublished data.

Caldji, C., Diorio, J., & Meaney, M.J. (2000). Variations in maternal care in infancy regulate the development of stress reactivity. *Biol Psychiatry, 48*(12):1164-74.

Caldji, C., Hellstrom, I.C., Zhang, T.Y., Diorio, J., & Meaney, M.J. (2011). Environmental regulation of the neural epigenome. *FEBS Lett, 585*(13), 2049-58. doi: 10.1016/j.febslet.2011.03.032.

Cameron, N.M., Shahrokh, D., Del Corpo, A., Dhir, S.K., Szyf, M., Champagne, F.A., et al. (2008). Epigenetic programming of phenotypic variations in reproductive strategies in the rat through maternal care. *J Neuroendocrinol, 20*(6), 795-801.

Campbell, D., Scott, K.D., Klaus, M.H., & Falk, M. (2007). Female relatives or friends trained as labor doulas: outcomes at 6 to 8 weeks postpartum. *Birth, 34*(3), 220-227.

Cannon, W.B. (1929). *Bodily changes in pain, hunger, fear and rage*. New York: Appleton.

Cao, Y., & Gimpl, G. (2001). A constitutively active pituitary adenylate cyclase activating polypeptide (PACAP) type I receptor shows enhanced photoaffinity labeling of its highly glycosylated form. *Biochim Biophys Acta, 1548*(1), 139-151.

Carfoot, S., Williamson, P.R., & Dickson, R. (2003). A systematic review of randomised controlled trials evaluating the effect of mother/ baby skin-to-skin care on successful breast feeding. *Midwifery, 19*(2), 148-155.

Carmichael, M.S., Humbert, R., Dixen, J., Palmisano, G., Greenleaf, W., & Davidson, J. M. (1987). Plasma oxytocin increases in the human sexual response. *J Clin Endocrinol Metab, 64*(1), 27-31.

Carter, C.S. (1998). Neuroendocrine perspectives on social attachment and love. *Psychoneuroendocrinology, 23*(8), 779-818.

Cassoni, P., Sapino, A., Marrocco, T., Chini, B., & Bussolati, G. (2004). Oxytocin and oxytocin receptors in cancer cells and proliferation. *J Neuroendocrinol, 16*(4), 362-4.

Cernadas, J.M., Noceda, G., Barrera, L., Martinez, A.M., & Garsd, A. (2003). Maternal and perinatal factors influencing the duration of exclusive breastfeeding during the first 6 months of life. *J Hum Lact 19*(2), 136-44.

Chalmers, B., & Wolman, W. (1993). Social support in labor--a selective review. *J Psychosom Obstet Gynaecol, 14*(1), 1-15.

Champagne, F.A., Curley, J.P., Keverne, E.B., & Bateson, P.P. (2007). Natural variations in postpartum maternal care in inbred and outbred mice. *Physiol Behav, 91*(2-3), 325-334.

Champagne, F., & Meaney, M.J. (2001). Like mother, like daughter: evidence for non-genomic transmission of parental behavior and stress responsivity. *Prog Brain Res, 133*, 287-302.

Champagne, F.A., & Meaney, M.J. (2007). Transgenerational effects of social environment on variations in maternal care and behavioral response to novelty. *Behav Neurosci, 121*(6), 1353-1363.

Chang, Z.M., & Heaman, M.I. (2005). Epidural analgesia during labor and delivery: effects on the initiation and continuation of effective breastfeeding. *J Hum Lact, 21*(3), 305-314; quiz 315-309, 326.

Christensson, K., Cabrera, T., Christensson, E., Uvnäs-Moberg, K., & Winberg, J. (1995). Separation distress call in the human neonate in the absence of maternal body contact. *Acta Paediatr, 84*(5), 468-473.

Christensson, K., Siles, C., Moreno, L., Belaustequi, A., De La Fuente, P., Lagercrantz, H., et al. (1992). Temperature, metabolic adaptation and crying in healthy full-term newborns cared for skin-to-skin or in a cot. *Acta Paediatr, 81*(6-7), 488-493.

Clinton, S.M., Bedrosian, T.A., Abraham, A.D., Watson, S.J., & Akil, H. (2010). Neural and environmental factors impacting maternal behavior differences in high-versus low-novelty-seeking rats. *Horm Behav, 57*(4-5), 463-473.

Clodi, M., Vila, G., Geyeregger, R., Riedl, M., Stulnig, T. M., Struck, J., et al. (2008). Oxytocin alleviates the neuroendocrine and cytokine response to bacterial endotoxin in healthy men. *Am J Physiol Endocrinol Metab, 295*(3), E686-691.

Coureaud, G., Charra, R., Datiche, F., Sinding, C., Thomas-Danguin, T., Languille, S., Hars, B., & Schaal, B. (2010). A pheromone to behave, a pheromone to learn: the rabbit mammary pheromone. *J Comp Physiol A Neuroethol Sens Neural Behav Physiol, 196*(10), 779-790. doi: 10.1007/s00359-010-0548-y.

Cowie, A.T. (1974). Proceedings: Overview of the mammary gland. *J Invest Dermatol, 63*(1), 2-9.

Cowie, A.T., Forsyth, I.A., Hart, I.C. (1980). Hormonal control of lactation. Berlin: Springer Verlag.

Cowie, A.T., Tindal, J.S., & Yokoyama, A. (1966). The induction of mammary growth in the hypophysectomized goat. *J Endocrinol, 34*(2), 185-195.

Craig, A.D. (2003). Pain mechanisms: labeled lines versus convergence in central processing. *Annu Rev Neurosci, 26*, 1-30.

Czank, C., Henderson, J.J., Kent, J.C., Tat Lai, C., & Hartmann, P (2007). Hormonal Control of the Lactation Cycle. In T. W. H. a. P. E. Hartmann (Ed.), *Textbook of Human Lactation*. Amarillo: Hale Publishing.

Dale, H.H. (1906). On some physiological actions of ergot. *J Physiol, 34*(3), 163-206.

Dale, H.H. (1909). The Action of Extracts of the Pituitary Body. *Biochem J*, 4(9), 427-447.

De Bonis, M., Torricelli, M., Leoni, L., Berti, P., Ciani, V., Puzzutiello, R., et al. (2011). Carbetocin versus oxytocin after caesarean section: similar efficacy but reduced pain perception in women with high risk of postpartum haemorrhage. *J Matern Fetal Neonatal Med.*

de Chateau, P., Holmberg, H., Jakobsson, K., & Winberg, J. (1977). A study of factors promoting and inhibiting lactation. *Dev Med Child Neurol, 19*(5), 575-584.

De Chateau, P., & Wiberg, B. (1977a). Long-term effect on mother-infant behaviour of extra contact during the first hour post partum. I. First observations at 36 hours. *Acta Paediatr Scand, 66*(2), 137-143.

De Chateau, P., & Wiberg, B. (1977b). Long-term effect on mother-infant behaviour of extra contact during the first hour post partum. II. A follow-up at three months. *Acta Paediatr Scand, 66*(2), 145-151.

de Chateau, P., & Wiberg, B. (1984). Long-term effect on mother-infant behaviour of extra contact during the first hour post partum. III. Follow-up at one year. *Scand J Soc Med, 12*(2), 91-103.

De Groot, A.N., Vree, T.B., Hekster, Y.A., Pesman, G.J., Sweep, F.C., Van Dongen, P.J., et al. (1995). Bioavailability and pharmacokinetics of sublingual oxytocin in male volunteers. *J Pharm Pharmacol, 47*(7), 571-575.

de Wied, D., Gaffori, O., Burbach, J.P., Kovacs, G.L., & van Ree, J.M. (1987). Structure activity relationship studies with C-terminal fragments of vasopressin and oxytocin on avoidance behaviors of rats. *J Pharmacol Exp Ther, 241*(1), 268-274.

Demitrack, M.A., Lesem, M.D., Listwak, S.J., Brandt, H.A., Jimerson, D.C., & Gold, P.W. (1990). CSF oxytocin in anorexia nervosa and bulimia nervosa: clinical and pathophysiologic considerations. *Am J Psychiatry, 147*(7), 882-886.

Diaz-Cabiale, Z., Olausson, H., Sohlstrom, A., Agnati, L. F., Narvaez, J. A., Uvnäs-Moberg, K., et al. (2004). Long-term modulation by postnatal oxytocin of the alpha 2-adrenoceptor agonist binding sites in central autonomic regions and the role of prenatal stress. *J Neuroendocrinol, 16*(3), 183-190.

Díaz-Cabiale, Z., Petersson, M., Narváez, J.A., Uvnäs-Moberg, K., & Fuxe, K. (2000). Systemic oxytocin treatment modulates alpha 2-adrenoceptors in telencephalic and diencephalic regions of the rat. *Brain Res, 887*(2), 421-425.

DiGirolamo, A.M., Grummer-Strawn, L.M., & Fein, S.B. (2008). Effect of maternity-care practices on breastfeeding. *Pediatrics, 122 Suppl 2*, S43-49.

Domes, G., Heinrichs, M., Glascher, J., Buchel, C., Braus, D.F., & Herpertz, S. C. (2007). Oxytocin attenuates amygdala responses to emotional faces regardless of valence. *Biol Psychiatry, 62*(10), 1187-1190.

Domes, G., Heinrichs, M., Michel, A., Berger, C., Herpertz, S.C. (2007). Oxytocin improves “mind-reading” in humans. *Biol Psychiatry, 61*(6), 731-733.

Doucet, S., Soussignan, R., Sagot, P., & Schaal, B. (2009). The secretion of areolar (Montgomery’s) glands from lactating women elicits selective, unconditional responses in neonates. *PLoS One, 4*(10):e7579. doi: 10.1371/journal.pone.0007579.

Dreifuss, J.J., Raggenbass, M., Charpak, S., Dubois-Dauphin, M., & Tribollet, E. (1988). A role of central oxytocin in autonomic functions: its action in the motor nucleus of the vagus nerve. *Brain Res Bull, 20*(6), 765-770.

Drewett, R.F., Bowen-Jones, A., & Dogterom, J. (1982). Oxytocin levels during breast-feeding in established lactation. *Horm Behav, 16*(2), 245-248.

Dunn, J., & Kendrick, C. (1980). Studying temperament and parent-child interaction: comparison of interview and direct observation. *Dev Med Child Neurol, 22*(4), 484-96.

Du Vigneaud, V., Ressler, C., & Trippett, S. (1953). The sequence of amino acids in oxytocin, with a proposal for the structure of oxytocin. *J Biol Chem, 205*(2), 949-957.

Du, Y.C., Yan, Q.W., & Qiao, L.Y. (1998). Function and molecular basis of action of vasopressin 4-8 and its analogues in rat brain. *Prog Brain Res, 119*, 163-175.

Edvinsson, L., Ekblad, E., Håkanson, R., & Wahlestedt C. (1984). Neuropeptide Y potentiates the effect of various vasoconstrictor agents on rabbit blood vessels. *Br J Pharmacol, 83*(2), 519-525.

Eklund, M.B., Johansson, L.M., Uvnäs-Moberg, K., & Arborelius, L. (2009). Differential effects of repeated long and brief maternal separation on behaviour and neuroendocrine parameters in Wistar dams. *Behav Brain Res, 203*(1):69-75. doi: 10.1016/j. bbr.2009.04.017.

Ekstrom, A., Widstrom, A.M., & Nissen, E. (2003). Breastfeeding support from partners and grandmothers: perceptions of Swedish women. *Birth, 30*(4), 261-266.

Eltzschig, H.K., Lieberman, E.S., & Camann, W.R. (2003). Regional anesthesia and analgesia for labor and delivery. *N Engl J Med, 348*(4), 319-332.

Ely, F., & Petersen, W.E. (1941). Factors involved in the ejection of milk. *J Dairy Sci, 24*, 211-223.

Engstrom, L. (1958). Synthetic oxytocin (syntocinon Sandoz) in intravenous drip for induction of labour around full term. *Acta Obstet Gynecol Scand, 37*(3), 303-311.

Eriksson, M., Bjorkstrand, E., Smedh, U., Alster, P., Matthiesen, A.S., & Uvnäs-Moberg, K. (1994). Role of vagal nerve activity during suckling. Effects on plasma levels of oxytocin, prolactin, VIP, somatostatin, insulin, glucagon, glucose and of milk secretion in lactating rats. *Acta Physiol Scand, 151*(4), 453-459.

Eriksson, M., Linden, A., Stock, S. & Uvnäs-Moberg, K. (1987). Increased levels of vasoactive intestinal peptide (VIP) and oxytocin during suckling in lactating dogs. *Peptides, 8*(3):411-413.

Eriksson, M., Linden, A., & Uvnäs-Moberg, K. (1987). Suckling increases insulin and glucagon levels in peripheral venous blood of lactating dogs. *Acta Physiol Scand, 131*(3), 391-396.

Eriksson, M., Lindh, B., Uvnäs-Moberg, K., & Hokfelt, T. (1996). Distribution and origin of peptide-containing nerve fibres in the rat and human mammary gland. *Neuroscience, 70*(1), 227-245.

Eriksson, M., Lundeberg, T., & Uvnäs-Moberg, K. (1996). Studies on cutaneous blood flow in the mammary gland of lactating rats. *Acta Physiol Scand,*

158(1), 1-6.

Eriksson, M., & Uvnäs-Moberg, K. (1990). Plasma levels of vasoactive intestinal polypeptide and oxytocin in response to suckling, electrical stimulation of the mammary nerve and oxytocin infusion in rats. *Neuroendocrinology, 51*(3), 237-240.

Erlandsson, K., Dsilna, A, Fagerberg, I., & Christensson, K. (2007). Skin-to-skin care with the father after cesarean birth and its effect on newborn crying and prefeeding behavior. *Birth, 34*(2), 105-14.

Fabry, I. G., De Paepe, P., Kips, J. G., & Van Bortel, L.M. (2011). The influence of tocolytic drugs on cardiac function, large arteries, and resistance vessels. *Eur J Clin Pharmacol, 67*(6), 573-580.

Febo, M., Numan, M., & Ferris, C.F. (2005). Functional magnetic resonance imaging shows oxytocin activates brain regions associated with mother-pup bonding during suckling. *J Neurosci, 25*(50), 11637-11644.

Feldman, R., Gordon, I., Schneiderman, I., Weisman, O., & Zagoory-Sharon, O. (2010). Natural variations in maternal and paternal care are associated with systematic changes in oxytocin following parent-infant contact. *Psychoneuroendocrinology, 35*(8), 1133-41. doi: 10.1016/j.psyneuen.2010.01.013.

Feldman, R., Gordon, I., & Zagoory-Sharon, O. (2011). Maternal and paternal plasma, salivary, and urinary oxytocin and parent-infant synchrony: considering stress and affiliation components of human bonding. *Dev Sci, 14*(4), 752-61. doi: 10.1111/j.1467-7687.2010.01021.x.

Feldman, R., Weller, A., Zagoory-Sharon, O., & Levine, A. (2007). Evidence for a neuroendocrinological foundation of human affiliation: plasma oxytocin levels across pregnancy and the postpartum period predict mother-infant bonding. *Psychol Sci, 18*(11), 965-70.

Fell, B.F., Smith, K.A., Campbell, R.M. (1963). Hypertrophic and hyperplastic changes in the alimentary canal of the lactating rat. *J Pathol Bacteriol, 85*, 179-188.

Ferguson, J.K. (1941). A study of the motility of the intact uterus at term. *Surgery Gynecol Obstet, 73*, 359-366.

Fewtrell, M.S., Loh, K.L., Blake, A., Ridout, D.A., & Hawdon, J. (2006). Randomised, double blind trial of oxytocin nasal spray in mothers expressing breast milk for preterm infants. *Arch Dis Child Fetal Neonatal Ed, 91*(3), F169-174.

Findlay, A.L.R., & Grosvenor, C.E. (1969). The role of mammary gland innervation in the control of the motor apparatus of the mammary gland. *Dairy Sci Abstr, 31*(3), 109-116.

Fleming, A.S., Kraemer, G.W., Gonzalez, A., Lovic, V., Rees, S., & Melo, A. (2002). Mothering begets mothering: the transmission of behavior and its neurobiology across generations. *Pharmacol Biochem Behav, 73*(1), 61-75.

Ford, E., & Ayers, S. (2009). Stressful events and support during birth: the effect on anxiety, mood and perceived control. *J Anxiety Disord, 23*(2), 260-268.

Ford, E., & Ayers, S. (2011). Support during birth interacts with prior trauma and birth intervention to predict postnatal post-traumatic stress symptoms.

Psychol Health, 26(12), 1553-1570.

Francis, D.D., Champagne, F.A., Liu, D., & Meaney, M.J. (1999). Maternal care, gene expression, and the development of individual differences in stress reactivity. *Ann N Y Acad Sci, 896*, 66-84.

Francis, D.D., Young, L.J., Meaney, M.J., & Insel, T.R. (2002). Naturally occurring differences in maternal care are associated with the expression of oxytocin and vasopressin (V1a) receptors: gender differences. *Journal of Neuroendocrinology, 14*(5), 349-353.

Frantz, A.G. (1977). The assay and regulation of prolactin in humans. *Adv Exp Med Biol, 80*, 95-133.

Freeman, M.E., Kanyicska, B., Lerant, A., & Nagy, G. (2000). Prolactin: structure, function, and regulation of secretion. *Physiol Rev, 80*(4), 1523-1631.

Freund-Mercier, M.J., Stoeckel, M.E., Palacios, J.M., Pazos, A., Reichhart, J.M., Porte, A., et al. (1987). Pharmacological characteristics and anatomical distribution of [3H]oxytocin-binding sites in the Wistar rat brain studied by autoradiography. *Neuroscience, 20*(2), 599-614.

Frick, G., Bremme, K., Sjogren, C., Linden, A., & Uvnäs-Moberg, K. (1990). Plasma levels of cholecystokinin and gastrin during the menstrual cycle and pregnancy. *Acta Obstet Gynecol Scand, 69*(4), 317-320.

Fuchs, A.R., Romero, R., Keefe, D., Parra, M., Oyarzun, E., & Behnke, E. (1991). Oxytocin secretion and human parturition: pulse frequency and duration increase during spontaneous labor in women. *Am J Obstet Gynecol, 165*(5 Pt 1), 1515-1523.

Gaffori, O.J., & De Wied, D. (1988). Bimodal effect of oxytocin on avoidance behavior may be caused by the presence of two peptide sequences with opposite action in the same molecule. *Eur J Pharmacol, 147*(2), 157-162.

Gaines, W.L. (1915). A contribution to the physiology of lactation. *Am. J. Physiol., 38*, 447-466.

Geddes, D.T. (2007). Gross anatomy of the lactating breast. In P. E. H. Thomas W. Hale (Ed.), *Textbook of Human Lactation*. Amarillo, Texas: Hale Publishing.

Giacometti, L., & Montagna, W. (1962). The nipple and the areola of the human female breast. *Anat Rec, 144*, 191-197.

Gibson, S.J., Polak, J.M., Bloom, S.R., Sabate, I.M., Mulderry, P.M., Ghatei, M.A., et al. (1984). Calcitonin gene-related peptide immunoreactivity in the spinal cord of man and of eight other species. *J Neurosci, 4*(12), 3101-3111.

Gimpl, G., & Fahrenholz, F. (2001). The oxytocin receptor system: structure, function, and regulation. *Physiol Rev, 81*(2), 629-683.

Gimpl, G., Reitz, J., Brauer, S., & Trossen, C. (2008). Oxytocin receptors: Ligand binding, signalling and cholesterol dependence. *Prog Brain Res, 170*, 193-204.

Glasier, A., McNeilly, A.S., & Howie, P.W. (1988). Hormonal background of lactational infertility. *Int J Fertil, 33 Suppl*, 32-4.

Glover, V., O'Connor, T.G., & O'Donnell, K. (2010). Prenatal stress and the programming of the HPA axis. *Neurosci Biobehav Rev, 35*(1), 17-22.

Goldman, M., Marlow-O'Connor, M., Torres, I., & Carter, C.S. (2008). Diminished plasma oxytocin in schizophrenic patients with neuroendocrine dysfunction and emotional deficits. *Schizophr Res, 98*(1-3), 247-255.

Goodfellow, C.F., Hull, M.G., Swaab, D.F., Dogterom, J., & Buijs, R.M. (1983). Oxytocin deficiency at delivery with epidural analgesia. *Br J Obstet Gynaecol, 90*(3), 214-219.

Gordon, I., Zagoory-Sharon, O., Schneiderman, I., Leckman, J.F., Weller, A., & Feldman, R. (2008). Oxytocin and cortisol in romantically unattached young adults: Associations with bonding and psychological distress. *Psychophysiology, 45*(3), 349-52. doi: 10.1111/j.1469-8986.2008.00649.x.

Gorewit, R.C., Svennersten, K., Butler, W.R., & Uvnäs-Moberg, K. (1992). Endocrine responses in cows milked by hand and machine. *J Dairy Sci, 75*(2), 443-448.

Graff, C.L., & Pollack, G.M. (2005). Nasal drug administration: potential for targeted central nervous system delivery. *J Pharm Sci, 94*(6), 1187-1195.

Gregory, S.G., Connelly, J.J., Towers, A.J., Johnson, J., Biscocho, D., Markunas, C.A., …Pericak-Vance, M.A. (2009). Genomic and epigenetic evidence for oxytocin receptor deficiency in autism. *BMC Med, 7*, 62. doi: 10.1186/1741-7015-7-62.

Green, L., Fein, D., Modahl, C., Feinstein, C., Waterhouse, L., & Morris, M. (2001). Oxytocin and autistic disorder: alterations in peptide forms. *Biol Psychiatry, 50*(8), 609-613.

Grewen, K.M., & Light, K.C. (2011). Plasma oxytocin is related to lower cardiovascular and sympathetic reactivity to stress. *Biol Psychol, 87*(3):340-9. doi: 0.1016/j.biopsycho.2011.04.003.

Guastella, A.J., Einfeld, S.L., Gray, K.M., Rinehart, N.J., Tonge, B.J., Lambert, T.J., Hickie, I.B. (2010). Intranasal oxytocin improves emotion recognition for youth with autism spectrum disorders. *Biol Psychiatry, 67*(7), 692-4. doi: 10.1016/j.biopsych.2009.09.020.

Guastella, A.J., Howard, A.L., Dadds, M.R., Mitchell, P., & Carson, D.S. (2009). A randomized controlled trial of intranasal oxytocin as an adjunct to exposure therapy for social anxiety disorder. *Psychoneuroendocrinology, 34*(6):917-923. doi: 10.1016/j. psyneuen.2009.01.005.

Guastella, A.J., Mitchell, P.B., & Dadds, M.R. (2008). Oxytocin increases gaze to the eye region of human faces. *Biol Psychiatry, 63*(1), 3-5.

Gustavsson, P. (1977). *Stability and validity of self-reported personality traits*. Karolinska Institutet Stockholm.

Gutkowska, J., & Jankowski, M. (2008). Oxytocin revisited: It is also a cardiovascular hormone. *J Am Soc Hypertens, 2*(5), 318-325.

Guyton, H. (2002). *Textbook of medical physiology*. Philadelphi: Elsevier, Saunders.

Hadley, M.E. (2000). *Endocrinology* (5th edition ed.). Upper saddle river, NJ, 2000: Prentice-Hall.

Handlin, L., Jonas, W., Petersson, M., Ejdeback, M., Ransjo-Arvidson, A.B., Nissen, E., et al. (2009). Effects of sucking and skin-to-skin contact on maternal ACTH and cortisol levels during the second day postpartum-influence of epidural analgesia and oxytocin in the perinatal period. *Breastfeed Med, 4*(4), 207-220.

Handlin, L., Jonas, W., Ransjö-Arvidson, A.B., Petersson, M., Uvnäs-Moberg, K., & Nissen, E. (2012). Influence of common birth interventions on maternal blood pressure patterns during breastfeeding 2 days after birth. *Breastfeed Med, 7*(2):93-9. doi: 10.1089/bfm.2010.0099.

Hansen, S., & Ferreira, A. (1986). Food intake, aggression, and fear behavior in the mother rat: control by neural systems concerned with milk ejection and maternal behavior. *Behav Neurosci, 100*(1), 64-70.

Harlow, H.F. (1959). Love in infant monkeys. *Sci Am, 200*(6), 68-74.

Harlow, H.F., & Seay, B. (1964). Affectional Systems in Rhesus Monkeys. *J Ark Med Soc, 61*, 107-110.

Harlow, H.F., & Zimmermann, R.R. (1959). Affectional responses in the infant monkey; orphaned baby monkeys develop a strong and persistent attachment to inanimate surrogate mothers. *Science, 130*(3373), 421-432.

Hartmann, P. (2007). Mammary Gland: Past. Present and Future. In P. Hartmann & T. W. Hale (Ed.), *Textbook of human lactation*. Amarillo, Texas: Hale Publishing.

Hartmann, P.E., Sherriff, J.L., & Mitoulas, L.R. (1998). Homeostatic mechanisms that regulate lactation during energetic stress. *J Nutr, 128*(2 Suppl), 394S-399S.

Hatton, G.I., & Tweedle, C.D. (1982). Magnocellular neuropeptidergic neurons in hypothalamus: increases in membrane apposition and number of specialized synapses from pregnancy to lactation. *Brain Res Bull, 8*(2), 197-204.

Heim, C., Young, L.J., Newport, D.J., Mletzko, T., Miller, A.H., & Nemeroff, C.B. (2009). Lower CSF oxytocin concentrations in women with a history of childhood abuse. *Mol Psychiatry, 14*(10), 954-958. doi: 10.1038/mp.2008.112.

Heinrichs, M., Baumgartner, T., Kirschbaum, C., Ehlert, U. (2003). Social support and oxytocin interact to suppress cortisol and subjective responses to psychosocial stress. *Biol Psychiatry, 54*(12), 1389-1398.

Heinrichs, M., & Domes, G. (2008). Neuropeptides and social behaviour: effects of oxytocin and vasopressin in humans. *Prog Brain Res, 170*, 337-350. doi: 10.1016/S0079-6123(08)00428-7.

Heinrichs, M., Meinlschmidt, G., Neumann, I., Wagner, S., Kirschbaum, C., Ehlert, U., et al. (2001). Effects of suckling on hypothalamic-pituitary-adrenal axis responses to psychosocial stress in postpartum lactating women. *J Clin Endocrinol Metab, 86*(10), 4798-4804.

Heinrichs, M., Meinlschmidt, G., Wippich, W., Ehlert, U., & Hellhammer, D.H. (2004). Selective amnesic effects of oxytocin on human memory. *Physiol Behav, 83*(1), 31-38.

Heinrichs, M., Neumann, I., & Ehlert, U. (2002). Lactation and stress: protective effects of breast-feeding in humans. *Stress, 5*(3), 195-203.

Helena, C.V., Cristancho-Gordo, R., Gonzalez-Iglesias, A.E., Tabak, J., Bertram, R., & Freeman, M.E. (2011). Systemic oxytocin induces a prolactin secretory rhythm via the pelvic nerve in ovariectomized rats. *Am J Physiol Regul Integr Comp Physiol, 301*(3), R676-681.

Henderson, J.J., Dickinson, J.E., Evans, S.F., McDonald, S.J., & Paech, M.J. (2003). Impact of intrapartum epidural analgesia on breast-feeding duration.

Aust N Z J Obstet Gynaecol, 43(5), 372-377.

Herman, J.P., Ostrander, M.M., Mueller, N.K., & Figueiredo, H. (2005). Limbic system mechanisms of stress regulation: hypothalamo-pituitary-adrenocortical axis. *Prog Neuropsychopharmacol Biol Psychiatry, 29*(8), 1201-1213.

Herman, J.P., Prewitt, C.M., & Cullinan, W.E. (1996). Neuronal circuit regulation of the hypothalamo-pituitary-adrenocortical stress axis. *Crit Rev Neurobiol, 10*(3-4), 371-394.

Hofer, M.A. (1994). Early relationships as regulators of infant physiology and behavior. *Acta Paediatr Suppl, 397*, 9-18.

Hofer, M.A., Brunelli, S.A., & Shair, H.N. (1993). Ultrasonic vocalization responses of rat pups to acute separation and contact comfort do not depend on maternal thermal cues. *Dev Psychobiol, 26*(2), 81-95.

Hoge, E.A., Pollack, M.H., Kaufman, R.E., Zak, P.J., & Simon, N.M. (2008). Oxytocin levels in social anxiety disorder. *CNS Neurosci Ther, 14*(3):165-70. doi: 10.1111/j.1755-5949.2008.00051.x.

Hokfelt, T., Kellerth, J.O., Nilsson, G., & Pernow, B. (1975). Experimental immunohistochemical studies on the localization and distribution of substance P in cat primary sensory neurons. *Brain Res, 100*(2), 235-252.

Hollander, E., Bartz, J., Chaplin, W., Phillips, A., Sumner, J., Soorya, L., Anagnostou, E., Wasserman, S. (2007). Oxytocin increases retention of social cognition in autism. *Biol Psychiatry, 61*(4),498-503.

Holmes, J.M. (1954). The use of continuous intravenous oxytocin in obstetrics. *Lancet, 267*(6850), 1191-1193.

Holst, S., Lund, I., Petersson, M., & Uvnäs-Moberg, K. (2005). Massage-like stroking influences plasma levels of gastrointestinal hormones, including insulin, and increases weight gain in male rats. *Auton Neurosci, 120*(1-2), 73-79.

Holst, S., Uvnäs-Moberg, K., & Petersson, M. (2000). Postnatal oxytocin treatment and postnatal stroking of rats influence the development of dopamine 2 receptors in adulthood. Unpublished data.

Holst, S., Uvnäs-Moberg, K., & Petersson, M. (2002). Postnatal oxytocin treatment and postnatal stroking of rats reduce blood pressure in adulthood. *Auton Neurosci, 99*(2), 85-90.

Holzer, P., Taché, Y., & Rosenfeldt, G.M. (1992). *Calcitonin gene related peptide, Vol 657*. New York: Am N.Y. Acad. Sci.

Houston, M.J, Howie, P.W., & McNeilly, A.S. (1983). Factors affecting the duration of breast feeding: 1. Measurement of breast milk intake in the first week of life. *Early Hum Dev, 8*(1), 49-54.

Houston, M.J., Howie, P.W., Smart, L., McArdle, T., & McNeilly, A.S. (1983). Factors affecting the duration of breast feeding: 2. Early feeding practices and social class. *Early Hum Dev, 8*(1), 55-63.

Humble, M.B., Uvnäs-Moberg, K., Engström, I., & Bejerot, S. (2013). Plasma oxytocin changes and anti-obsessive response during serotonin reuptake inhibitor treatment: a placebo controlled study. *BMC Psychiatry, 13*, 344. doi: 10.1186/1471-244X-13-344.

Insel, T.R. (2003). Is social attachment an addictive disorder? Physiol Behav, 79(3), 351-357.

Ito, Y., Kobayashi, T., Kimura, T., Matsuura, N., Wakasugi, E., Takeda, T., … Monden, M. (1996). Investigation of the oxytocin receptor expression in human breast cancer tissue using newly established monoclonal antibodies. *Endocrinology, 137*(2), 773-779.

Ito, N., Nomura, S., Iwase, A., Ito, T., Ino, K., Nagasaka, T., et al. (2003). Ultrastructural localization of aminopeptidase A/angiotensinase and placental leucine aminopeptidase/oxytocinase in chorionic villi of human placenta. *Early Hum Dev, 71*(1), 29-37.

Johansson, B., Uvnäs-Moberg, K., Knight, C.H., & Svennersten-Sjaunja, K. (1999). Effect of feeding before, during and after milking on milk production and the hormones oxytocin, prolactin, gastrin and somatostatin. *J Dairy Res, 66*(2), 151-63.

Johnston, J.M., & Amico, J.A. (1986). A prospective longitudinal study of the release of oxytocin and prolactin in response to infant suckling in long term lactation. *J Clin Endocrinol Metab, 62*(4), 653-657.

Jokinen, J., Chatzittofis, A., Hellström, C., Nordström, P., Uvnäs-Moberg, K., & Asberg, M. (2012). Low CSF oxytocin reflects high intent in suicide attempters. *Psychoneuroendocrinology*, 37(4):482-90. doi: 10.1016/j.psyneuen.2011.07.016.

Jonas, K., Johansson, L.M., Nissen, E., Ejdeback, M., Ransjo-Arvidson, A.B., & Uvnäs-Moberg, K. (2009). Effects of intrapartum oxytocin administration and epidural analgesia on the concentration of plasma oxytocin and prolactin, in response to suckling during the second day postpartum. *Breastfeed Med, 4*(2), 71-82.

Jonas, W., Mileva-Seitz, V., Girard, A.W., Bisceglia, R., Kennedy, J.L., Sokolowski, M., …MAVAN Research Team. (2013). Genetic variation in oxytocin rs2740210 and early adversity associated with postpartum depression and breastfeeding duration. *Genes Brain Behav, 12*(7), 681-94. doi: 10.1111/gbb.12069.

Jonas, W. Nissen, E., Handlin, L., Ransjo-Arvidsson, A.B., & Uvnäs-Moberg, K. (2005). Covariation between the amounts of administered exogenous oxytocin and epidural analgesia during labor. Unpublished data.

Jonas, W., Nissen, E., Ransjo-Arvidson, A.B., Matthiesen, A.S., & Uvnäs-Moberg, K. (2008). Influence of oxytocin or epidural analgesia on personality profile in breastfeeding women: a comparative study. *Arch Womens Ment Health, 11*(5-6), 335-345.

Jonas, W., Nissen, E., Ransjo-Arvidson, A.B., Wiklund, I., Henriksson, P., & Uvnäs-Moberg, K. (2008). Short-and long-term decrease of blood pressure in women during breastfeeding. *Breastfeed Med, 3*(2), 103-109.

Jonas, W., Wiklund, I., Nissen, E., Ransjo-Arvidson, A.B., & Uvnäs-Moberg, K. (2007). Newborn skin temperature two days postpartum during breastfeeding related to different labour ward practices. *Early Hum Dev, 83*(1), 55-62.

Jones, P.M., & Robinson, I.C. (1982). Differential clearance of neurophysin and neurohypophysial peptides from the cerebrospinal fluid in conscious

guinea pigs. *Neuroendocrinology, 34*(4), 297-302.
Jonsson, M., Hanson, U., Lidell, C., & Norden-Lindeberg, S. (2010). ST depression at caesarean section and the relation to oxytocin dose. A randomised controlled trial. *BJOG, 117*(1), 76-83.
Jonsson, M., Norden, S.L., & Hanson, U. (2007). Analysis of malpractice claims with a focus on oxytocin use in labour. *Acta Obstet Gynecol Scand, 86*(3), 315-319.
Jonsson, M., Norden-Lindeberg, S., Ostlund, I., & Hanson, U. (2008). Acidemia at birth, related to obstetric characteristics and to oxytocin use, during the last two hours of labor. *Acta Obstet Gynecol Scand, 87*(7), 745-750.
Jordan, S., Emery, S., Watkins, A., Evans, J.D., Storey, M., & Morgan, G. (2009). Associations of drugs routinely given in labour with breastfeeding at 48 hours: analysis of the Cardiff Births Survey. *BJOG, 116*(12), 1622-1629; discussion 1630-1622.
Kanwal, J.S., & Rao, P.D. (2002). Oxytocin within auditory nuclei: a neuromodulatory function in sensory processing? *Neuroreport, 13*(17), 2193-2197.
Karlstrom, A., Engstrom-Olofsson, R., Norbergh, K.G., Sjoling, M., & Hildingsson, I. (2007). Postoperative pain after cesarean birth affects breastfeeding and infant care. *J Obstet Gynecol Neonatal Nurs, 36*(5), 430-440.
Kendrick, K.M., Da Costa, A.P., Broad, K.D., Ohkura, S., Guevara, R., Lévy, F., Keverne EB. (1997). Neural control of maternal behaviour and olfactory recognition of offspring. *Brain Res Bull, 44*(4), 383-395.
Kendrick, K.M., Guevara-Guzman, R., Zorrilla, J., Hinton, M.R., Broad, K.D., Mimmack, M., & Ohkura, S. (1997). Formation of olfactory memories mediated by nitric oxide. *Nature, 388*(6643), 670-4.
Kendrick, K.M., Keverne, E.B., & Baldwin, B.A. (1987). Intracerebroventricular oxytocin stimulates maternal behaviour in the sheep. *Neuroendocrinology, 46*(1), 56-61.
Kendrick, K.M., Keverne, E.B., Baldwin, B.A., & Sharman, D.F. (1986). Cerebrospinal fluid levels of acetylcholinesterase, monoamines and oxytocin during labour, parturition, vaginocervical stimulation, lamb separation and suckling in sheep. *Neuroendocrinology, 44*(2), 149-156.
Kendrick, K.M., Levy, F., & Keverne, E.B. (1991). Importance of vaginocervical stimulation for the formation of maternal bonding in primiparous and multiparous parturient ewes. *Physiol Behav, 50*(3), 595-600.
Kennell, J.H., Trause, M.A., & Klaus, M.H. (1975). Evidence for a sensitive period in the human mother. *Ciba Found Symp*(33), 87-101.
Kennett, J.E., Poletini, M.O., Fitch, C.A., & Freeman, M.E. (2009). Antagonism of oxytocin prevents suckling-and estradiol-induced, but not progesterone-induced, secretion of prolactin. *Endocrinology, 150*(5), 2292-2299.
Keverne, E.B., & Kendrick, K.M. (1992). Oxytocin facilitation of maternal behavior in sheep. *Ann N Y Acad Sci, 652*, 83-101.
Keverne, E.B., & Kendrick, K.M. (1994). Maternal behaviour in sheep and its neuroendocrine regulation. *Acta Paediatr Suppl, 397*, 47-56.

Kim, S., Soeken, T.A., Cromer, S.J., Martinez, S.R., Hardy, L.R., & Strathearn, L. (2013). Oxytocin and postpartum depression: Delivering on what's known and what's not. *Brain Res.* Nov 14. pii: S0006-8993(13)01504-7. doi: 10.1016/j.brainres.2013.11.009.

Kimura, C., & Matsuoka, M. (2007). Changes in breast skin temperature during the course of breastfeeding. *J Hum Lact, 23*(1), 60-69.

Kimura, T., Ito, Y., Einspanier, A.,Tohya, K., Nobunaga, T., Tokugawa, Y. (1998). Expression and immunlocalization of the oxytocin receptor in human lactating and nonlactating mammary glands. *Hum Reprod., 13*(9), 2645-2653.

Kirsch, P., Esslinger, C., Chen, Q., Mier, D., Lis, S., Siddhanti, S., .. Meyer-Lindenberg, A. (2005). Oxytocin modulates neural circuitry for social cognition and fear in humans. *J Neurosci, 25*(49), 11489-11493.

Klaus, M.H., Jerauld, R., Kreger, N.C., McAlpine, W., Steffa, M., & Kennel, J.H. (1972). Maternal attachment. Importance of the first post-partum days. *N Engl J Med, 286*(9), 460-463.

Kleberg, A., Hellstrom-Westas, L., & Widstrom, A.M. (2007). Mothers' perception of Newborn Individualized Developmental Care and Assessment Program (NIDCAP) as compared to conventional care. *Early Hum Dev, 83*(6), 403-411.

Knobloch, H.S., Charlet, A., Hoffmann, L.C., Eliava, M., Khrulev, S., Cetin, A.H., …Grinevich, V. (2012). Evoked axonal oxytocin release in the central amygdala attenuates fear response. *Neuron, 73*(3), 553-66. doi: 10.1016/j.neuron.2011.11.030.

Komisaruk, B.R., & Sansone, G. (2003). Neural pathways mediating vaginal function: the vagus nerves and spinal cord oxytocin. *Scand J Psychol, 44*(3), 241-250.

Kosfeld, M., Heinrichs, M., Zak, P.J., Fischbacher, U., Fehr, E. (2005). Oxytocin increases trust in humans. *Nature, 435*(7042), 673-676.

Krohn, C.C. (1999). *Consequences of different suckling systems in high producing dairy cows* Paper presented at the International symposium on suckling.

Kurosawa, M., Lundeberg, T., Agren, G., Lund, I., & Uvnäs-Moberg, K. (1995). Massage-like stroking of the abdomen lowers blood pressure in anesthetized rats: influence of oxytocin. *J Auton Nerv Syst, 56*(1-2), 26-30.

Kurosawa, M., Suzuki, A., Utsugi, K., & Araki, T. (1982). Response of adrenal efferent nerve activity to non-noxious mechanical stimulation of the skin in rats. *Neurosci Lett, 34*(3), 295-300.

Labbok, M.H. (2007). Breastfeeding, Birth Spacing, and Family Planning. In P. E. H. Thomas W. Hale (Ed.), *Halen a& Hartmann's Textbook of Lactation*. Amarillo: Hale Publishing.

Lagercrantz, H., & Slotkin, T.A. (1986). The "stress" of being born. *Sci Am, 254*(4), 100-107.

LeDoux, J.E. (2012). Evolution of human emotion: a view through fear. *Prog Brain Res, 195*, 431-442.

Lee, S.Y., Kim, M.T., Jee, S.H., & Yang, H.P. (2005). Does long-term lactation protect premenopausal women against hypertension risk? A Korean women's cohort study. *Prev Med, 41*(2), 433-8.

Lefebvre, D.L., Giaid, A., Bennett, H., Lariviere, R., & Zingg, H.H. (1992). Oxytocin gene expression in rat uterus. *Science, 256*(5063), 1553-1555.

Lefebvre, D.L., Giaid, A., & Zingg, H.H. (1992). Expression of the oxytocin gene in rat placenta. *Endocrinology, 130*(3), 1185-1192.

Lefebvre, D.L., Lariviere, R., & Zingg, H.H. (1993). Rat amnion: a novel site of oxytocin production. *Biol Reprod, 48*(3), 632-639.

Legros, J.J., Chiodera, P., & Geenen, V. (1988). Inhibitory action of exogenous oxytocin on plasma cortisol in normal human subjects: evidence of action at the adrenal level. *Neuroendocrinology, 48*(2), 204-206.

Legros, J.J., Chiodera, P., Geenen, V., Smitz, S., & von Frenckell, R. (1984). Dose-response relationship between plasma oxytocin and cortisol and adrenocorticotropin concentrations during oxytocin infusion in normal men. *J Clin Endocrinol Metab, 58*(1), 105-109.

Leighton, B.L., & Halpern, S.H. (2002). The effects of epidural analgesia on labor, maternal, and neonatal outcomes: a systematic review. *Am J Obstet Gynecol, 186*(5 Suppl Nature), S69-77.

Levine, S., Alpert, M., & Lewis, G.W. (1957). Infantile experience and the maturation of the pituitary adrenal axis. *Science, 126*(3287), 1347.

Levine, A., Zagoory-Sharon, O., Feldman, R., & Weller, A. (2007). Oxytocin during pregnancy and early postpartum: individual patterns and maternal-fetal attachment. *Peptides, 28*(6), 1162-1169.

Levy, F., Kendrick, K.M., Keverne, E.B., Piketty, V., & Poindron, P. (1992). Intracerebral oxytocin is important for the onset of maternal behavior in inexperienced ewes delivered under peridural anesthesia. *Behav Neurosci, 106*(2), 427-432.

Lichtenberger, L.M., & Trier, J.S. (1979). Changes in gastrin levels, food intake, and duodenal mucosal growth during lactation. *Am J Physiol, 237*(1), E98-105.

Lieberman, E., & O'Donoghue, C. (2002). Unintended effects of epidural analgesia during labor: a systematic review. *Am J Obstet Gynecol, 186*(5 Suppl Nature), S31-68.

Light, K.C., Smith, T.E., Johns, J.M., Brownley, K.A., Hofheimer, J.A., & Amico, J.A. (2000). Oxytocin responsivity in mothers of infants: a preliminary study of relationships with blood pressure during laboratory stress and normal ambulatory activity. *Health Psychol, 19*(6), 560-567.

Lightman, S.L., & Young, W.S., 3rd. (1989). Lactation inhibits stress-mediated secretion of corticosterone and oxytocin and hypothalamic accumulation of corticotropin-releasing factor and enkephalin messenger ribonucleic acids. *Endocrinology, 124*(5), 2358-2364.

Lincoln, D.W., Hentzen, K., Hin, T., van der Schoot, P., Clarke, G., & Summerlee, A.J. (1980). Sleep: a prerequisite for reflex milk ejection in the rat. *Exp Brain Res, 38*(2), 151-162.

Linden, A., Carlquist, M., Hansen, S., & Uvnäs-Moberg, K. (1989). Plasma concentrations of cholecystokinin, CCK-8, and CCK-33, 39 in rats, determined by a method based on enzyme digestion of gastrin before HPLC and RIA detection of CCK. *Gut, 30*(2), 213-222.

Linden, A., Eriksson, M., Carlquist, M., & Uvnäs-Moberg, K. (1987). Plasma levels of gastrin, somatostatin, and cholecystokinin immunoreactivity during pregnancy and lactation in dogs. *Gastroenterology, 92*(3), 578-584.

Linden, A., Eriksson, M., Hansen, S., & Uvnäs-Moberg, K. (1990). Suckling-induced release of cholecystokinin into plasma in the lactating rat: effects of abdominal vagotomy and lesions of central pathways concerned with milk ejection. *J Endocrinol, 127*(2), 257-263.

Lindén, A., Uvnäs-Moberg, K., Eneroth, P., & Sodersten, P. (1989). Stimulation of maternal behaviour in rats with cholecystokinin octapeptide. *J Neuroendocrinol, 1*(6):389-92. doi: 10.1111/ j.1365-2826.1989.tb00135.x.

Linden, A., Uvnäs-Moberg, K., Forsberg, G., Bednar, I., Enerotht, P., & Sodersten, P. (1990). Involvement of Cholecystokinin in Food Intake: II. Lactational Hyperphagia in the Rat. *J Neuroendocrinol, 2*(6), 791-796.

Linden, A., Uvnäs-Moberg, K., Forsberg, G., Bednar, I., & Sodersten, P. (1989). Plasma concentrations of cholecystokinin octapeptide and food intake in male rats treated with cholecystokinin octapeptide. J Endocrinol, 121(1), 59-65.

Linzell, J. (1971). Mammary blood vessels, lymphatics and nerves. In I.R Falconer (Ed.) *Lactation* (pp 41-50). London: Butterworths.

Liu, D., Caldji, C., Sharma, S., Plotsky, P.M., & Meaney, M.J. (2000). Influence of neonatal rearing conditions on stress-induced adrenocorticotropin responses and norepinepherine release in the hypothalamic paraventricular nucleus. *J Neuroendocrinol, 12*(1), 5-12.

Long, C.A. (1969). The origin and evolution of the mammary gland. *Bioscience, 19*, 519-523.

Lonstein, J.S. (2005). Reduced anxiety in postpartum rats requires recent physical interactions with pups, but is independent of suckling and peripheral sources of hormones. *Horm Behav, 47*(3), 241-255.

Lucas, A., Drewett, R.B., & Mitchell, M.D. (1980). Breast-feeding and plasma oxytocin concentrations. *Br Med J, 281*(6244), 834-835.

Luckman, S.M., Hamamura, M., Antonijevic, I., Dye, S., & Leng, G. (1993). Involvement of cholecystokinin receptor types in pathways controlling oxytocin secretion. *Br J Pharmacol, 110*(1), 378-384.

Ludwig, M., & Leng, G. (2006). Dendritic peptide release and peptide-dependent behaviours. *Nat Rev Neurosci, 7*(2), 126-136.

Lund, I., Ge, Y., Yu, L.C., Uvnäs-Moberg, K., Wang, J., Yu, C., et al. (2002). Repeated massage-like stimulation induces long-term effects on nociception: contribution of oxytocinergic mechanisms. *Eur J Neurosci, 16*(2), 330-338.

Lund, I., Lundeberg, T., Kurosawa, M., & Uvnãs-Moberg, K. (1999). Sensory stimulation (massage) reduces blood pressure in unanaesthetized rats. *J Auton Nerv Syst, 78*(1), 0-37.

Lundberg, J.M., Terenius, L., Hokfelt, T., & Goldstein, M. (1983). High levels of neuropeptide Y in peripheral noradrenergic neurons in various mammals including man. *Neurosci Lett, 42*(2), 167-172.

Lundeberg, T., Uvnäs-Moberg, K., Agren, G., & Bruzelius, G. (1994). Anti-nociceptive effects of oxytocin in rats and mice. *Neurosci Lett, 170*(1), 153-

157.
Lupoli, B., Johansson, B., Uvnäs-Moberg, K., & Svennersten-Sjaunja, K. (2001). Effect of suckling on the release of oxytocin, prolactin, cortisol, gastrin, cholecystokinin, somatostatin and insulin in dairy cows and their calves. *J Dairy Res, 68*(2), 175-187.
Luppi, P., Levi-Montalcini, R., Bracci-Laudiero, L., Bertolini, A., Arletti, R., Tavernari, D., et al. (1993). NGF is released into plasma during human pregnancy: an oxytocin-mediated response? *Neuroreport, 4*(8), 1063-1065.
Marchini, G., Lagercrantz, H., Feuerberg, Y., Winberg, J., & Uvnäs-Moberg, K. (1987). The effect of non-nutritive sucking on plasma insulin, gastrin, and somatostatin levels in infants. *Acta Paediatr Scand, 76*(4), 573-578.
Marchini, G., Lagercrantz, H., Winberg, J., & Uvnäs-Moberg, K. (1988). Fetal and maternal plasma levels of gastrin, somatostatin and oxytocin after vaginal delivery and elective cesarean section. *Early Hum Dev, 18*(1), 73-79.
Mason, W.T., Ho, Y.W., & Hatton, G.I. (1984). Axon collaterals of supraoptic neurones: anatomical and electrophysiological evidence for their existence in the lateral hypothalamus. *Neuroscience, 11*(1), 169-82.
Matsuguchi, H., Sharabi, F.M., Gordon, F.J., Johnson, A.K., & Schmid, P.G. (1982). Blood pressure and heart rate responses to microinjection of vasopressin into the nucleus tractus solitarius region of the rat. *Neuropharmacology, 21*(7), 687-693.
Matthiesen, A.S., Ransjo-Arvidson, A.B., Nissen, E., & Uvnäs-Moberg, K. (2001a). Postpartum maternal oxytocin release by newborns: Effects of infant hand massage and sucking. *Birth, 28*(1), 13-19.
Matthiesen, A.S., Ransjo-Arvidson, A.B., Nissen, E., & Uvnäs-Moberg, K. (2001b). Maternal analgesia decreases maternal sensitivity to infant breast massage. Unpublished data.
Maughan, K.L., Heim, S.W., & Galazka, S.S. (2006). Preventing postpartum hemorrhage: managing the third stage of labor. *Am Fam Physician, 73*(6), 1025-1028.
Mayer, A.D., & Rosenblatt, J.S. (1987). Hormonal factors influence the onset of maternal aggression in laboratory rats. *Horm Behav, 21*(2), 253-267.
McClellan, M.S., & Cabianca, W.A. (1980). Effects of early mother-infant contact following cesarean birth. *Obstet Gynecol, 56*(1), 52-55.
McKee, D.T., Poletini, M.O., Bertram, R., & Freeman, M.E. (2007). Oxytocin action at the lactotroph is required for prolactin surges in cervically stimulated ovariectomized rats. *Endocrinology*.
McKenna, J.J., Ball, H.L., & Gettler, L.T. (2007). Mother-infant co-sleeping, breastfeeding and sudden infant death syndrome: what biological anthropology has discovered about normal infant sleep and pediatric sleep medicine. *Am J Phys Anthropol Suppl, 45*, 133-61.
McNeilly, A.S., Robinson, I.C., Houston, M.J., & Howie, P.W. (1983). Release of oxytocin and prolactin in response to suckling. *Br Med J (Clin Res Ed), 286*(6361), 257-259.

Mezzacappa, E.S., & Katlin, E.S. (2002). Breast-feeding is associated with reduced perceived stress and negative mood in mothers. *Health Psychol, 21*(2), 187-193.

Mezzacappa, E.S., Kelsey, R.M., & Katkin, E.S. (2005). Breast feeding, bottle feeding, and maternal autonomic responses to stress. *J Psychosom Res, 58*(4), 351-365.

Mezzacappa, E.S., Kelsey, R.M., Myers, M.M., & Katkin, E.S. (2001). Breast-feeding and maternal cardiovascular function. *Psychophysiology, 38*(6), 988-997.

Miranda-Paiva, C.M., Nasello, A.G., Yim, A.J., & Felicio, L.F. (2002). Puerperal blockade of cholecystokinin (CCK1) receptors disrupts maternal behavior in lactating rats. *J Mol Neurosci, 18*(1-2), 97-104.

Modahl, C., Green, L., Fein, D., Morris, M., Waterhouse, L., Feinstein, C., et al. (1998). Plasma oxytocin levels in autistic children. *Biol Psychiatry, 43*(4), 270-277.

Mogg, R.J., & Samson, W.K. (1990). Interactions of dopaminergic and peptidergic factors in the control of prolactin release. *Endocrinology, 126*(2), 728-735.

Moore, E.R., Anderson, G.C., Bergman, N., & Dowswell, T. (2012). Early skin-to-skin contact for mothers and their healthy newborn infants. *Cochrane Database Syst Rev, 5*:CD003519. doi: 10.1002/14651858.CD003519.pub3.

Moos, F., & Richard, P. (1975a). Adrenergic and cholinergic control of oxytocin release evoked by vaginal, vagal and mammary stimulation in lactating rats. *J Physiol (Paris), 70*(3), 315-32.

Moos, F., & Richard P. (1975b). Level of oxytocin release induced by vaginal dilatation (Ferguson reflex) and vagal stimulation (vago-pituitary reflex) in lactating rats. *J Physiol (Paris), 70*(3), 307-14.

Mori, M., Vigh, S., Miyata, A., Yoshihara, T., Oka, S., & Arimura, A. (1990). Oxytocin is the major prolactin releasing factor in the posterior pituitary. *Endocrinology, 126*(2), 1009-1013.

Murphy, D.J., MacGregor, H., Munishankar, B., & McLeod, G. (2009). A randomised controlled trial of oxytocin 5IU and placebo infusion versus oxytocin 5IU and 30IU infusion for the control of blood loss at elective caesarean section--pilot study. RCTN 40302163. *Eur J Obstet Gynecol Reprod Biol, 142*(1), 30-33.

Naruki, M., Mizutani, S., Goto, K., Tsujimoto, M., Nakazato, H.,Itakura, A., et al. (1996). Oxytocin is hydrolyzed by an enzyme in human placenta that is identical to the oxytocinase of pregnancy serum. *Peptides, 17*(2), 257-261.

Nation, D.A., Szeto, A., Mendez, A.J., Brooks, L.G., Zaias, J., Herderick, E.E., et al. (2010). Oxytocin attenuates atherosclerosis and adipose tissue inflammation in socially isolated ApoE-/-mice. *Psychosom Med, 72*(4), 376-382.

Neumann, I.D. (2001). Alterations in behavioral and neuroendocrine stress coping strategies in pregnant, parturient and lactating rats. *Prog Brain Res, 133*, 143-152.

Neumann, I.D. (2002). Involvement of the brain oxytocin system in stress coping: interactions with the hypothalamo-pituitary-adrenal axis. *Prog Brain Res, 139*, 147-162.

Neumann, I.D. (2008). Brain oxytocin: A key regulator of emotional and social behaviours in both females and males. *J Neuroendocrinol, 20*(6), 858-865.

Neumann, I.D., Wigger, A., Torner, L., Holsboer, F., & Landgraf, R. (2000). Brain oxytocin inhibits basal and stress-induced activity of the hypothalamo-pituitary-adrenal axis in male and female rats: partial action within the paraventricular nucleus. *J Neuroendocrinol, 12*(3), 235-243.

Neve, H.A., Paisley, A.C., & Summerlee, A.J. (1982). Arousal a prerequisite for suckling in the conscious rabbit? *Physiol Behav, 28*(2), 213-7.

Newton, N. (1992). The relation of the milk-ejection reflex to the ability to breast feed. *Ann N Y Acad Sci, 652*, 484-486.

Nishimori, K., Young, L.J., Guo, Q., Wang, Z., Insel, T.R., & Matzuk, M.M. (1996). Oxytocin is required for nursing but is not essential for parturition or reproductive behavior. *Proc Natl Acad Sci U S A, 93*(21), 11699-11704.

Nissen, E., Gustavsson, P., Widstrom, A.M., & Uvnäs-Moberg, K. (1998). Oxytocin, prolactin, milk production and their relationship with personality traits in women after vaginal delivery or Cesarean section. *J Psychosom Obstet Gynaecol, 19*(1), 49-58.

Nissen, E., Lilja, G., Matthiesen, A.S., Ransjo-Arvidsson, A.B., Uvnäs-Moberg, K., & Widstrom, A.M. (1995). Effects of maternal pethidine on infants' developing breast feeding behaviour. *Acta Paediatr, 84*(2), 140-145.

Nissen, E., Lilja, G., Widstrom, A.M., & Uvnäs-Moberg, K. (1995). Elevation of oxytocin levels early post partum in women. *Acta obstetricia et gynecologica Scandinavica, 74*(7), 530-533.

Nissen, E., Uvnäs-Moberg, K., Svensson, K., Stock, S., Widstrom, A.M., & Winberg, J. (1996). Different patterns of oxytocin, prolactin but not cortisol release during breastfeeding in women delivered by caesarean section or by the vaginal route. *Early Hum Dev, 45*(1-2), 103-118.

Nissen, E., Widstrom, A.M., Lilja, G., Matthiesen, A.S., Uvnäs-Moberg, K., Jacobsson, G., et al. (1997). Effects of routinely given pethidine during labour on infants' developing breastfeeding behaviour. Effects of dose-delivery time interval and various concentrations of pethidine/norpethidine in cord plasma. *Acta Paediatr, 86*(2), 201-208.

Nowak, R., Goursaud, A.P., Levy, F., Orgeur, P., Schaal, B., Belzung, C., et al. (1997). Cholecystokinin receptors mediate the development of a preference for the mother by newly born lambs. *Behav Neurosci, 111*(6), 1375-1382.

Nowak, R., Murphy, T.M., Lindsay, D.R., Alster, P., Andersson, R., & Uvnäs-Moberg, K. (1997). Development of a preferential relationship with the mother by the newborn lamb: importance of the sucking activity. *Physiol Behav, 62*(4), 681-688.

Numan, M. (2006). Hypothalamic neural circuits regulating maternal responsiveness toward infants. *Behav Cogn Neurosci Rev, 5*(4), 163-190.

Numan, M., & Sheehan, T.P. (1997). Neuroanatomical circuitry for mammalian maternal behavior. *Ann N Y Acad Sci, 807*, 101-125.

Numan, M., & Woodside, B. (2010). Maternity: neural mechanisms, motivational processes, and physiological adaptations. *Behav Neurosci, 124*(6), 715-741. doi: 10.1037/a0021548.

Nylander, G., Lindemann, R., Helsing, E., & Bendvold, E. (1991). Unsupplemented breastfeeding in the maternity ward. Positive long-term effects. *Acta Obstet Gynecol Scand, 70*(3), 205-209.

Odent, M. (2012). The role of the shy hormone in breastfeeding. *Midwifery Today Int Midwife*(101), 14.

Ohlsson, B., Forsling, M.L, Rehfeld, J.F., & Sjölund, K. (2002). Cholecystokinin stimulation leads to increased oxytocin secretion in women. *Eur J Surg, 168*(2), 114-118.

Ohlsson, B., Truedsson, M., Bengtsson, M., Torstenson, R., Sjölund, K., Björnsson, E.S., Simrèn, M. (2005). Effects of long-term treatment with oxytocin in chronic constipation; a double blind, placebo-controlled pilot trial. *Neurogastroenterol Motil, 17*(5):697-704.

Ohlsson, B., Truedsson, M., Djerf, P., & Sundler, F. (2006). Oxytocin is expressed throughout the human gastrointestinal tract. *Regul Pept, 135*(1-2), 7-11.

Olausson, H., Lamarre, Y., Backlund, H., Morin, C., Wallin, B.G., Starck, G., et al. (2002). Unmyelinated tactile afferents signal touch and project to insular cortex. *Nat Neurosci, 5*(9), 900-904.

Olausson, H., Uvnäs-Moberg, K., & Sohlstrom, A. (2003). Postnatal oxytocin alleviates adverse effects in adult rat offspring caused by maternal malnutrition. *Am J Physiol Endocrinol Metab, 284*(3), E475-480.

Olausson, H., Wessberg, J., Morrison, I., McGlone, F., & Vallbo, A. (2010). The neurophysiology of unmyelinated tactile afferents. *Neurosci Biobehav Rev, 34*(2), 185-191.

Olson, B.R., Drutarosky, M.D., Chow, M. S., Hruby, V.J., Stricker, E.M., & Verbalis, J.G. (1991). Oxytocin and an oxytocin agonist administered centrally decrease food intake in rats. *Peptides, 12*(1), 113-118.

Olson, B.R., Hoffman, G.E., Sved, A.F., Stricker, E.M., & Verbalis, J.G. (1992). Cholecystokinin induces c-fos expression in hypothalamic oxytocinergic neurons projecting to the dorsal vagal complex. *Brain Res, 569*(2), 238-248.

Ostrom, K.M. (1990). A review of the hormone prolactin during lactation. *Prog Food Nutr Sci, 14*(1), 1-43.

Ott, I., & Scott, J.C. (1910). The action of infundibulin upon the mammary secretion. Proc. Soc. Exp. *Biol.Med., 8*, 48-49.

Paterno, M.T., Van Zandt, S.E., Murphy, J., & Jordan, E.T. (2012). Evaluation of a student-nurse doula program: an analysis of doula interventions and their impact on labor analgesia and cesarean birth. *J Midwifery Womens Health, 57*(1), 28-34.

Pauk, J., Kuhn, C.M., Field, T.M., & Schanberg, S.M. (1986). Positive effects of tactile versus kinesthetic or vestibular stimulation on neuroendocrine and

ODC activity in maternally-deprived rat pups. *Life Sci, 39*(22), 2081-2087.

Pedersen, C.A., Ascher, J.A., Monroe, Y.L., & Prange, A.J. Jr. (1982). Oxytocin induces maternal behavior in virgin female rats. *Science, 216*(4546), 648-50.

Pedersen, C.A., Caldwell, J.D., Johnson, M.F., Fort, S.A., & Prange, A.J., Jr. (1985). Oxytocin antiserum delays onset of ovarian steroid-induced maternal behavior. *Neuropeptides, 6*(2), 175-182.

Pedersen, C.A., Caldwell, J.D., Peterson, G., Walker, C.H., & Mason, G.A. (1992). Oxytocin activation of maternal behavior in the rat. *Ann N Y Acad Sci, 652*, 58-69.

Pedersen, C.A., & Prange, A.J., Jr. (1979). Induction of maternal behavior in virgin rats after intracerebroventricular administration of oxytocin. *Proc Natl Acad Sci U S A, 76*(12), 6661-6665.

Pernow, B. (1983). Substance P. *Pharmacological reviews, 35*(2), 85-141.

Petersen, W.E., & Ludwick, T.M. (1942). The humoral nature of the factor causing the let-down of milk. *Fed Proc, 1*, 66-67.

Petersson, M., Ahlenius, S., Wiberg, U., Alster, P., & Uvnäs-Moberg, K. (1998). Steroid dependent effects of oxytocin on spontaneous motor activity in female rats. *Brain Res Bull, 45*(3), 301-305.

Petersson, M., Alster, P., Lundeberg, T., & Uvnäs-Moberg, K. (1996a). Oxytocin increases nociceptive thresholds in a long-term perspective in female and male rats. *Neurosci Lett, 212*(2), 87-90.

Petersson, M., Alster, P., Lundeberg, T., Uvnäs-Moberg, K. (1996b). Oxytocin causes a long-term decrease of blood pressure in female and male rats. *Physiology and Behavior, 60*(5), 1311-1315.

Petersson, M., Diaz-Cabiale, Z., Angel Narvaez, J., Fuxe, K., & Uvnäs-Moberg, K. (2005). Oxytocin increases the density of high affinity alpha(2)-adrenoceptors within the hypothalamus, the amygdala and the nucleus of the solitary tract in ovariectomized rats. *Brain Res, 1049*(2), 234-239.

Petersson, M., Eklund, M., & Uvnäs-Moberg, K. (2005). Oxytocin decreases corticosterone and nociception and increases motor activity in OVX rats. *Maturitas, 51*(4), 426-433.

Petersson, M., Hulting, A., Andersson, R., & Uvnäs-Moberg, K. (1999). Long-term changes in gastrin, cholecystokinin and insulin in response to oxytocin treatment. *Neuroendocrinology, 69*(3), 202-208.

Petersson, M., Hulting, A.L., Uvnäs-Moberg, K. (1999). Oxytocin causes a sustained decrease in plasma levels of corticosterone in rats. *Neuroscience Letters, 264*(1-3), 41-44.

Petersson, M., Lundeberg, T., Sohlström, A., Wiberg, U., & Uvnäs-Moberg, K. (1998). Oxytocin increases the survival of musculocutaneous flaps. *Naunyn Schmiedebergs Arch Pharmacol. 357*(6), 701-704.

Petersson, M., Lundeberg, T., & Uvnäs-Moberg, K. (1999a). Oxytocin enhances the effects of clonidine on blood pressure and locomotor activity in rats. *J Auton Nerv Syst, 78*(1), 49-56.

Petersson, M., Lundeberg, T., & Uvnäs-Moberg, K. (1999b). Short-term increase and long-term decrease of blood pressure in response to oxytocin-potentiating effect of female steroid hormones. *J Cardiovasc Pharmacol, 33*(1), 102-108.

Petersson, M., & Uvnäs-Moberg, K. (2003). Systemic oxytocin treatment modulates glucocorticoid and mineralocorticoid receptor mRNA in the rat hippocampus. *Neurosci Lett, 343*(2), 97-100.

Petersson, M., & Uvnäs-Moberg, K. (2004). Prolyl-leucyl-glycinamide shares some effects with oxytocin but decreases oxytocin levels. *Physiol Behav, 83*(3), 475-481.

Petersson, M., & Uvnäs-Moberg, K. (2007). Effects of an acute stressor on blood pressure and heart rate in rats pretreated with intracerebroventricular oxytocin injections. *Psychoneuroendocrinology, 32*(8-10), 959-965.

Petersson, M., & Uvnäs-Moberg, K. (2008). Postnatal oxytocin treatment of spontaneously hypertensive male rats decreases blood pressure and body weight in adulthood. *Neurosci Lett, 440*(2), 166-169.

Petersson, M., Uvnäs-Moberg, K., Erhardt, S., & Engberg, G. (1998). Oxytocin increases Locus Coeruleus alpha 2-adrenoreceptor responsiveness in rats. *Neurosci Lett, 255*(2), 115-118.

Petersson, M., Wiberg, U., Lundeberg, T., & Uvnäs-Moberg, K. (2001). Oxytocin decreases carrageenan induced inflammation in rats. *Peptides, 22*(9), 1479-1484.

Pierrehumbert, B., Torrisi, R., Laufer, D., Halfon, O., Ansermet, F., & Beck Popovic, M. (2009). Oxytocin response to an experimental psychosocial challenge in adults exposed to traumatic experiences during childhood or adolescence. *Neuroscience, 166*(1), 168-177. doi: 10.1016/j.neuroscience.2009.12.016.

Pittman, Q.J., Blume, H.W., & Renaud, L.P. (1981). Connections of the hypothalamic paraventricular nucleus with the neurohypophysis, median eminence, amygdala, lateral septum and midbrain periaqueductal gray: an electrophysiological study in the rat. *Brain Res, 215*(1-2), 15-28.

Porges, S.W. (2009). The polyvagal theory: new insights into adaptive reactions of the autonomic nervous system. *Cleve Clin J Med, 76* Suppl 2, S86-90. doi: 10.3949/ccjm.76.s2.17.

Poulain, D.A., Rodriguez, F., & Ellendorff, F. (1981). Sleep is not a prerequisite for the milk ejection reflex in the pig. *Exp Brain Res, 43*(1), 107-10.

Poulain, D.A., & Wakerley, J.B. (1982). Electrophysiology of hypothalamic magnocellular neurones secreting oxytocin and vasopressin. *Neuroscience, 7*(4), 773-808.

Prime, D.K., Geddes, D.T., Spatz, D.L., Robert, M., Trengove, N.J., & Hartmann, P.E. (2009). Using milk flow rate to investigate milk ejection in the left and right breasts during simultaneous breast expression in women. *Int Breastfeed J, 4*, 10.

Prime, D.K., Geddes, D.T., Hepworth, A.R., Trengove, N.J., & Hartmann, P.E. (2011). Comparison of the patterns of milk ejection during repeated breast expression sessions in women. *Breastfeed Med, 6*(4):183-90. doi: 10.1089/bfm.2011.0014.

Puder, B.A., & Papka, R.E. (2001). Hypothalamic paraventricular axons projecting to the female rat lumbosacral spinal cord contain oxytocin immunoreactivity. *J Neurosci Res. 64*(1), 53-60.

Rahm, V.A., Hallgren, A., Hogberg, H., Hurtig, I., & Odlind, V. (2002). Plasma oxytocin levels in women during labor with or without epidural analgesia: a prospective study. *Acta Obstet Gynecol Scand, 81*(11), 1033-1039.

Ramsay, D.T., Kent, J.C., Owens, R.A., & Hartmann, P.E. (2004). Ultrasound imaging of milk ejection in the breast of lactating women. *Pediatrics, 113*(2), 361-7.

Ramsay, D.T., Mitoulas, L.R., Kent, J.C., Cregan, M.D., Doherty, D.A., Larsson, M., & Hartmann, P.E. (2006). Milk flow rates can be used to identify and investigate milk ejection in women expressing breast milk using an electric breast pump. *Breastfeed Med, 1*(1), 14-23.

Ransjo-Arvidson, A.B., Matthiesen, A.S., Lilja, G., Nissen, E., Widstrom, A.M., & Uvnäs-Moberg, K. (2001). Maternal analgesia during labor disturbs newborn behavior: effects on breastfeeding, temperature, and crying. *Birth, 28*(1), 5-12.

Renaud, L.P., Tang, M., McCann, M.J., Stricker, E.M., & Verbalis, J.G. (1987). Cholecystokinin and gastric distension activate oxytocinergic cells in rat hypothalamus. *Am J Physiol, 253*(4 Pt 2), R661-665.

Renz-Polster, H., David, M.R., Buist, A.S., Vollmer, W.M., O'Connor, E.A., Frazier, E.A., & Wall, M.A. (2005). Caesarean section delivery and the risk of allergic disorders in childhood. *Clin Exp Allergy, 35*(11), 1466-1472.

Richard, P., Moos, F., & Freund-Mercier, M.J. (1991). Central effects of oxytocin. *Physiol Rev, 71*(2), 331-370.

Righard, L., & Alade, M.O. (1990). Effect of delivery room routines on success of first breast-feed. *Lancet, 336*(8723), 1105-1107.

Rinaman, L., Hoffman, G.E., Dohanics, J., Le, W.W., Stricker, E.M., & Verbalis, J.G. (1995). Cholecystokinin activates catecholaminergic neurons in the caudal medulla that innervate the paraventricular nucleus of the hypothalamus in rats. *J Comp Neurol, 360*(2), 246-256.

Risberg, A., Olsson, K., Lyrenas, S., & Sjöquist, M. (2009). Plasma vasopressin, oxytocin, estradiol, and progesterone related to water and sodium excretion in normal pregnancy and gestational hypertension. *Acta Obstet Gynecol Scand, 88*(6), 639-46. doi: 10.1080/00016340902919002.

Robinson, J.E., & Short, R.V. (1977). Changes in breast sensitivity at puberty, during the menstrual cycle, and at parturition. *Br Med J, 1*(6070), 1188-1191.

Roduit, C., Scholtens, S., de Jongste, J.C., Wijga, A.H., Gerritsen, J., Postma, D.S., …Smit, H.A. (2009). Asthma at 8 years of age in children born by caesarean section. *Thorax, 64*(2), 107-113. doi: 10.1136/thx.2008.100875.

Rogers, R.C., & Hermann, G.E. (1987). Oxytocin, oxytocin antagonist, TRH, and hypothalamic paraventricular nucleus stimulation effects on gastric motility. *Peptides, 8*(3), 505-513.

Rojkittikhun, T., Uvnäs-Moberg, K., & Einarsson, S. (1993). Plasma oxytocin, prolactin, insulin and LH after 24 h of fasting and after refeeding in lactating sows. *Acta Physiol Scand, 148*(4), 413-419.

Rosen, J.M., Wyszomiersky, S.L., & Hadsell, D. (1999). Regulation of milkprotein gene expression. *Annu rev Nutr, 19*, 407-436.

Rosenblatt, D.B., Belsey, E.M., Lieberman, B.A., Redshaw, M., Caldwell, J., Notarianni, L., et al. (1981). The influence of maternal analgesia on neonatal behaviour: II. Epidural bupivacaine. *Br J Obstet Gynaecol, 88*(4), 407-413.

Rosenblatt, J.S. (1994). Psychobiology of maternal behavior: contribution to the clinical understanding of maternal behavior among humans. *Acta Paediatr Suppl, 397*, 3-8.

Rosenblatt, J.S. (2003). Outline of the evolution of behavioral and nonbehavioral patterns of parental care among the vertebrates: critical characteristics of mammalian and avian parental behavior. *Scand J Psychol, 44*(3), 265-271.

Rosenblatt, J.S., Mayer, A.D., & Giordano, A.L. (1988). Hormonal basis during pregnancy for the onset of maternal behavior in the rat. *Psychoneuroendocrinology, 13*(1-2), 29-46.

Rowe-Murray, H.J., & Fisher, J.R. (2001). Operative intervention in delivery is associated with compromised early mother-infant interaction. *BJOG, 108*(10), 1068-1075.

Rowe-Murray, H.J., & Fisher, J.R. (2002). Baby friendly hospital practices: cesarean section is a persistent barrier to early initiation of breastfeeding. *Birth, 29*(2), 124-131.

Ryden, G., & Sjoholm, I. (1969). Half-life of oxytocin in blood of pregnant and non-pregnant women. *Acta Endocrinol (Copenh), 61*(3), 425-431.

Said, S.I, & Mutt, V. (1970). Polypetide with broad biological activity: Isolation from small intestine. *Science, 169*(3951), 1217-1218.

Salariya, E.M., Easton, P.M., & Cater, J.I. (1978). Duration of breast-feeding after early initiation and frequent feeding. *Lancet, 2*(8100), 1141-1143.

Salt, T.E., & Hill, R.G. (1983). Neurotransmitter candidates of somatosensory primary afferent fibres. *Neuroscience, 10*(4), 1083-1103.

Samson, W.K., Lumpkin, M.D., & McCann, S.M. (1986). Evidence for a physiological role for oxytocin in the control of prolactin secretion. *Endocrinology, 119*(2), 554-560.

Samson, W.K., & Schell, D.A. (1995). Oxytocin and the anterior pituitary gland. *Adv Exp Med Biol, 395*, 355-364.

Samuelsson, B., Uvnäs-Moberg, K., Gorewit, R., & Svennersten-Sjaunja. K. (1996). Profiles of the hormones somatostatin, gastrin, CCK, prolactin, Growth hormone and cortisol. ll. In dairy cows that are milked during food deprivation. *Livest. Prod. Sci, 46*(1), 57-64.

Sarkar, D.K., & Gibbs, D.M. (1984). Cyclic variation of oxytocin in the blood of pituitary portal vessels of rats. *Neuroendocrinology, 39*(5), 481-483.

Sato, A. (1987). Neural mechanisms of somatic sensory regulation of catecholamine secretion from the adrenal gland. *Adv Biophys, 23*, 39-80.

Sato, A., Sato, Y., & Schmidt, R.F. (1997). The impact of somatosensory input on autonomic functions. *Rev Physiol Biochem Pharmacol, 130*, 1-328.

Sato, Y., Hotta, H., Nakayama, H., & Suzuki, H. (1996). Sympathetic and parasympathetic regulation of the uterine blood flow and contraction in the rat. *J Auton Nerv Syst, 59*(3), 151-158.

Sawchenko, P.E., & Swanson, L.W. (1983). The organization and biochemical specificity of afferent projections to the paraventricular and supraoptic nuclei. *Prog Brain Res, 60*, 19-29.

Sawyer, W.H. (1977). Evolution of neurohypophyseal hormones and their receptors. *Fed Proc, 36*(6), 1842-1847.

Schumacher, M., Coirini, H., Flanagan, L.M., Frankfurt, M., Pfaff, D.W., & McEwen, B.S. (1992). Ovarian steroid modulation of oxytocin receptor binding in the ventromedial hypothalamus. *Ann NY Acad Sci, 652*, 374-86.

Schumacher, M., Coirini, H., Johnson, A.E., Flanagan, L.M., Frankfurt, M., Pfaff, D.W., et al. (1993). The oxytocin receptor: a target for steroid hormones. *Regul Pept, 45*(1-2), 115-119.

Scott, K.D., Berkowitz, G., & Klaus, M. (1999). A comparison of intermittent and continuous support during labor: a meta-analysis. *Am J Obstet Gynecol, 180*(5), 1054-1059.

Scott, K.D., Klaus, P.H., & Klaus, M.H. (1999). The obstetrical and postpartum benefits of continuous support during childbirth. *J Womens Health Gend Based Med, 8*(10), 1257-1264.

Seay, B., & Harlow, H.F. (1965). Maternal separation in the rhesus monkey. *J Nerv Ment Dis, 140*(6), 434-441.

Seltzer, L.J., Ziegler, T.E., & Pollak, S.D. (2010). Social vocalizations can release oxytocin in humans. *Proc Biol Sci, 277*(1694), 2661-2666.

Selye, H. (1976). *Stress in health and disease*. Boston: Butterworths.

Sepkoski, C.M., Lester, B.M., Ostheimer, G.W., & Brazelton, T.B. (1992). The effects of maternal epidural anesthesia on neonatal behavior during the first month. *Dev Med Child Neurol, 34*(12), 1072-1080.

Shair, H.N., Masmela, J.R., & Hofer, M.A. (1999). The influence of olfaction on potentiation and inhibition of ultrasonic vocalization of rat pups. *Physiol Behav, 65*(4-5), 769-772.

Shehab, S.A., & Atkinson, M.E. (1986). Vasoactive intestinal polypeptide (VIP) increases in the spinal cord after peripheral axotomy of the sciatic nerve originate from primary afferent neurons. *Brain Res, 372*(1), 37-44.

Sheward, W.J., Coombes, J.E., Bicknell, R.J., Fink, G., & Russell, J.A. (1990). Release of oxytocin but not corticotrophin-releasing factor-41 into rat hypophysial portal vessel blood can be made opiate dependent. *J Endocrinol, 124*(1), 141-150.

Shughrue, P.J., Komm, B., & Merchenthaler, I. (1996). The distribution of estrogen receptor-beta mRNA in the rat hypothalamus. *Steroids, 61*(12), 678-

681.

Sikorski, J., Renfrew, M.J., Pindoria, S., & Wade, A. (2003). Support for breastfeeding mothers: a systematic review. *Paediatr Perinat Epidemiol, 17*(4), 407-17.

Silber, M., Almkvist, O., Larsson, B., & Uvnäs-Moberg, K. (1990). Temporary peripartal impairment in memory and attention and its possible relation to oxytocin concentration. *Life Sci, 47*(1), 57-65.

Silber, M., Larsson, B., & Uvnäs-Moberg, K. (1991). Oxytocin, somatostatin, insulin and gastrin concentrations vis-a-vis late pregnancy, breastfeeding and oral contraceptives. *Acta Obstet Gynecol Scand, 70*(4-5), 283-289.

Sjogren, B., Widstrom, A.M., Edman, G., & Uvnäs-Moberg, K. (2000). Changes in personality pattern during the first pregnancy and lactation. *J Psychosom Obstet Gynaecol, 21*(1), 31-38.

Skuse, D.H., Lori, A., Cubells, J.F., Lee, I., Conneely, K.N., Puura, K.,…Young, L.J. (2014). Common polymorphism in the oxytocin receptor gene (OXTR) is associated with human social recognition skills. *Proc Natl Acad Sci USA, 111*(5), 1987-92. doi: 10.1073/ pnas.1302985111.

Smedh, U., & Uvnäs-Moberg, K. (1994). Intracerebroventricularly administered corticotropin-releasing factor releases somatostatin through a cholinergic, vagal pathway in freely fed rats. *Acta Physiol Scand, 151*(2), 241-248.

Soderquist, J., Wijma, B., Thorbert, G., & Wijma, K. (2009). Risk factors in pregnancy for post-traumatic stress and depression after childbirth. *BJOG, 116*(5), 672-680.

Sofroniew, M.W. (1983). Vasopressin and oxytocin in the mammalian brain and spinal cord. *Trends in Neurosciences, 6*, 467-472.

Sohlstrom, A., Carlsson, C., & Uvnäs-Moberg, K. (2000). Effects of oxytocin treatment in early life on body weight and corticosterone in adult offspring from ad libitum-fed and food-restricted rats. *Biol Neonate, 78*(1), 33-40.

Sosa, R., Kennell, J., Klaus, M., Robertson, S., & Urrutia, J. (1980). The effect of a supportive companion on perinatal problems, length of labor, and mother-infant interaction. *N Engl J Med, 303*(11), 597-600.

Spatz, D.L. (2014). Preventing obesity starts with breastfeeding. *J Perinat Neonatal Nurs, 28*(1), 41-50. doi: 10.1097/ JPN.0000000000000009.

Stachowiak, A., Macchi, C., Nussdorfer, G.G., & Malendowicz, L.K. (1995). Effects of oxytocin on the function and morphology of the rat adrenal cortex: in vitro and in vivo investigations. *Res Exp Med (Berl), 195*(5), 265-274.

Stancampiano, R., & Argiolas, A. (1993). Proteolytic conversion of oxytocin in vivo after microinjection in the rat hippocampus. *Peptides, 14*(3), 465-469.

Stancampiano, R., Melis, M.R., & Argiolas, A. (1991). Proteolytic conversion of oxytocin by brain synaptic membranes: role of aminopeptidases and endopeptidases. *Peptides, 12*(5), 1119-1125.

Stark, M., & Finkel, A.R. (1994). Comparison between the Joel-Cohen and Pfannenstiel incisions in cesarean section. *Eur J Obstet Gynecol Reprod Biol, 53*(2), 121-122.

Stern, J.E., & Zhang, W. (2003). Preautonomic neurons in the paraventricular nucleus of the hypothalamus contain estrogen receptor beta. *Brain Res, 975*(1-2), 99-109.

Stocche, R.M., Klamt, J.G., Antunes-Rodrigues, J., Garcia, L.V., & Moreira, A.C. (2001). Effects of intrathecal sufentanil on plasma oxytocin and cortisol concentrations in women during the first stage of labor. *Reg Anesth Pain Med, 26*(6), 545-550.

Stock, S., Fastbom, J., Bjorkstrand, E., Ungerstedt, U., & Uvnäs-Moberg, K. (1990). Effects of oxytocin on in vivo release of insulin and glucagon studied by microdialysis in the rat pancreas and autoradiographic evidence for [3H]oxytocin binding sites within the islets of Langerhans. *Regul Pept, 30*(1), 1-13.

Stock, S., & Uvnäs-Moberg, K. (1985). Oxytocin infusions increase plasma levels of insulin and VIP but not of gastrin in conscious dogs. *Acta Physiol Scand, 125*(2), 205-210.

Stock, S., & Uvnäs-Moberg, K. (1988). Increased plasma levels of oxytocin in response to afferent electrical stimulation of the sciatic and vagal nerves and in response to touch and pinch in anaesthetized rats. *Acta Physiol Scand, 132*(1), 29-34.

Strathearn, L., Fonagy, P., Amico, J., & Montague, P.R. (2009). Adult attachment predicts maternal brain and oxytocin response to infant cues. *Neuropsychopharmacology, 34*(13):2655-66. doi: 10.1038/npp.2009.103.

Strathearn, L., Iyengar, U., Fonagy, P., & Kim, S. (2012). Maternal oxytocin response during mother-infant interaction: Associations with adult temperament. *Horm Behav, 61*(3), 429-435.

Strevens, H., Kristensen, K., Langhoff-Roos, J., & Wide-Swensson, D. (2002). Blood pressure patterns through consecutive pregnancies are influenced by body mass index. *Am J Obstet Gynecol, 187*(5):1343-8.

Strevens, H., Wide-Swensson, D., & Ingemarsson, I. (2001). Blood pressure during pregnancy in a Swedish population; impact of parity. *Acta Obstet Gynecol Scand, 80*(9), 824-9.

Strunecka, A., Hynie, S., & Klenerova, V. (2009). Role of oxytocin/ oxytocin receptor system in regulation of cell growth and neoplastic processes. *Folia Biol (Praha), 55*(5), 159-165.

Stuebe, A.M., Kleinman, K., Gillman, M.W., Rifas-Shiman, S.L., Gunderson, E.P., & Rich-Edwards, J. (2010). Duration of lactation and maternal metabolism at 3 years postpartum. *J Womens Health (Larchmt), 19*(5), 941-50. doi: 10.1089/jwh.2009.1660.

Stuebe, A.M., Rich-Edwards, J.W., Willett, W.C., Manson, J.E., & Michels, K.B. (2005). Duration of lactation and incidence of type 2 diabetes. *JAMA, 294*(20), 2601-10.

Stuebe, A.M., Schwarz, E.B., Grewen, K., Rich-Edwards, J.W., Michels, K.B., Foster, E.M., …& Forman, J. (2011). Duration of lactation and incidence of maternal hypertension: a longitudinal cohort study. *Am J Epidemiol, 174*(10):1147-58. doi: 10.1093/aje/ kwr227.

Su, L.L., Chong, Y.S., & Samuel, M. (2012). Carbetocin for preventing postpartum haemorrhage. *Cochrane Database Syst Rev, 2*, CD005457.

Suva, J., Caisova, D., & Stajner, A. (1980). Modification of fat and carbohydrate metabolism by neurohypophyseal hormones. III. Effect of oxytocin on non-esterified fatty acid, glucose, triglyceride and cholesterol levels in rat serum. *Endokrinologie, 76*(3), 333-339.

Svanstrom, M.C., Biber, B., Hanes, M., Johansson, G., Naslund, U., & Balfors, E.M. (2008). Signs of myocardial ischaemia after injection of oxytocin: a randomized double-blind comparison of oxytocin and methylergometrine during Caesarean section. *Br J Anaesth, 100*(5), 683-689.

Svardby, K., Nordstrom, L., & Sellstrom, E. (2007). Primiparas with or without oxytocin augmentation: a prospective descriptive study. *J Clin Nurs, 16*(1), 179-184.

Svennersten, K., Gorewit, R.C., Sjaunja, L.O., & Uvnäs-Moberg, K. (1995). Feeding during milking enhances milking-related oxytocin secretion and milk production in dairy cows whereas food deprivation decreases it. *Acta Physiol Scand, 153*(3), 309-10.

Svennersten, K., Nelson, L., & Uvnäs-Moberg, K. (1990). Feeding-induced oxytocin release in dairy cows. *Acta Physiol Scand, 140*(2), 295-296.

Swanson, L.W., & Sawchenko, P.E. (1980). Paraventricular nucleus: a site for the integration of neuroendocrine and autonomic mechanisms. *Neuroendocrinology, 31*(6), 410-417.

Swanson, L.W., & Sawchenko, P.E. (1983). Hypothalamic integration: organization of the paraventricular and supraoptic nuclei. *Annu Rev Neurosci, 6*, 269-324.

Szeto, A., McCabe, P., Nation, D.A., Tabak, B.A., Rossetti, M.A., McCullough, M.E., et al. (2011). Evaluation of enzyme immunoassay and radioimmunoassay methods for the measurement of plasma oxytocin. *Psychosom Med, 73*(5), 393-400.

Szeto, A., Nation, D.A., Mendez, A.J., Dominguez-Bendala, J., Brooks, L.G., Schneiderman, N., et al. (2008). Oxytocin attenuates NADPH-dependent superoxide activity and IL-6 secretion in macrophages and vascular cells. *Am J Physiol Endocrinol Metab, 295*(6), E1495-1501.

Szyf, M., McGowan, P., & Meaney, M.J. (2008). The social environment and the epigenome. *Environ Mol Mutagen, 49*(1), 46-60.

Szyf, M., Weaver, I.C., Champagne, F.A., Diorio, J., & Meaney, M.J. (2005). Maternal programming of steroid receptor expression and phenotype through DNA methylation in the rat. *Front Neuroendocrinol, 26*(3-4), 139-162.

Takahashi, Y., Tamakoshi, K., Matsushima, M., & Kawabe, T. (2011). Comparison of salivary cortisol, heart rate, and oxygen saturation between early skin-to-skin contact with different initiation and duration times in healthy, full-term infants. *Early Hum Dev, 87*(3), 151-157.

Tancin, V., Kraetzl, W., Schams, D., & Bruckmaier, R.M. (2001). The effects of conditioning to suckling, milking and of calf presence on the release of oxytocin in dairy cows. *Appl Anim Behav Sci, 72*(3), 235-246.

Terenzi, M.G., & Ingram, C.D. (2005). Oxytocin-induced excitation of neurones in the rat central and medial amygdaloid nuclei. Neuroscience, 134(1), 345-354.

Thavagnanam, S., Fleming, J., Bromley, A., Shields, M.D., & Cardwell, C.R. (2008). A meta-analysis of the association between Caesarean section and childhood asthma. *Clin Exp Allergy, 38*(4), 629-633. doi: 10.1111/j.1365-2222.2007.02780.x.

Theodosis, D.T. (2002). Oxytocin-secreting neurons: A physiological model of morphological neuronal and glial plasticity in the adult hypothalamus. *Front Neuroendocrinol, 23*(1), 101-35.

Theodosis, D.T., Chapman, D.B., Montagnese, C., Poulain, D.A., & Morris, J.F. (1986). Structural plasticity in the hypothalamic supraoptic nucleus at lactation affects oxytocin-, but not vasopressin-secreting neurones. *Neuroscience, 17*(3), 661-78.

Thomas, J.S., Koh, S.H., & Cooper, G.M. (2007). Haemodynamic effects of oxytocin given as i.v. bolus or infusion on women undergoing Caesarean section. *Br J Anaesth, 98*(1), 116-119.

Todd, K., & Lightman, S.L. (1986). Oxytocin release during coitus in male and female rabbits: effect of opiate receptor blockade with naloxone. *Psychoneuroendocrinology, 11*(3), 367-371.

Tops, M., van Peer, J.M., Korf, J., Wijers, A.A., & Tucker, D.M. (2007). Anxiety, cortisol, and attachment predict plasma oxytocin. *Psychophysiology, 44*(3), 444-449.

Tornhage, C.J., Serenius, F., Uvnäs-Moberg, K., & Lindberg, T. (1998). Plasma somatostatin and cholecystokinin levels in preterm infants during kangaroo care with and without nasogastric tube-feeding. *J Pediatr Endocrinol Metab, 11*(5), 645-651.

Torvaldsen, S., Roberts, C.L., Simpson, J.M., Thompson, J.F., & Ellwood, D.A. (2006). Intrapartum epidural analgesia and breastfeeding: a prospective cohort study. *Int Breastfeed J, 1*, 24.

Tribollet, E., Barberis, C., Dreifuss, J.J., & Jard, S. (1988). Autoradiographic localization of vasopressin and oxytocin binding sites in rat kidney. *Kidney Int, 33*(5), 959-965.

Triopon, G., Goron, A., Agenor, J., Aya, G.A., Chaillou, A.L., Begler-Fonnier, J., et al. (2010). [Use of carbetocin in prevention of uterine atony during cesarean section. Comparison with oxytocin]. *Gynecol Obstet Fertil, 38*(12), 729-734.

Tsuchiya, T. (1994). Effects of cutaneous mechanical stimulation on plasma corticosterone, luteinizing hormone (LH), and testosterone levels in anesthetized male rats. *Hokkaido Igaku Zasshi, 69*(2), 217-235.

Tsuchiya, T., Nakayama, Y., & Sato, A. (1991). Somatic afferent regulation of plasma corticosterone in anesthetized rats. *Jpn J Physiol, 41*(1), 169-176.

Tucker, H.A. (2000). Hormones, mammary growth, and lactation: A 41 year perspective. *J. Dairy Sciences, 83*, 874-884.

Tulman, L.J. (1986). Initial handling of newborn infants by vaginally and cesarean-delivered mothers. *Nurs Res, 35*(5), 296-300.

Uvnäs-Moberg, K., Arn, I., & Magnusson, D. (2005). The psychobiology of emotion: the role of the oxytocinergic system. *Int J Behav Med, 12*(2), 59-65.

Uvnäs-Moberg, K. (1985). *Mod att föda. läkartidningen, 82*(1-2), 4524-4528.

Uvnäs-Moberg, K. (1989). The gastrointestinal tract in growth and reproduction. *Sci Am, 261*(1), 78-83.

Uvnäs-Moberg, K. (1994). Role of efferent and afferent vagal nerve activity during reproduction: integrating function of oxytocin on metabolism and behaviour. *Psychoneuroendocrinology, 19*(5-7), 687-695.

Uvnäs-Moberg K. (1996). Neuroendocrinology of the mother-child interaction. *Trends Endocrinol Metab, 7*(4):126-31.

Uvnäs-Moberg, K. (1997). Oxytocin linked anti-stress effects--the relaxation and growth response. *Acta Physiol Scand Suppl, 640*, 38-42.

Uvnäs-Moberg, K. (1998a). Anti-stress Pattern Induced by Oxytocin. *News Physiol Sci, 13*, 22-25.

Uvnäs-Moberg, K.(1998b). Oxytocinmaymediatethebenefitsofpositive social interaction and emotions. *Psychoneuroendocrinology, 23*(8), 819-835.

Uvnäs-Moberg, K. (2003). *The Oxytocin Factor, Tapping the Hormone of calm, Lave and Healing*. Boston: Da Capo Press. a member of the perseus books group.

Uvnäs Moberg, K. (2009). *Närhetens hormon. Oxytocinets roll i relationer*. Stockholm: Natur och Kultur.

Uvnäs-Moberg, K. (2012). *Oxytocin the hormone of closeness*: Pinter & Martin Ltd.

Uvnäs-Moberg, K., Ahlenius, S., Hillegaart, V., & Alster, P. (1994). High doses of oxytocin cause sedation and low doses cause an anxiolytic-like effect in male rats. *Pharmacol Biochem Behav, 49*(1), 101-106.

Uvnäs-Moberg, K., Alster, P., Hillegaart, V., & Ahlenius, S. (1992). Oxytocin reduces exploratory motor behaviour and shifts the activity towards the centre of the arena in male rats. *Acta Physiol Scand, 145*(4), 429-430.

Uvnäs-Moberg, K., Alster, P., Hillegaart, V., & Ahlenius, S. (1995). Suggestive evidence for a DA D3 receptor-mediated increase in the release of oxytocin in the male rat. *Neuroreport, 6*(9), 1338-1340.

Uvnäs-Moberg, K., Alster, P., Lund, I., Lundeberg, T., Kurosawa, M., & Ahlenius, S. (1996). Stroking of the abdomen causes decreased locomotor activity in conscious male rats. *Physiol Behav, 60*(6), 1409-1411.

Uvnäs-Moberg, K., Alster, P., & Petersson, M. (1996). Dissociation of oxytocin effects on body weight in two variants of female Sprague-Dawley rats. *Integr Physiol Behav Sci, 31*(1), 44-55.

Uvnäs-Moberg, K., Alster, P., Petersson, M., Sohlstrom, A., & Bjorkstrand, E. (1998). Postnatal oxytocin injections cause sustained weight gain and increased nociceptive thresholds in male and female rats. *Pediatr Res, 43*(3), 344-348.

Uvnäs-Moberg, K., Alster, P., & Svensson, T.H. (1992). Amperozide and clozapine but not haloperidol or raclopride increase the secretion of oxytocin in rats. *Psychopharmacology (Berl), 109*(4), 473-476.

Uvnäs-Moberg, K., Bjorkstrand, E., Hillegaart, V., & Ahlenius, S. (1999). Oxytocin as a possible mediator of SSRI-induced antidepressant effects. *Psychopharmacology (Berl), 142*(1), 95-101.

Uvnäs-Moberg, K., Bruzelius, G., Alster, P., & Lundeberg, T. (1993). The antinociceptive effect of non-noxious sensory stimulation is mediated partly through oxytocinergic mechanisms. *Acta Physiol Scand, 149*(2), 199-204.

Uvnäs-Moberg, K., Bystrova, K., Widström, A.M., Ekstrom, A., Handlin, L. Ransjö-Arvidsson, K. (2014). Oxytocin and cortisol levels in mothers and infants having skin to skin contact or nursery care after birth differ 4 days after birth. Unpublished data.

Uvnäs-Moberg, K., Eklund, M., Hillegaart, V., & Ahlenius, S. (2000). Improved conditioned avoidance learning by oxytocin administration in high-emotional male Sprague-Dawley rats. Regul Pept, 88(1-3), 27-32.

Uvnäs-Moberg, K., & Eriksson, M. (1996). Breastfeeding: physiological, endocrine and behavioural adaptations caused by oxytocin and local neurogenic activity in the nipple and mammary gland. *Acta Paediatr, 85*(5), 525-530.

Uvnäs-Moberg, K., Hillegaart, V., Alster, P., & Ahlenius, S. (1996). Effects of 5-HT agonists, selective for different receptor subtypes, on oxytocin, CCK, gastrin and somatostatin plasma levels in the rat. Neuropharmacology, 35(11), 1635-1640.

Uvnäs-Moberg, K., Johansson, B., Lupoli, B., & Svennersten-Sjaunja, K. (2001). Oxytocin facilitates behavioural, metabolic and physiological adaptations during lactation. *Appl Anim Behav Sci, 72*(3), 225-234.

Uvnäs-Moberg, K., Lundeberg, T., Bruzelius, G., & Alster, P. (1992). Vagally mediated release of gastrin and cholecystokinin following sensory stimulation. *Acta Physiol Scand, 146*(3), 349-356.

Uvnäs-Moberg, K., Marchini, G., & Winberg, J. (1993). Plasma cholecystokinin concentrations after breast feeding in healthy 4 day old infants. *Arch Dis Child, 68*(1 Spec No), 46-48.

Uvnäs-Moberg, K., Nielsen, E., Ahmed, S., & Fianu-Jonasson, A. (2014). A pharmcokinetic analysis of oxytocin levels in postmenopausal women. Unpublished data.

Uvnäs-Moberg K., & Nissen, E. (2005). Hormonell regerling av beteende under amningen. In B. Sjögren (Ed.), *Kropp och själ och barnafödande-Psyciosocial obstetrik på 2000 talet*. Lund: Studentlitteratur.

Uvnäs-Moberg, K., & Petersson, M. (2005). Oxytocin, a mediator of anti-stress, well-being, social interaction, growth and healing. *Z Psychosom Med Psychother, 51*(1), 57-80.

Uvnäs-Moberg, K., & Petersson, M. (2011). Role of oxytocin related effects in manual therapies. In J. H. King, W., Pattersson M.M. (Ed.), *The Science and Application of Manual Therapy*. Amsertdam: Elsevier.

Uvnäs-Moberg, K., Posloncec, B., & Ahlberg, L. (1986). Influence on plasma levels of somatostatin, gastrin, glucagon, insulin and VIP-like immunoreactivity in peripheral venous blood of anaesthetized cats induced by low intensity afferent stimulation of the sciatic nerve. *Acta Physiol Scand, 126*(2), 225-230.

Uvnäs-Moberg, K., & Prime, D. (2013). Oxytocin effects in mothers and infants during breastfeeding. *Infant, 9*(6), 201-206.

Uvnäs-Moberg, K., Sjögren, C., Westlin, L., Andersson, P.O., & Stock, S. (1989). Plasma levels of gastrin, somatostatin, VIP, insulin and oxytocin during the menstrual cycle in women (with and without oral contraceptives). *Acta Obstet Gynecol Scand, 68*(2), 165-169.

Uvnäs-Moberg, K., Stock, S., Eriksson, M., Linden, A., Einarsson, S., & Kunavongkrit, A. (1985). Plasma levels of oxytocin increase in response to suckling and feeding in dogs and sows. *Acta Physiol Scand, 124*(3), 391-398.

Uvnäs-Moberg, K., Widstrom, A.M., Marchini, G., & Winberg, J. (1987). Release of GI hormones in mother and infant by sensory stimulation. *Acta Paediatr Scand, 76*(6), 851-860.

Uvnäs-Moberg K, Widstrom, A.M., Nissen E, & Björvell H. (1990). Personality traits in women 4 days postpartum and their correlation with plasma levels of oxytocin an prolactin. *J. Psychosom. Obstet. Gynaecol, 11*, 261-273.

Uvnäs-Moberg, K., Widstrom, A.M., Werner, S., Matthiesen, A. S., & Winberg, J. (1990). Oxytocin and prolactin levels in breast-feeding women. Correlation with milk yield and duration of breast-feeding. *Acta Obstet Gynecol Scand, 69*(4), 301-306.

Uvnäs-Wallensten, K., Efendic, S., Johansson, C., Sjodin, L., & Cranwell, P.D. (1980). Effect of intraluminal pH on the release of somatostatin and gastrin into antral, bulbar and ileal pouches of conscious dogs. *Acta Physiol Scand, 110*(4), 391-400.

Uvnäs-Wallensten, K., Efendic, S., & Luft, R. (1977). Inhibition of vagally induced gastrin release by somatostatin in cats. *Horm Metab Res, 9*(2), 120-123.

Uvnäs-Wallensten, K., Efendic, S., Roovete, A., & Johansson, C. (1980). Decreased release of somatostatin into the portal vein following electrical vagal stimulation in the cat. *Acta Physiol Scand, 109*(4), 393-398.

Vallbo, A., Olausson, H., Wessberg, J., & Norrsell, U. (1993). A system of unmyelinated afferents for innocuous mechanoreception in the human skin. *Brain Res, 628*(1-2), 301-304.

Vallbo, A.B., Olausson, H., & Wessberg, J. (1999). Unmyelinated afferents constitute a second system coding tactile stimuli of the human hairy skin. *J Neurophysiol, 81*(6), 2753-2763.

Valros, A., Rundgren, M., Spinka, M., Saloniemi, H., Hultén, F., Uvnäs-Moberg, K., …Algers, B. (2004). Oxytocin, prolactin and somatostatin in lactating sows; associations with body resources, mobilisation and maternal behaviour *Livest Prod Sci, 2004*(85), 1-13.

Van Bockstaele, E.J., Colago, E.E., & Valentino, R.J. (1998). Amygdaloid corticotropin-releasing factor targets Locus Coeruleus dendrites: substrate for the co-ordination of emotional and cognitive limbs of the stress response. *J Neuroendocrinol, 10*(10), 743-757.

Van Oers, H.J., de Kloet, E.R., Whelan, T., & Levine, S. (1998). Maternal deprivation effect on the infant's neural stress markers is reversed by tactile stimulation and feeding but not by suppressing corticosterone. *J Neurosci, 18*(23), 10171-10179.

Varendi, H., Porter, R. H., & Winberg, J. (1994). Does the newborn baby find the nipple by smell? *Lancet, 344*(8928), 989-990.

Velandia, M., Matthisen, A.S., Uvnäs-Moberg, K., & Nissen, E. (2010). Onset of vocal interaction between parents and newborns in skin-to-skin contact immediately after elective cesarean section. *Birth, 37*(3), 192-201.

Velandia, M., Uvnäs-Moberg, K., & Nissen, E. (2011). Sex differences in newborn interaction with mother or father during skin-to-skin contact after Caesarean section. *Acta Paediatr*.

Velandia, M., Uvnäs-Moberg, K., & Nissen, E. (2014a). Oxytocin levels after skin to skin contact and suckling in mothers after elective cesarean section; influence of exogenous oxytocin. Unpublished data.

Velandia, M., Uvnäs-Moberg, K., & Nissen, E. (2014b). Maternal KSP profile 2 days after elective cesarean section; influence of skin to skin contact and exogenous oxytocin. Unpublished data.

Velmurugan, S., Brunton, P.J., Leng, G., & Russell, J.A. (2010). Circulating secretin activates supraoptic nucleus oxytocin and vasopressin neurons via noradrenergic pathways in the rat. *Endocrinology, 151*(6), 2681-2688.

Verbalis, J.G., Blackburn, R.E., Hoffman, G.E., & Stricker, E.M. (1995). Establishing behavioral and physiological functions of central oxytocin: insights from studies of oxytocin and ingestive behaviors. *Adv Exp Med Biol, 395*, 209-225.

Verbalis, J.G., McCann, M.J., McHale, C.M., & Stricker, E.M. (1986). Oxytocin secretion in response to cholecystokinin and food: differentiation of nausea from satiety. *Science, 232*(4756), 1417-1419.

Verbalis, J.G., Stricker, E.M., Robinson, A.G., & Hoffman, G.E. (1991). Cholecystokinin activates C-fos expression in hypothalamic oxytocin and corticotropin-releasing hormone neurons. *J Neuroendocrinol, 3*(2), 205-13. doi: 10.1111/j.1365-2826.1991. tb00264.x.

Veronesi, M.C., Kubek, D.J., & Kubek, M.J. (2011). Intranasal delivery of neuropeptides. *Methods Mol Biol, 789*, 303-312.

Voloschin, L M., & Tramezzani, J.H. (1979). Milk ejection reflex linked to slow wave sleep in nursing rats. *Endocrinology, 105*(5), 1202-1207.

Vrachnis, N., Malamas, F. M., Sifakis, S., Deligeoroglou, E., & Iliodromiti, Z. (2011). The oxytocin-oxytocin receptor system and its antagonists as tocolytic agents. *Int J Endocrinol, 2011*, 350546.

Wakerley, J.B., Poulain, D.A., & Brown, D. (1978). Comparison of firing patterns in oxytocin-and vasopressin-releasing neurones during progressive dehydration. *Brain Res, 148*(2), 425-40.

Wakshlak, A., & Weinstock, M. (1990). Neonatal handling reverses behavioral abnormalities induced in rats by prenatal stress. *Physiol Behav, 48*(2), 289-292.

Waldenstrom, U., & Schytt, E. (2009). A longitudinal study of women's memory of labour pain--from 2 months to 5 years after the birth. *BJOG, 116*(4), 577-583. doi: 10.1111/j.1471-0528.2008.02020.x.

Wathes, C., & Swann, R.W. (1982). Is oxytocin an ovarian hormone. *Nature, 297*, 225-227.

Weber, B.C., Manfredo, H.N., & Rinaman, L. (2009). A potential gastrointestinal link between enhanced postnatal maternal care and reduced anxiety-like behavior in adolescent rats. *Behav Neurosci, 123*(6), 1178-84. doi: 10.1037/a0017659.

Weller, A., & Blass E.M. (1988). Behavioral evidence for cholecystokinin-opiate interactions in neonatal rats. *Am J Physiol, 255*(6 Pt 2):R901-907.

Weller, A., & Weller, L. (1993). Menstrual synchrony between mothers and daughters and between roommates. *Physiol Behav, 53*(5), 943-949.

Weller, A., & Weller, L. (1997). Menstrual synchrony under optimal conditions: Bedouin families. *J Comp Psychol, 111*(2), 143-151.

Weng, M., & Walker, W.A. (2013). The role of gut microbiota in programming the immune phenotype. *J Dev Orig Health Dis, 4*(3). doi: 10.1017/S2040174412000712.

Wex, J., Abou-Setta, A. M., Clerici, G., & Di Renzo, G.C. (2011). Atosiban versus betamimetics in the treatment of preterm labour in Italy: clinical and economic importance of side-effects. *Eur J Obstet Gynecol Reprod Biol, 157*(2), 128-135.

White-Traut, R., Watanabe, K., Pournajafi-Nazarloo, H., Schwertz, D., Bell, A., & Carter, C.S. (2009). Detection of salivary oxytocin levels in lactating women. *Dev Psychobiol, 51*(4), 367-73. doi: 10.1002/dev.20376.

Wiberg, B., Humble, K., & de Chateau, P. (1989). Long-term effect on mother-infant behaviour of extra contact during the first hour post partum. V. Follow-up at three years. *Scand J Soc Med, 17*(2), 181-191.

Widstrom, A.M., Christensson, K., Ransjo-Arvidson, A.B., Matthiesen, A.S., Winberg, J., & Uvnäs-Moberg, K. (1988). Gastric aspirates of newborn infants: pH, volume and levels of gastrin-and somatostatin-like immunoreactivity. *Acta Paediatr Scand, 77*(4), 502-508.

Widstrom, A.M., Marchini, G., Matthiesen, A.S., Werner, S., Winberg, J., & Uvnäs-Moberg, K. (1988). Nonnutritive sucking in tube-fed preterm infants: effects on gastric motility and gastric contents of somatostatin. *J Pediatr Gastroenterol Nutr, 7*(4), 517-523.

Widstrom, A.M., Matthiesen, A.S., Winberg, J., & Uvnäs-Moberg, K. (1989). Maternal somatostatin levels and their correlation with infant birth weight. *Early Hum Dev, 20*(3-4), 165-174.

Widstrom, A.M., Ransjo-Arvidson, A.B., Christensson, K., Matthiesen, A.S., Winberg, J., & Uvnäs-Moberg, K. (1987). Gastric suction in healthy newborn infants. Effects on circulation and developing feeding behaviour. *Acta Paediatr Scand, 76*(4), 566-572.

Widstrom, A.M., Wahlberg, V., Matthiesen, A.S., Eneroth, P., Uvnäs-Moberg, K., Werner, S., et al. (1990). Short-term effects of early suckling and touch of the nipple on maternal behaviour. *Early Hum Dev, 21*(3), 153-163.

Widstrom, A.M., Werner, S., Matthiesen, A.S., Svensson, K., & Uvnäs-Moberg, K. (1991). Somatostatin levels in plasma in nonsmoking and smoking breast-feeding women. *Acta Paediatr Scand, 80*(1), 13-21.

Widstrom, A.M., Winberg, J., Werner, S., Hamberger, B., Eneroth, P., & Uvnäs-Moberg, K. (1984). Suckling in lactating women stimulates the secretion of insulin and prolactin without concomitant effects on gastrin, growth hormone, calcitonin, vasopressin or catecholamines. *Early Hum Dev, 10*(1-2), 115-122.

Widstrom, A.M., Winberg, J., Werner, S., Svensson, K., Posloncec, B., & Uvnäs-Moberg, K. (1988). Breast feeding-induced effects on plasma gastrin and somatostatin levels and their correlation with milk yield in lactating females. *Early Hum Dev, 16*(2-3), 293-301.

Wiesenfeld, A.R., Malatesta, C.Z., Whitman, P.B., Granrose, C., & Uili, R. (1985). Psychophysiological response of breast-and bottle-feeding mothers to their infants' signals. *Psychophysiology, 22*(1), 79-86.

Wijma, K., Soderquist, J., & Wijma, B. (1997). Posttraumatic stress disorder after childbirth: a cross sectional study. *J Anxiety Disord, 11*(6), 587-597.

Wiklund, I., Norman, M., Uvnäs-Moberg, K., Ransjo-Arvidson, A.B., & Andolf, E. (2009). Epidural analgesia: breast-feeding success and related factors. *Midwifery, 25*(2), e31-38.

Wilde, C.J., Addey, C.V., Boddy, L.M., & Peaker, M. (1995). Autocrine regulation of milk secretion by a protein in milk. *Biochem J, 305* (Pt 1), 51-58.

Wilde, C.J., Addey, C.V., Bryson, J.M., Finch, L.M., Knight, C.H., & Peaker, M. (1998). Autocrine regulation of milk secretion. *Biochem Soc Symp, 63*, 81-90.

Winberg, J. (2005). Mother and newborn baby: mutual regulation of physiology and behavior--a selective review. *Dev Psychobiol, 47*(3), 217-229.

Witt, D.M., Winslow, J.T., & Insel, T.R. (1992). Enhanced social interactions in rats following chronic, centrally infused oxytocin. *Pharmacol Biochem Behav, 43*(3), 855-861.

Wu, H., Hu, K., & Jiang, X. (2008). From nose to brain: understanding transport capacity and transport rate of drugs. *Expert Opin Drug Deliv, 5*(10), 1159-1168.

Yamashita, H., Kannan, H., Kasai, M., & Osaka, T. (1987). Decrease in blood pressure by stimulation of the rat hypothalamic paraventricular nucleus with L-glutamate or weak current. *J Auton Nerv Syst, 19*(3), 229-234.

Yokoyama, Y., Ueda, T., Irahara, M., & Aono, T. (1994). Releases of oxytocin and prolactin during breast massage and suckling in puerperal women. *Eur J Obstet Gynecol Reprod Biol, 53*(1), 17-20.

Young, W.S., 3rd, Shepard, E., Amico, J., Hennighausen, L., Wagner, K.U., LaMarca, M.E., et al. (1996). Deficiency in mouse oxytocin prevents milk ejection, but not fertility or parturition. *J Neuroendocrinol, 8*(11), 847-853.

Yurth, D.A. (1982). Placental transfer of local anesthetics. *Clin Perinatol, 9*(1), 13-28.

Zerihun, L., & Harris, M. (1983). An electrophysiological analysis of caudally-projecting neurones from the hypothalamic paraventricular nucleus in the rat. *Brain Res, 261*(1), 13-20.

Zhou, A. W., Li, W.X., Guo, J., & Du, Y.C. (1997). Facilitation of AVP(4-8) on gene expression of BDNF and NGF in rat brain. *Peptides, 18*(8), 1179-1187.

Zimmerman, E.A., Nilaver, G., Hou-Yu, A., & Silverman, A.J. (1984). Vasopressinergic and oxytocinergic pathways in the central nervous system. *Fed Proc, 43*(1), 91-96.

CARE 075

催產素：製造親密感，帶來放鬆、無私與愛的荷爾蒙

Oxytocin: the Biological Guide to Motherhood

作　者—克絲汀．莫柏格博士（Kerstin Uvnäs-Moberg M.D., Ph.D.）
譯　者—黃馨弘
責任編輯—陳詠瑜
行銷企畫—林欣梅
封面設計—F E 工作室
內頁設計—張靜怡

編輯總監—蘇清霖
董 事 長—趙政岷
出 版 者—時報文化出版企業股份有限公司
一〇八〇一九臺北市和平西路三段二四〇號三樓
發行專線—（〇二）二三〇六—六八四二
讀者服務專線—〇八〇〇—二三一—七〇五
（〇二）二三〇四—七一〇三
讀者服務傳真—（〇二）二三〇四—六八五八
郵撥—一九三四四七二四時報文化出版公司
信箱—一〇八九九臺北華江橋郵局第九九信箱

時報悅讀網—http://www.readingtimes.com.tw
電子郵件信箱—newstudy@readingtimes.com.tw
時報出版愛讀者粉絲團—https://www.facebook.com/readingtimes.2
法律顧問—理律法律事務所　陳長文律師、李念祖律師
印　刷—勁達印刷有限公司
初版一刷—二〇二三年六月二日
定　價—新臺幣六五〇元
（缺頁或破損的書，請寄回更換）

時報文化出版公司成立於一九七五年，
一九九九年股票上櫃公開發行，二〇〇八年脫離中時集團非屬旺中，
以「尊重智慧與創意的文化事業」為信念。

Translated from: Oxytocin: the Biological Guide to Motherhood

First published by Praeclarus Press

催產素：製造親密感，帶來放鬆、無私與愛的荷爾蒙／克絲汀．莫柏格（Kerstin Uvnäs-Moberg）著；黃馨弘譯 . -- 初版 . -- 臺北市：時報文化出版企業股份有限公司, 2023.06
512 面；14.8×21 公分 . --（Care ; 75）
譯自：Oxytocin : the biological guide to motherhood.
ISBN 978-626-353-841-2（平裝）

1. CST：激素

399.5447　　112006751

ISBN 978-626-353-841-2
Printed in Taiwan